Diese Ausgabe wurde auf chlor- und säurefrei gebleichtem,
alterungsbeständigem Papier gedruckt.

1. Auflage
Copyright © 2009 Deutsche Verlags-Anstalt GmbH, München,
in der Verlagsgruppe Random House GmbH
Alle Rechte vorbehalten
Grafische Gestaltung: Achim Linhardt
Reihenlayout: Mathias Quiering
Gesetzt aus der Univers
Druck und Bindung: fgb freiburger graphische betriebe, Freiburg i. Br.

Printed in Germany

ISBN 987-3-421-03673-5

Bildnachweis: Titel unter Verwendung der Fotos von Matthias Mecklenburg
(rechts) und Achim Linhardt

Achim Linhardt

Das Hausreparatur-Buch

Bauleistungen der Handwerker vorbereiten
und organisieren

Deutsche Verlags-Anstalt

INHALT

Einführung 7	Verwendete Begriffe und Abkürzungen 8
Wenn das Haus älter wird 9	Instandhaltung und Instandsetzung 9 / Modernisierung 9 / Die Lebensdauer von Bauteilen und Materialien 10 / Womit müssen Sie rechnen? 11 / Vorsorgen oder Abwarten? 12 / Wenn alte Bauteile teuer sind 12
Planen oder Improvisieren 13	Was ist daran falsch? 14 / Es geht um viel Geld 14 / Schaffen Sie eine Basis für den Preisvergleich 15
Wie man es richtig anpackt 17	Was soll gemacht werden? 17 / Welches Ergebnis wird erwartet? 17 / Worauf soll oder muss geachtet werden? 18 / Verschleiß oder Schaden erkennen und beurteilen 19 / Die Energieeinsparverordnung 20 / Anforderungen der Energieeinsparverordnung an bestehende Gebäude 21 / Welche Maßnahmen sind erforderlich, welche zu empfehlen? 24 / Gibt es Alternativen? Vor- und Nachteile 25 / Ermittlung des Umfangs der Maßnahmen 26 / Voraussichtliche Kosten 27 / Was steht in der Leistungsbeschreibung? 28 / Was ist vor der Beauftragung zu beachten? 30 / Vergabe der Bauaufträge 30 / Worauf bei der Durchführung achten? 31 / Augen auf bei der Abnahme! 32
Die Hausreparaturen 33	Schadstoffe 33 / Allgemeine Regelungen für Bauarbeiten 34
Dacheindeckung mit Ziegeln und Platten 35	Eindeckung mit Ziegeln oder Betondachsteinen 35 / Eindeckung mit Wellplatten aus Faserzement 38 / Deckungen mit Schiefer und Dachplatten 38 / Wie die Anforderungen der EnEV erfüllt werden 39 / Ermittlung der Massen 41 / Zur Ausschreibung von Dachdeckungsarbeiten 42
Dacheindeckung mit Blech 43	Ermittlung der Massen 45 / Zur Ausschreibung von Klempnerarbeiten 45 / Worauf ist besonders zu achten? 46
Flachdachabdichtung 47	Instandsetzung und Erneuerung des Dachaufbaus 47 / Wie die Anforderungen der EnEV erfüllt werden 48 / Ermittlung der Massen 49 / Zur Ausschreibung von Dachabdichtungsarbeiten 49 / Worauf ist besonders zu achten? 50
Balkon- und Terrassenbeläge 51	Terrassen- und Balkonbeläge erneuern 51 / Ermittlung der Massen 54 / Zur Ausschreibung 54 / Worauf ist besonders zu achten? 54
Kaminkopf instandsetzen 55	Was ist zu tun? 55 / Bei der Ausschreibung zu berücksichtigen 58 / Worauf ist besonders zu achten? 58
Dachrinnen und Regenrohre 59	Ermittlung der Massen 59 / Zur Ausschreibung 59 / Worauf ist besonders zu achten? 60
Fassaden instandsetzen und erneuern 61	Putzfassaden 62 / Putzschäden 62 / Anstrichmängel 64 / Putzausbesserung 65 / Putz erneuern 65 / Zur Ausschreibung von Putzarbeiten 66 / Worauf ist besonders zu achten? 66

◀ *Abb. 1: Treppenhaus eines Mehrfamilienhauses – Die frühere Ausgestaltung wurde originalgetreu wiederherstellt, eine äußerst anspruchsvolle und arbeitsintensive Aufgabe für den Malerbetrieb.*

Natursteinfassaden 67	Ermittlung der Massen 68 / Außenwände mit Sichtmauerwerk 69 / Wärmedämmputz 71 / Wärmedämm-Verbundsysteme 71 / Zur Ausschreibung von Wärmedämm-Verbundsystemen 73 / Worauf ist besonders zu achten? 74
Fassadenbekleidungen 75	Vorgehängte hinterlüftete Fassaden 75 / Zur Massenermittlung 77 / Zur Ausschreibung 77 / Worauf ist besonders zu achten? 78
Fenster 79	Fenster instandsetzen 80 / Fenster verbessern 82 / Fenster erneuern 84 / Ermittlung der Massen 84 / Worauf ist besonders zu achten? 85 / Zur Leistungsbeschreibung für Holzfenster (Muster) 85
Fensterbänke und Sohlbleche 87	Zur Massenermittlung 87 / Worauf ist besonders zu achten? 88
Roll- und Klappläden 89	Ermittlung der Massen 90
Kellerwände – Feuchteschäden 91	Welche Maßnahmen kommen infrage? 91 / Zur Massenermittlung 95 / Zur Ausschreibung 95 / Worauf ist besonders zu achten? 96
Abwasserleitungen 97	Zur Massenermittlung 98 / Worauf ist besonders zu achten? 98
Wasserleitungen 99	Schäden des Rohrnetzes 99 / Rohrnetz erneuern 100 / Warmwasserversorgung 102 / Ermittlung der Massen 103 / Zur Ausschreibung 103 / Worauf ist besonders zu achten? 103
Erneuerung der Heizungsanlage 105	Etagenheizung einbauen 108 / Zur Massenermittlung 109 / Worauf ist besonders achten? 110
Schornsteine anpassen 111	Was ist zu tun? 111 / Hinweise für Ausschreibung und Beauftragung 114
Malerarbeiten im Haus 115	Anstrich von Wänden und Decken 116 / Zur Massenermittlung 117 / Worauf ist besonders zu achten? 118 / Fenster 119 / Zur Massenermittlung 119 / Worauf ist besonders zu achten? 120 / Innentüren 120 / Heizflächen 121
Wand- und Bodenfliesen 122	Reparaturen 122 / Fliesenbeläge erneuern 122 / Worauf ist besonders zu achten? 124
Parkett erneuern 125	Worauf ist besonders zu achten? 126
Gerüste 127	Zur Massenermittlung 128 / Zur Ausschreibung 128 / Zur Abrechnung 128
Anhang 129	Allgemeines zu Leistungsbeschreibungen 129 / VOB oder BGB 129 / Vertragsgestaltung, Rechtsgrundlagen 130 / Worauf achten? 130 / Vergabe der Bauaufträge 130 / Besondere Vertragsbedingungen 131 / Vertragsgerechtes Verhalten bei Mängeln 132 / Mängel vor Abnahme 132 / Was, wenn die Mängelrüge nicht hilft? 132 / Abnahme und Mängelanspruch 133 / Die Abnahme 133 / Mängelanspruch 133 / Fristen nach VOB 134 Maß-, Ebenheits- und Winkeltoleranzen 136 Rechnungsform und Rechnungsprüfung 138 Lebensdauer von Bauteilen 139 Bildnachweis 144

EINFÜHRUNG

Häuser werden für ein ganzes Leben und darüber hinaus gebaut. Sie sollen von Generation zu Generation weitergegeben werden, und die meisten Häuser machen das ohne Weiteres mit. Solide gebaute Häuser sind langlebig und dauerhaft, doch viele Teile des Hauses bestehen aus Materialien, die mit der Zeit verschleißen. Das betrifft vor allem Bauteile, die der Witterung ausgesetzt sind. Niederschläge und Wind, Hitze, Kälte und Frost bewirken langfristig die Zerstörung fast aller am Bau verwendeten Stoffe. Ist ein Haus erst einmal in die Jahre gekommen, gibt es deshalb immer wieder etwas zu reparieren oder zu ersetzen.

Die dazu nötigen Maßnahmen sind oft umfangreich und entsprechend kostspielig: Es geht um Beträge, wie sie sonst nur beim Kauf eines neuen Autos anstehen. Während jedoch vor dem Autokauf Leistungen und Preise ausgiebig verglichen sowie Rabatte und Inzahlungnahme verhandelt werden, findet Entsprechendes für die Vergabe von Handwerkerleistungen kaum statt. Bestenfalls werden mehrere Angebote eingeholt und dann nach dem niedrigsten Preis beauftragt. Dabei bleibt es weitgehend ins Belieben der anbietenden Firma gesetzt, was gemacht wird und wie es gemacht wird. Ein Vergleich der Angebote ist damit erschwert, wenn nicht unmöglich gemacht.

Wird auf dieser Basis beauftragt, gleicht das dem »Kauf der Katze im Sack«. Neben dem dabei eingehandelten Risiko, nicht das zu erhalten, was tatsächlich erforderlich ist, wird in den meisten Fällen auch erheblich zu viel dafür bezahlt. Doch bemerkt das der Auftraggeber nicht, weil es keinen Vergleichsmaßstab gibt. Die Praxis zeigt, dass kompetent ausgeschriebene und vergebene Leistungen durchweg (oft erheblich) kostengünstiger waren, als zuvor eingeholte Angebote.

Wer Aufträge zur Instandsetzung oder Erneuerung von Bauteilen vergeben will, muss sich über Folgendes im Klaren sein: Der Verzicht auf professionelle Planung und Durchführung solcher Maßnahmen beinhaltet ein Qualitäts- und Kostenrisiko. Wird das in Kauf genommen, muss versucht werden, dieses Risiko zu minimieren, indem der Auftraggeber – im Rahmen seiner Möglichkeiten – die Rolle des Fachmanns übernimmt. Dieses Buch hilft dem Hauseigentümer, diese Aufgabe gut und erfolgreich zu bewältigen. Der damit verbundene Aufwand wird sich bezahlt machen!

Achim Linhardt

Verwendete Begriffe und Abkürzungen

AG Auftraggeber
AN Auftragnehmer
BGB Bürgerliches Gesetzbuch
EnEV Energieeinsparverordnung – stellt Mindestanforderungen an die Wärmedämmung von Gebäuden
F 90 Feuerwiderstandsklasse, bezeichnet eine Widerstandsdauer von 90 Minuten (entsprechend F 60 oder F 30)
LV Leistungsverzeichnis oder: Leistungsbeschreibung
s_D diffusionsäquivalente Luftschichtdicke, Maß für die Dampfdurchlässigkeit eines Stoffs
U-Wert – Wärmedurchgangskoeffizient, Maß für die Dämmwirkung eines Bauteils, Einheit: W/m^2K. Je kleiner der Wert, desto besser die Dämmung
VOB Vergabe- und Vertragsordnung für Bauleistungen in den Teilen A, B und C
λ Wärmeleitfähigkeit eines Stoffes [$W/(m·K)$], je geringer der Wert, desto besser die Eignung als Dämmstoff
WDVS Wärmedämm-Verbundsystem
WLG Wärmeleitfähigkeitsgruppe, zulässiger Höchstwert der Wärmeleitfähigkeit für Dämmstoffe. Je kleiner der Wert, desto besser die Dämmwirkung (Beispiel: WLG 040 bezeichnet eine Wärmeleitfähigkeit von 0,040 W/m·K)

WENN DAS HAUS ÄLTER WIRD

»Mit dem Alter kommen die Wehwehchen«, das gilt auch für Häuser. Die Haltbarkeit der Baumaterialien und der Bauprodukte ist begrenzt. Ständige Nutzung und die Einwirkung von Wind und Wetter – besonders bei Außenbauteilen – fordern ihren Tribut. Abnutzung, Verschleiß und Verwitterung sind die unausweichlichen Folgen, beim einen Material früher, beim anderen später. Die zeitlich unterschiedliche Lebensdauer ist einerseits ein Poblem, bedeutet sie doch, dass die am wenigsten haltbare Komponente die Nutzungsdauer des gesamten Bauteils bestimmt. Andererseits heißt das auch, dass nicht alles gleichzeitig repariert oder erneuert werden muss. Die Last der Instandhaltung und Instandsetzung verteilt sich somit über die Zeit.

Instandhaltung und Instandsetzung

Die Unterscheidung von Instandhaltung und Instandsetzung ist sinnvoll. Hierzu müssen diese Begriffe erläutert werden:
Unter Instandhaltung versteht man die Maßnahmen, die nötig sind, um die Brauchbarkeit eines Bauteils zu erhalten, einen Schaden oder gar das Versagen des Bauteils zu vermeiden. Ein Beispiel: Die regelmäßige Erneuerung des Anstrichs von Holzfenstern schützt das Holz vor Verwitterung und erhält somit die Gebrauchsfähigkeit des Fensters. So können Holzfenster viele Jahrzehnte in gutem Zustand bleiben. Intakte, 70 oder 80 Jahre alte Holzfenster sind deshalb gar nicht so selten. Zur Instandhaltung zählen auch die Schönheitsreparaturen, die nötig sind, um den Wohnwert zu erhalten. Abgenutzte Tapeten und verschmutzte Anstriche im Inneren verursachen zwar in der Regel keinen Schaden, sie stellen aber einen ästhetischen Mangel dar, der sich bei einer Vermietung finanziell nachteilig auswirkt. Zur Instandhaltung gehört also, was man gemeinhin mit Renovierung bezeichnet.

Von Instandsetzung spricht man dagegen, wenn ein Schaden eingetreten ist, das betreffende Bauteil also nur noch eingeschränkt gebrauchsfähig ist oder gar versagt. Ein undichtes Dach erfüllt seine Aufgabe nur noch schlecht, bei größerem Umfang des Schadens überhaupt nicht mehr, denn es soll ja gerade verhindern, dass Niederschlag ins Haus kommt. Instandsetzen heißt immer reparieren oder Komponenten eines Bauteils erneuern, also beispielsweise kaputte Ziegel austauschen oder einen Blechanschluss am Dachfenster erneuern.

Modernisierung

Wie in allen Lebensbereichen gibt es auch beim Bauen ständigen Fortschritt, teils durch neue Techniken, teils durch erhöhte Anforderungen. Mit zunehmendem Alter des Hauses wächst deshalb die Diskrepanz zwischen dem, was das Haus leisten kann, und dem, was heute von Gebäuden erwartet wird. Das Haus veraltet, was sich besonders bei der technischen Ausstattung (Heizung, Sanitär- und Elektroinstallationen) bemerkbar macht, aber auch den Brandschutz,

Abb. 2: Dieses Haus aus den 30er Jahren ist noch in dem Zustand, in dem es damals gebaut wurde. Das ist regelmäßiger Instandhaltung zu verdanken.

Die Lebensdauer von Bauteilen und Materialien

den Schallschutz und vor allem die Wärmedämmung betrifft. Hier reißen hohe Energiekosten schnell ein Loch in die Haushaltskasse. Zwar kann man auch ein Haus mit Vorkriegsstandard bewohnen, einen Zwang zum Reparieren oder Erneuern gibt es nicht. Soweit damit keine Gefahren für Leib und Leben verbunden sind, kann der Eigentümer sich sogar auf Bestandsschutz berufen und bei Instandsetzungen den ursprünglichen Zustand wiederherstellen. Doch wer am Erhalt des Gebäudewerts interessiert ist oder bei einer Vermietung keine Abschläge hinnehmen will, kommt nicht darum herum, sein Haus schrittweise an heute übliche Ausstattung anzupassen.

Besonders die hohen Energiepreise und die gesetzliche Verpflichtung, bei Vermietung und Verkauf von Gebäuden einen Energieausweis vorzulegen, werden manchen Hauseigentümer veranlassen, den Standard der Wärmedämmung zu verbessern.

Ehe man daran geht, ein Bauteil instandzusetzen oder zu renovieren, muss überprüft werden, ob sich das hinsichtlich des Alters des Bauteils überhaupt noch lohnt. Dabei ist generell das Alter des Hauses und der einzelnen Bauteile zu berücksichtigen. Der Zahn der Zeit nagt an jedem Haus, alle Baustoffe und -materialien altern und haben begrenzte Lebensdauern. Zum Teil sind diese sehr unterschiedlich, und das schwächste Glied ist entscheidend für die Haltbarkeit der gesamten Konstruktion. Wo die zu erwartende Lebensdauer bald erreicht ist und entsprechende Alterungserscheinungen vorliegen, sollte vorsorglich erneuert werden, vor allem dann, wenn das später nur mit deutlich höherem Aufwand nachgeholt werden kann.

Ein Beispiel: Ein Fassadenputz hält 30 Jahre und länger. Eine durchgerostete Dachrinne kann diesen Putz aber in wenigen Jahren zerstören. Die Lebensdauer des Putzes ist dann kaum größer als die der Dachrinne.

Es ist deshalb unerlässlich, jeden Schaden, der andere, an sich intakte Bauteile in Mitleidenschaft zieht, so schnell wie möglich zu beheben. Im zweiten Schritt kann entschieden werden, welche der anstehenden Arbeiten im Zuge der nun geplanten Maßnahmen durchgeführt werden können. Sind die Handwerker bereits im Haus, so lassen sich bestimmte zusätzliche Arbeiten leichter und fast immer auch kostengünstiger erledigen. Das gilt besonders, wenn das Haus oder der von Baumaßnahmen betroffene Teil des Hauses für die Bauzeit frei gemacht oder entsprechend vorgerichtet, zum Beispiel eingerüstet wird.

Andererseits ist es aber Unfug, Bauteile, die offensichtlich noch intakt sind, zu erneuern, nur weil ihre »offizielle« Haltbarkeitsdauer bereits abgelaufen ist.

Die Tabellen der Haltbarkeit von Bauteilen (siehe Anhang) helfen bei der Beurteilung des Vorhandenen. Man sollte die dort gefundenen Angaben aber nicht blind übernehmen. Bei manchen Angaben zur Haltbarkeit – die das Bundesbauministerium veröffentlicht hat – entsteht nämlich der Eindruck, dass es ein (durchaus nachvollziehbares) Interesse gibt, die Erwartungen an die Haltbarkeit zu dämpfen. Wie sonst lässt sich die Lebensdauer von Grundleitungen auf 30 bis 40 Jahre beziffern? Ebenso verhält es sich beispielsweise bei den Angaben für Warmwasserleitungen. Natürlich gibt es Fälle, in denen die Leitungen tatsächlich nach bereits 12 Jahren erneuert werden mussten. Doch sollte man dies ganz klar als Baumangel bezeichnen. Normalerweise sollten sie länger halten.

Erhalten oder Erneuern

In vielen Fällen ist es schwierig zu beurteilen, ob ein Bauteil erneuert werden muss oder ob es weiterhin seine Funktion erfüllen wird. Folgen Sie dabei nicht dem ersten Eindruck. Oft sind es Verunreinigungen, verbrauchte Anstriche oder kleinere Schäden, die dazu veranlassen, einen »schlechten Gesamtzustand« festzustellen. Häufig genügt es, diese Mängel zu beheben, um das Bauteil zu erhalten. Eine Erneuerung sollte nur dann ins Auge gefasst werden, wenn diese kostengünstiger ist als die Instandsetzung. Handwerker sind hier oft keine guten Ratgeber. Sie empfehlen gern die Erneuerung und gehen erst nach hartnäckigem Nachfragen auf die Möglichkeiten der Reparatur ein. Geht es um größere Beträge, sollten deshalb mehrere Meinungen eingeholt werden.

Womit müssen Sie rechnen?

Die Bundesregierung hat in der Vergangenheit mehrfach den Gebäudebestand auf alterstypische Schäden untersuchen lassen. Die Ergebnisse, soweit sie die Themen dieses Buches betreffen, sind in der nachstehenden Tabelle zusammengestellt. Damit kann der Eigentümer eines Hauses nach dessen Baujahr feststellen, auf welche Mängel er besonders achten sollte. Das heißt nicht, dass diese Mängel auftreten müssen.

Bauteile / Worauf besonders zu achten ist	bis 1920	1930	1940	1950	1960	1970	1980	1990
Fassaden								
Putzschäden (Risse, Abplatzungen), auch am Sockel	■	■	■	■	■	■		
Sichtmauerwerk: ausgewaschene Fugen	■	■	■					
Natursteinschäden (Risse, Absprengungen)	■	■						
Blei-, Zinkblechabdeckungen (Gesimse usw.)	■	■	■	■	■			
Ablösungen von Fliesen, Platten						■	■	■
Schäden an vorgehängten Bekleidungen						■	■	■
schadhafte Wärmedämm-Verbundsysteme (Risse)							■	■
Außenwände								
gerissene Stürze, Brüstungen, Gewände	■							
Risse, offene Fugen (Mauerwerk)	■	■	■					
rostende Stahlteile (Fenster, Balkone)	■							
durchfeuchtete Kellerwände	■	■	■	■	■			
Betonabplatzungen (auskragende Balkone)					■	■		
Wasserschäden an Balkonen, Terrassen					■	■	■	
Abplatzungen an Sichtbetonflächen					■	■	■	
Dach								
befallenes Holz (Hausbock)	■	■	■					
Sparrenfußpunkt: Holzfäulnis, Schwamm	■	■	■					
schadhafte Dacheindeckung	■	■	■	■	■			
Schäden an Blechanschlüssen	■	■	■	■	■			
schadhafte Kaminköpfe (Verfugung, Putz)	■	■	■	■	■	■		
versottete Kamine, baufällige Kaminköpfe	■	■						
schadhafte Anschlüsse Flachdachränder					■	■	■	
Fenster								
Holzrahmen undicht, verzogen	■	■	■	■	■	■		
Holzschäden (Blendrahmen, Wetterschenkel)	■	■	■	■	■	■		
unzureichende Verglasung (Einfachglas)	■	■	■	■	■	■		
versprödete Fugendichtungen							■	■
Kunststoffrahmen undicht, verzogen							■	
schadhafte Rollläden und -kästen	■	■	■	■				
Geschossdecken								
durchgebogene Balken, Fäulnis (Balkenköpfe)	■	■		■	■	■		
befallenes Holz in Nassräumen (Schwamm)	■	■	■					
Rostschäden an Kappendecken (Keller)			■	■				
Abplatzungen an Stahlbetondecken	■							
Rostschäden an Stahlbauten (Balkone)	■							
schlecht gedämmte Balkonauskragung							■	■

Tab. 3: Häufige alterstypische Gebäudemängel im Bestand nach Bauteilen und Baujahren

Vorsorgen oder Abwarten?

Es gibt zwei »Strategien«, sein Haus instandzuhalten. Der risikofreudige Eigentümer wird abwarten, bis ein Schaden eingetreten ist und dann handeln. Dabei nimmt er in Kauf, dass er den Schaden erst bemerkt, wenn er sich in Folgeschäden auswirkt, wenn also das undichte Dach bereits den Putz zerstört hat oder ein Rohrbruch das Parkett aufquellen lässt.

Wer nicht so risikofreudig ist, wird sich bemühen, durch rechtzeitige Instandhaltung oder Erneuerung von Bauteilen den Schaden zu vermeiden. Dies ist allerdings nicht so einfach und für den Laien oft unmöglich, zu beurteilen, ob ein Bauteil noch intakt oder ob das Ende seiner Haltbarkeit nahe ist.

Wer hier sichergehen will, kann sich nur an den Erfahrungswerten der Lebensdauer der Bauteile orientieren und spätestens dann, wenn diese überschritten sind, darangehen, das Bauteil zu erneuern. Bei einem solchen planvollen Vorgehen wird allerdings eine mögliche längere Standzeit des Bauteils »geopfert«.

Es wird zwar häufig behauptet, die vorsorgliche Instandhaltung wäre unterm Strich die kostengünstigere Methode. Das muss aber nicht so sein: Können durch Abwarten einige Jahre gewonnen werden, so erleichtert das die Finanzierung der anstehenden Maßnahmen. Anders gesagt: Wer eine vorbeugende Instandhaltung nicht finanzieren kann oder will, wird die Lebensdauer der Bauteile »ausreizen« und es zumindest da, wo das Risiko kalkulierbar ist, auf den Schaden ankommen lassen.

Wenn alte Bauteile teuer sind

Anders stellt sich das dar, wenn durch die Erneuerung oder Veränderung eines Bauteils die laufenden Kosten (Betriebskosten) gesenkt werden können. Das betrifft die Bauteile, die den Energiebedarf des Gebäudes bestimmen. Können durch eine verbesserte Wärmedämmung beispielsweise einer Außenwand die Heizkosten gesenkt werden, lohnt es sich möglicherweise, früher zu investieren. So verhält es sich auch beim Dach, bei den Fenstern und bei den Decken zum unbeheizten Dachraum oder Keller.

Hier muss allerdings gerechnet werden. Keinesfalls dürfen Sie sich auf Behauptungen oder gar Versprechungen der Firmen verlassen, die sich um einen Auftrag bemühen. Sie müssen dabei nicht davon ausgehen, dass man Ihnen Märchen erzählt. Wer solche Versprechen abgibt, glaubt daran, dass dies auch so eintritt. Das liegt oft an mangelnden Kenntnissen und daran, dass Politik und Medien immer wieder den Eindruck erwecken, dass sich Wärmedämmung in jedem Fall bezahlt macht. Man mag der Ansicht sein, dass es immer sinnvoll ist, die Wärmedämmung zu verbessern. Ob es sich aber bezahlt macht, muss im Einzelfall genau nachgerechnet werden.

Macht sich die Verbesserung der Wärmedämmung bezahlt?
Diese Frage kann nur im Einzelfall durch Nachrechnen beantwortet werden. Beispielrechnungen dazu finden sich in den Kapiteln zu den betreffenden Bauteilen, also Außenwand und Fassade, Dach, Fenster, Decken zum Dachraum und zum unbeheizten Keller.

PLANEN ODER IMPROVISIEREN

Herr Meister hatte Glück, als er an jenem stürmischen Tag nach Hause kam und seine Haustüre aufschloss. Haarscharf neben ihm schlug ein Dachziegel auf den Boden. Etwas bleich betrat er das Haus und überlegte, was wohl wäre, wenn durch einen solchen Ziegel jemand zu Schaden käme. Es war Herrn Meister klar, da musste der Dachdecker her.

Kurz entschlossen blätterte er in den Gelben Seiten und suchte einige Telefonnummern von Dachdeckerbetrieben am Ort aus. Die erste Nummer, die er wählte, war besetzt. Bei der zweiten konnte er gleich dem Chef der Firma sein Problem schildern. Er vereinbarte einen Termin, zu dem sich der Dachdecker das Dach mal ansehen wolle.

Zwei Tage später kam der Chef der Firma mit einem Mitarbeiter und besah sich das Dach, zuerst von unten, dann vom Dachfenster der Wohnung im Dachgeschoss. »Klar«, sagte der Chef, »die Ziegel sind hinüber, da fehlen auch schon einige, das Dach muss neu gedeckt werden.«

Herr Meister hatte gehofft, dass es mit einer Reparatur abging: »Genügt es denn nicht, die fehlenden Ziegel zu ersetzen?«, fragte er. »Nein«, sagte der Chef, »die Ziegel sind schon zu alt, da müssen neue drauf. Und wir müssen die Wärmedämmung verbessern, das verlangt die Energieeinsparverordnung.«

Man vereinbarte, dass Herr Meister in den nächsten Tagen ein schriftliches Angebot erhalten sollte, aus dem genau hervorging, was gemacht werden müsse. Mit den Arbeiten könne es aber frühestens in vier Wochen losgehen, sofern Herr Meister den Auftrag kurzfristig erteilen würde. Andernfalls würde es sich um einige Monate verzögern, der Sturm hätte schließlich viele Dächer beschädigt.

Das Angebot kam bereits nach drei Tagen und Herr Meister zögerte nicht lange und erteilte der Firma den Auftrag. Zwar stand da eine stattliche Zahl unter dem Angebot, aber was blieb Herrn Meister übrig: Das Dach musste schnell in Ordnung gebracht werden und glücklicherweise hatte er ja auch für solche Fälle einen entsprechenden Betrag zurückgelegt.

Die Dachdecker kamen, wie sie es zugesagt hatten. Die Arbeiten wurden, soweit das Herr Meister erkennen konnte, so ausgeführt, wie es im Angebot stand. Herr Meister hatte nichts auszusetzen und bezahlte die Rechnung, die dann doch noch etwas höher ausfiel, als angeboten.

Abb. 4: Dachdeckerarbeiten sind oft kurzfristig erforderlich. Ist das Dach in einem Zustand, der befürchten lässt, dass sich Ziegel oder Platten lösen, besteht Lebensgefahr für Bewohner und Passanten.

Was ist daran falsch?

So wie hier geschehen werden weitaus die meisten Aufträge für Hausreparaturen erteilt. Und es ist durchaus möglich, dass die betroffenen Eigentümer gut damit fahren.

Das ist aber recht ungewiss, und ob man ein gutes Geschäft gemacht hat oder ein schlechtes, erfährt man in der Regel nie. Womit sollte man auch vergleichen? Wenn man bedenkt, dass es bei Hausreparaturen immer um Beträge geht, die im Durchschnittshaushalt allenfalls anstehen, wenn ein neues Auto angeschafft werden soll oder eine neue Kücheneinrichtung, dann erscheint ein solches Vorgehen doch recht großzügig. Während bei anderen großen Ausgaben sehr genau überlegt wird, was man erwerben will, und lange geprüft und verglichen wird, wo das Gewünschte zum besten Preis zu bekommen ist, werden hier alle Regeln eines auf Wirtschaftlichkeit bedachten Verhaltens ignoriert:

- Was angeschafft wird, hier bedeutet das, welche Leistung eingekauft wird, bestimmt nicht der Auftraggeber, sondern der Handwerker mit seinem Angebot.
- Ob die angebotene Leistung so überhaupt benötigt wird oder ob es auch andere, eventuell bessere oder kostengünstigere Lösungen gibt, kann der Hauseigentümer mangels Kenntnissen nicht feststellen.
- Werden nicht mehrere Angebote eingeholt, gibt es keinen Preisvergleich, keine Chance, die Leistung zu günstigerem Preis zu erwerben.
- Aber auch dann, wenn mehrere Angebote vorliegen, ist es dem Laien nur schwer möglich, zu erkennen, worin sich die angebotenen Leistungen von Anbieter zu Anbieter unterscheiden.
- Eine Qualitätskontrolle findet nicht statt; der Auftraggeber muss – soweit keine auch dem Laien erkennbare Fehler vorliegen, unterstellen, dass die abgelieferte Arbeit in Ordnung ist.

Es geht um viel Geld

Was die Dinge des täglichen Bedarfs kosten, weiß wohl fast jeder. Auch die Preise der ab und zu anstehenden größeren Anschaffungen kennt man in etwa aus der Werbung und den Angeboten des Einzelhandels.

Bei Handwerkerleistungen beschränken sich die Erfahrungen zumeist auf kleinere Reparaturen an der Waschmaschine, der Heizung oder an tropfenden Wasserhähnen.

Abb. 5: Übliches Verfahren der direkten Vergabe von Hausreparaturen an den anbietenden Handwerksbetrieb. Dieses Verfahren ist nur dann zu empfehlen, wenn der Auftraggeber genau weiß, was zu machen ist und was das kosten darf.

Was aber nun die größeren Instandhaltungs- und Instandsetzungsmaßnahmen betrifft, fehlt es nahezu völlig an Preisvorstellung. Das liegt nicht alleine daran, dass es den Einzelnen nur in großen Zeitabständen betrifft, es gehört – man muss das so sagen – an der »Preispolitik« der am Bau tätigen Handwerksbetriebe. Diese sind sehr daran interessiert, ihre Rechnungen nach dem tatsächlichen Aufwand auf der Baustelle zu stellen. Sie verweisen deshalb gern auf die Schwierigkeiten, die es macht, solche Leistungen im Voraus zu kalkulieren. Es ist richtig, dass der Aufwand von den jeweiligen Gegebenheiten abhängt. Es ist aber ebenso wahr, dass Handwerker mit jahrelanger Erfahrung sehr wohl wissen, wie sich diese Gegebenheiten auf den Preis auswirken. Preislisten wären durchaus möglich, sie liegen aber nicht im Interesse der Betriebe.

Deshalb findet man auch im Internet kaum Preisangaben zu Handwerkerleistungen. Es gibt nur wenige Gewerke, bei denen Betriebe die Einheitspreise oder Preisbeispiele nennen.

Um welche Beträge es bei Hausreparaturen geht, vermittelt die nebenstehende Tabelle am Beispiel eines Einfamilienhauses.

Schaffen Sie eine Basis für den Preisvergleich

Preise zu vergleichen ist alltäglich Praxis, beim Einkauf von Lebensmitteln, beim Telefontarif, bei der Wahl der Tankstelle. Immer geht es darum festzustellen, wer ein Produkt vergleichbarer Qualität zum günstigeren Preis anbietet. Oft entscheiden wir dabei nach Cent-Beträgen. Lohnend ist der Preisvergleich vor allem bei größeren Anschaffungen, also beim

Abb. 6: Freistehendes Einfamilienhaus aus den 30er Jahren. Die Kosten der nachstehenden Tabelle gelten für Häuser dieser Größe.

Art der Hausreparatur	Umfang	Kosten
Dacheindeckung erneuern mit Verbesserung der Wärmedämmung	90 m^2	13.500 EUR
Dachentwässerung erneuern	24 m	1.400 EUR
Anstrich der Außenwände erneuern	150 m^2	4.500 EUR
Außenputz mit Wärmedämm-Verbundsystem erneuern	150 m^2	15.000 EUR
Fenster – Verglasung ersetzen mit Neuanstrich	22 m^2	2.800 EUR
Fenster erneuern	22 m^2	7.700 EUR
Anstrich Fensterläden erneuern	20 m^2	1.600 EUR
Heizkessel erneuern mit neuem Abgassystem	1 St	8.000 EUR
Kaminkopf instandsetzen	1 St	1.600 EUR
Kellerwände abdichten	84 m^2	20.500 EUR
Entwässerungsleitungen (Grundleitungen) instandsetzen	16 m	2.400 EUR
Erneuerung der Sanitärinstallationen (ohne Sanitärobjekte, ohne Erneuerung der Wandoberflächen)	pauschal	12.000 EUR

Tab. 7: Kosten von Instandsetzungs- und Erneuerungsmaßnahmen am Beispiel eines freistehenden Einfamilienhauses der 30er Jahre

Kauf eines neuen Fernsehgeräts oder einer Waschmaschine. Dann werden die Leistungen und Funktionen der Geräte verglichen und Kaufempfehlungen der Warentester studiert. Das ist normal.

Erstaunlicherweise werden alle diese nützlichen und den Geldbeutel schonenden Überlegungen kaum angestellt, wenn Reparaturen am Haus anstehen und die dafür nötigen Handwerkerleistungen beauftragt werden. Hier, wo die Rechnungen leicht einen fünfstelligen Betrag erreichen, gibt es keinen Vergleich der angebotenen Leistungen und deren Qualität. Es gibt auch kaum Ratgeber, und Tests, die bei der Entscheidung helfen könnten, schon gar nicht.

Wer weiß, welche Unterschiede es schon bei der Wartung und Instandsetzung von Autos durch Fachwerkstätten gibt, wird nicht erwarten, dass dies bei Leistungen am Haus anders ist, zumal es hier keine Wartungspläne und Inspektionsfristen gibt wie bei Kraftfahrzeugen. Es hilft nichts, hier muss der Hauseigentümer als Auftraggeber selbst tätig werden und sich zumindest in Ansätzen eine Basis für den Vergleich der angebotenen Leistungen und der dafür eingesetzten Preise schaffen.

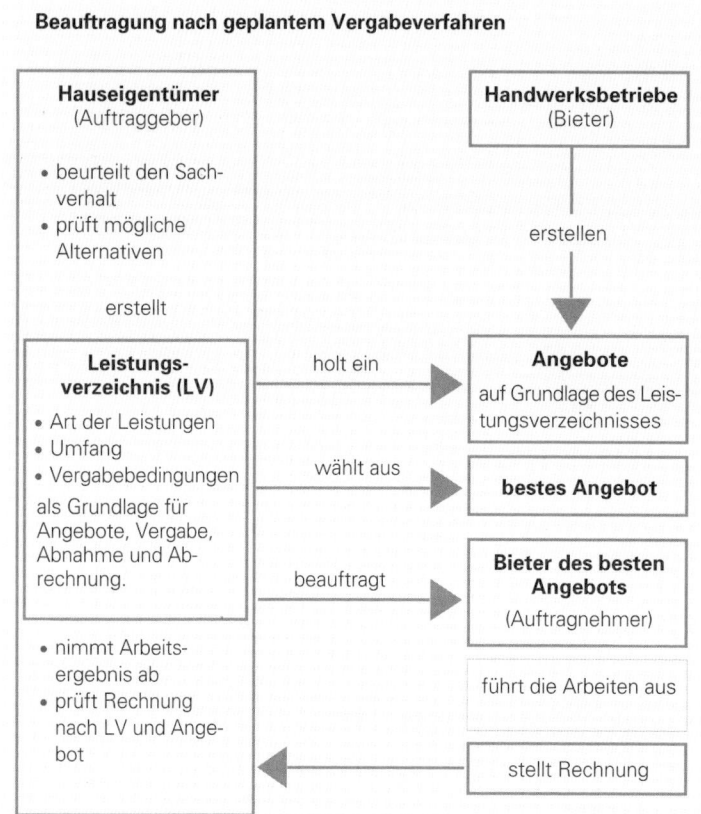

Abb. 8: Vergabeverfahren mit Ausschreibung der Leistungen und Beauftragung nach den Bedingungen des Auftraggebers. Dieses Verfahren stärkt die Position des Eigentümers als Auftraggeber und ermöglicht einen echten Preiswettbewerb der anbietenden Handwerksbetriebe.

WIE MAN ES RICHTIG ANPACKT

Was soll gemacht werden?

Bevor man den Handwerker ins Haus holt, sollte man sich darüber im Klaren sein, was konkret gemacht werden soll. Andernfalls sieht sich der unkundige Hauseigentümer mit Vorschlägen konfrontiert, von denen er nicht weiß, inwieweit sie notwendig sind und ob es nicht Alternativen gibt, mit denen er besser fährt. Sicher gibt es Fälle, in denen es auch für den Laien offensichtlich ist, wie ein Mangel zu beheben ist. Das ist aber die Ausnahme, in der Regel gibt es immer mehrere Möglichkeiten zu handeln, die sich hinsichtlich ihres Nutzens und vor allem auch ihrer Kosten sehr unterscheiden.

Es hilft nichts: Der Hauseigentümer ist gut beraten, sich »schlau zu machen«. Für viele Gelegenheiten wird hierzu dieses Buch ausreichen. Hilfe bieten aber auch Zeitschriften (zum Beispiel der Bausparkassen) und das Internet. Die hierfür aufgewendete Zeit zahlt sich aus, allein schon dadurch, dass man nun versteht, wovon der Handwerker spricht.

Handwerker sind Fachleute, oft aber sind sie festgelegt auf das, was sie gewohnt sind und was das Risiko von Ausführungsfehlern oder -mängeln vermindert. Das ist häufig mit höheren Kosten verbunden. So schwören viele Malerbetriebe auf die Verwendung von so genanntem »Malervlies«, einer dünnen Art von Tapete, die kleine Mängel in den Putzoberflächen überbrücken kann. Dies ist sinnvoll, wenn solche Mängel (wie kleine Risse) tatsächlich verbreitet vorliegen. Ist das nicht der Fall, ist diese Maßnahme entbehrlich, die Kosten dafür können gespart werden. Nicht selten wird damit argumentiert, dass durch dieses Vlies zukünftigen Rissen vorgebeugt wird. Eine solche Rissbildung muss aber in den seltensten Fällen angenommen werden.

Mit der Materie grob vertraut zu sein ist besonders wichtig, wenn alte Techniken durch neue ersetzt werden oder wenn zusätzliche Anforderungen an die Maßnahme gestellt werden. Das betrifft heute vor allem die Wärmedämmung, die bei vielen Bauteilen eine wichtige Rolle spielt und die in bestimmten Fällen rechtlich verbindlichen Vorschriften entsprechen muss. Kann hierbei der Eigentümer nicht »mitreden«, so muss er sich auf die Vorschläge des Handwerkers verlassen und die gehen fast immer weiter, als nötig. Das Argument: »Damit wird viel Heizenergie gespart«, zieht immer, wenn man es nicht selbst besser weiß. Deshalb sollten Sie hierüber etwas Bescheid wissen. Die nötigen Informationen finden Sie unter »Energieeinsparverordnung« (ab Seite 20) sowie in den Kapiteln zu den von dieser Vorschrift betroffenen Bauteilen.

Welches Ergebnis wird erwartet?

Auch dann, wenn Sie nicht fachkundig sind, sollten Sie genau beschreiben, was Sie mit der oder den Maßnahmen erreichen wollen. So zum Beispiel, welcher Mangel zu beseitigen ist (Zugerscheinungen an Fens-

Das müssen Sie beachten:
Bereits seit 2002 gilt die Energieeinsparverordnung, eine Vorschrift, die bei Hausreparaturen und Modernisierungen beachtet werden muss. Diese Verordnung gilt bundesweit und stellt bestimmte Mindestanforderungen an die Wärmedämmung von Bauteilen. Näheres hierzu findet sich ab Seite 20.

Worauf soll oder muss geachtet werden?

tern oder Türen, Schimmelbildung in den Wandecken, Geräusche in der Heizung oder der Wasserleitung) oder wie die Oberflächen aussehen sollen. Halten Sie das schriftlich fest.

Falls neue Bauteile wie Badarmaturen eingebaut werden sollen, informieren Sie sich über die aktuell angebotenen Produkte. Haben Sie hier bereits Ihre Wahl getroffen, so ist es nützlich, Prospekte oder Ausdrucke aus dem Internet vorzulegen. Lassen Sie sich dann speziell diese Produkte anbieten. Haben Sie günstige Bezugsmöglichkeiten, so vermerken Sie bei der Ausschreibung, dass die betreffenden Produkte »bauseits« beschafft werden. Kaufen Sie aber solche Produkte nicht, ehe geklärt ist, dass sie auch tatsächlich verwendet werden können.

Geht es um Farben, zum Beispiel bei Anstrichen von Türen, Fenstern oder Wänden, so sind Farbmuster von Vorteil. Sie können diese auch vom ausführenden Handwerker anfertigen lassen. Sie sollten dann bei der Ausschreibung oder der Beauftragung das Anfertigen der Muster (Anzahl benennen) als Teil der jeweiligen Leistungen fordern.

Wenn Handwerker ihre Leistungen anbieten, gehen sie von »normalen Bedingungen« aus. Es wird angenommen, dass es keine Umstände gibt, die ihre Arbeit erschweren. Folglich wird auch jede Abweichung von den angenommenen Bedingungen zunächst als »Erschwernis« geltend gemacht, die eine Erhöhung des Preises, einen Zuschlag oder eine gesonderte Vergütung rechtfertigen. Dem entgehen Sie nur dadurch, dass Sie alles, was als Erschwernis betrachtet werden könnte, bei der Ausschreibung der Arbeiten anführen. Hierzu gehören vor allem die im Kasten (unten) zusammengestellten Punkte. Generell gilt: Lieber zu viele Angaben als zu wenig.

Deshalb sollten Sie darauf bestehen, dass jeder anbietende Handwerker die Örtlichkeiten besichtigt. In der Beauftragung sollte etwa folgende Formulierung verwendet werden:

Der Auftragnehmer hat die bauseitige Situation besichtigt. Nachforderungen aufgrund mangelnder Kenntnisse der Gegebenheiten werden soweit ausgeschlossen, als diese durch eine Besichtigung vermeidbar waren.

Sie sollten selbst die Voraussetzungen schaffen, die es dem Handwerker ermöglichen, sich ein umfassendes Bild von den Gegebenheiten zu machen. Hierzu kann es gehören, Wände und Geschossdecken an geeigneten Stellen so weit zu öffnen, dass festgestellt werden kann, woraus das Bauteil besteht und wie es aufgebaut ist (Schichtenfolge). Wenn das der Hauseigentümer selbst in die Hand nimmt, geht es meistens mit geringerer Zerstörung ab, als wenn das ein Handwerker bei der Besichtigung »so nebenbei« macht. Letztlich sind aber »Zerstörungen« unvermeidlich, wenn Sie sicher sein wollen. Andernfalls müssen Sie Überraschungen einkalkulieren, auch hinsichtlich der zu erwartenden Kosten.

Was als »Erschwernis« der Arbeiten geltend gemacht werden kann

- Beeinträchtigungen der Zufahrt
- eingeschränkte oder keine Haltemöglichkeit vor dem Haus
- Beeinträchtigung der Aufstellung von Containern
- Behinderungen beim Erstellen von Gerüsten
- Lage in oberen Geschossen ohne Aufzug
- große Raumhöhen, die den Einsatz von Gerüsten oder Arbeitsbühnen erforderlich machen
- schmale Türen, kleine Fenster, die den Transport von Geräten und Materialien behindern
- eingeschränke Lagermöglichkeit für Geräte und Materialien
- bewohnter Zustand während der Arbeiten

- Besonderheiten des Zustands der zu bearbeitenden Bauteile (feuchte Wand, starke Verschmutzung von Oberflächen)
- unerwartete Konstruktionen oder Materialien
- unerwartete Materialeigenschaften (speziell bei Materialien oder Gegenständen, die der Auftraggeber beschafft)
- ungeeignete Untergründe für die beauftragten Arbeiten
- Einbauten, die bei der Arbeit behindern
- Einrichtungsgegenstände, die nicht versetzt werden können
- ungeklärte Abstimmung mit anderen Gewerken

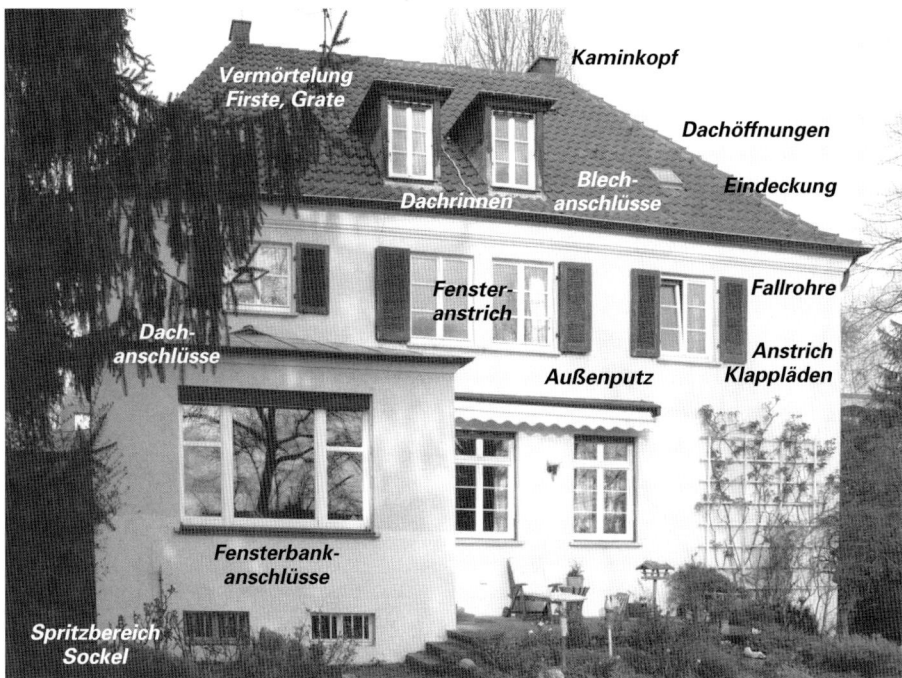

Abb. 9: Für eine vorbeugende Instandhaltung ist die regelmäßige Überprüfung aller der Witterung ausgesetzten Bauteile unerlässlich.

Verschleiß oder Schaden erkennen und beurteilen

Wann eine Erneuerung der Anstriche oder der Bodenbeläge ansteht, mag jeder unterschiedlich beurteilen, es ist aber nicht schwierig und erfordert keine Fachkenntnisse. Ebenso verhält es sich, wenn ein Schaden eingetreten ist, wenn also das Dach undicht ist oder die Heizung nicht mehr funktioniert. Will man aber vorsorglich handeln und Bauteile so instandhalten, dass Schäden vorgebeugt wird, dann muss man sich mit dem Zustand der Bauteile auseinandersetzen und Anzeichen für bevorstehende Schäden aufspüren.

Dies ist dem Laien nur eingeschränkt möglich, denn er bewegt sich hier in zum Teil komplizierter Materie, in der sich nur Sachverständige wirklich auskennen. Das heißt aber nicht, dass der Hauseigentümer gar nichts tun kann. Es gibt fast bei allen Bauteilen Verschleißerscheinungen; werden die nicht beachtet, führt das zu weitergehenden Schäden, die auch der Nichtfachmann erkennt.

In den einzelnen Kapiteln zu den verschiedenen Hausreparaturen werden solche Schadensbilder vorgestellt und erläutert. Wer sein Haus einer regelmäßigen Kontrolle unterziehen will, sollte die betreffenden Bauteile daraufhin besonders sorgfältig überprüfen. Eine Hilfe sind hierbei die Übersichten zu den häufigsten Mängeln nach dem Alter der Gebäude sowie die Tabellen zur Haltbarkeit der Bauteile und der Materialien (Anhang, Seite 139).

Besondere Beachtung verdienen alle der Witterung ausgesetzten Bauteile:
- das Dach und die Dachöffnungen wie Dachfenster, Dachdurchdringungen von Rohren
- Flachdächer und Terrassen und deren Anschlüsse an die Fassade
- Balkone, besonders die tragenden Teile auskragender Balkone (Holz)
- Dachentwässerung, insbesondere mit Blech ausgeführte Kehlen, Traufen und Anschlüsse von Gauben und Dachaufbauten, die Dachrinnen und Regenrohre, Einläufe bei Flachdächern
- Kaminköpfe und deren Anschlüsse
- Fenster, Fenstertüren und äußere Fensterbänke
- Fassaden, insbesondere vor die Fassade tretende Teile wie Gesimse oder Konsolen
- Sockelbereich der Außenwände (Spritzwasserhöhe) sowie Lichtschächte (Kellerfenster)
- Vordächer, Blechabdeckungen.

Die Energieeinsparverordnung

Während die Wärmedämmung neuer Gebäude mit zunehmend verschärften Vorschriften ständig verbessert wurde, blieben bestehende Gebäude lange davon unberührt, mit der Folge, dass die alten Gebäude verglichen mit neuen immer schlechter abschneiden. Alte Bestandsgebäude haben nicht selten einen 3- bis 4-mal so großen Energieverbrauch wie Neubauten. Um dem gegenzusteuern, wurden mit der 2007 novellierten Energieeinsparverordnung von 2002 Anforderungen an bestehende Gebäude verbindlich eingeführt.

Anders als bei Bauwilligen, die ohnehin investieren, können den Eigentümern von bestehenden Gebäuden Investitionen nicht so einfach verordnet werden. Deshalb werden die Anforderungen der Energieeinsparverordnung an bestimmte beabsichtigte bauliche Veränderungen gekoppelt. So können die geforderten Veränderungen mit einer anstehenden Reparatur- oder Modernisierungsmaßnahme (meist kostengünstig) verbunden werden. Wer sein Haus aber so lässt, wie es ist, bleibt von den Anforderungen weitgehend unberührt.

Bei welchen Maßnahmen Anforderungen gestellt sind, ist der tabellarischen Übersicht Seite 22 zu entnehmen. Darauf wird aber auch detailliert im jeweiligen Kapitel zu den betroffenen Bauteilen eingegangen.

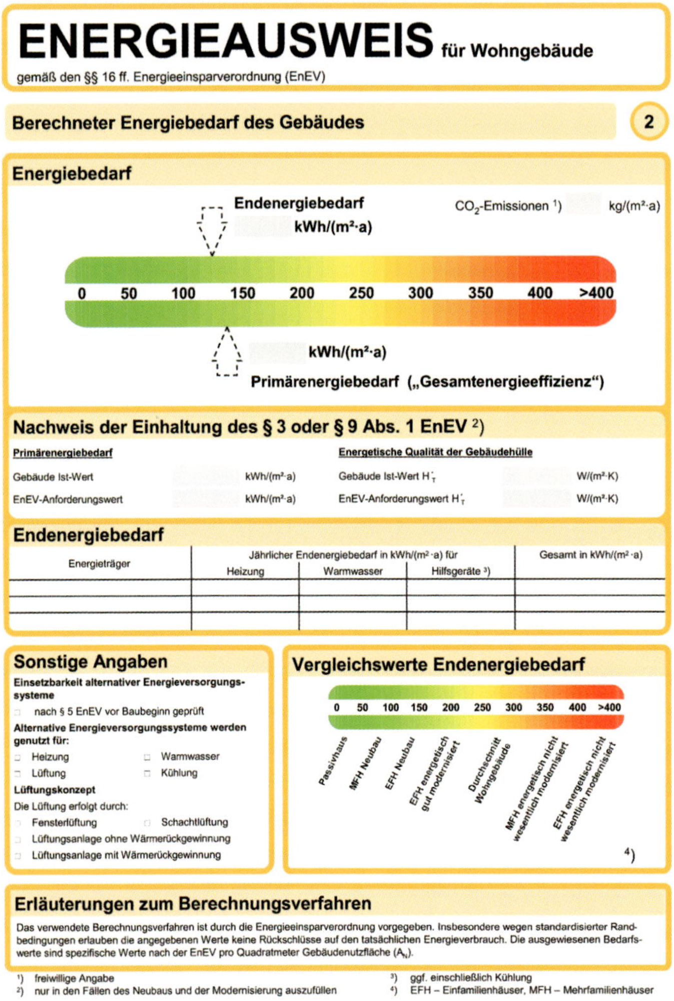

ENERGIEAUSWEIS für Wohngebäude
gemäß den §§ 16 ff. Energieeinsparverordnung (EnEV)

Berechneter Energiebedarf des Gebäudes 2

Energiebedarf

Endenergiebedarf kWh/(m²·a)
CO_2-Emissionen 1) kg/(m²·a)

0 50 100 150 200 250 300 350 400 >400

kWh/(m²·a)
Primärenergiebedarf („Gesamtenergieeffizienz")

Nachweis der Einhaltung des § 3 oder § 9 Abs. 1 EnEV 2)

Primärenergiebedarf		Energetische Qualität der Gebäudehülle	
Gebäude Ist-Wert	kWh/(m²·a)	Gebäude Ist-Wert H'_T	W/(m²·K)
EnEV-Anforderungswert	kWh/(m²·a)	EnEV-Anforderungswert H'_T	W/(m²·K)

Endenergiebedarf

Energieträger	Jährlicher Endenergiebedarf in kWh/(m²·a) für Heizung	Warmwasser	Hilfsgeräte 3)	Gesamt in kWh/(m²·a)

Sonstige Angaben

Einsetzbarkeit alternativer Energieversorgungssysteme
- nach § 5 EnEV vor Baubeginn geprüft

Alternative Energieversorgungssysteme werden genutzt für:
- Heizung
- Warmwasser
- Lüftung
- Kühlung

Lüftungskonzept
Die Lüftung erfolgt durch:
- Fensterlüftung
- Schachtlüftung
- Lüftungsanlage ohne Wärmerückgewinnung
- Lüftungsanlage mit Wärmerückgewinnung

Vergleichswerte Endenergiebedarf

0 50 100 150 200 250 300 350 400 >400

Passivhaus
MFH Neubau
EFH Neubau
EFH energetisch gut modernisiert
Durchschnitt Wohngebäude
MFH energetisch nicht wesentlich modernisiert
EFH energetisch nicht wesentlich modernisiert
4)

Erläuterungen zum Berechnungsverfahren

Das verwendete Berechnungsverfahren ist durch die Energieeinsparverordnung vorgegeben. Insbesondere wegen standardisierter Randbedingungen erlauben die angegebenen Werte keine Rückschlüsse auf den tatsächlichen Energieverbrauch. Die ausgewiesenen Bedarfswerte sind spezifische Werte nach der EnEV pro Quadratmeter Gebäudenutzfläche (A_N).

1) freiwillige Angabe
2) nur in den Fällen des Neubaus und der Modernisierung auszufüllen
3) ggf. einschließlich Kühlung
4) EFH – Einfamilienhäuser, MFH – Mehrfamilienhäuser

Abb. 10: Seit Juli 2008 ist jeder Hauseigentümer verpflichtet, bei Vermietung oder Verkauf einen Energieausweis vorzulegen. Der Ausweis gibt Auskunft über Kenndaten zum Energiebedarf oder Energieverbrauch des Hauses.

Energieeinsparverordnung (EnEV) – Novellierung 2009

Kaum ist die 2007 novellierte Fassung der EnEV in Kraft, folgt die nächste Novellierung: Bereits 2009 soll es eine wiederum geänderte Fassung geben. Darin werden die Anforderungen an bestehende Gebäude verschärft. Damit werden alle Maßnahmen, die sich schon jetzt an der Grenze der Wirtschaftlichkeit bewegen, mit Sicherheit unwirtschaftlich. Hauseigentümer werden noch mehr als bisher nachrechnen müssen, ob eine geplante Modernisierung unter diesen Umständen realisiert werden kann.

Anforderungen der Energieeinsparverordnung an bestehende Gebäude

• **Anforderungen bei Erweiterung**

Wird ein Gebäude um mindestens 15 bis maximal 50 Quadratmeter zusammenhängender, beheizter oder gekühlter Nutzfläche erweitert (zum Beispiel durch einen Wintergarten), so gelten für den neuen Gebäudeteil die Anforderungen der Tabelle Seite 22). Bei umfangreicheren Erweiterungen gelten die gleichen Anforderungen wie bei einem Neubau.

• **Anforderungen an Bauteile nach 20%-Klausel**

Viele Anforderungen der Energieeinsparverordnung sind an Bedingungen geknüpft und werden erst wirksam, wenn Bauteile verändert werden, die beheizte Bereiche gegen das Freie oder gegen unbeheizte Räume abgrenzen. Voraussetzung ist generell, dass die Veränderung mindestens 20 Prozent der jeweiligen Bauteilfläche betrifft. Für Außenwände, Außenfenster und -türen sowie Dachflächenfenster müssen die Anforderungen bereits dann erfüllt werden, wenn 20 Prozent der nach einer bestimmten Himmelsrichtung gehenden Flächen des Bauteils verändert werden. Diese Schwellenwerte sollen vermeiden, dass Hauseigentümer schon bei kleinflächigen Ausbesserungen einer Bauteilfläche den mit diesen Anforderungen verbundenen Aufwand tragen müssen. Ziel ist die Verbindung der Maßnahmen nach EnEV mit ohnehin anstehenden Modernisierungsmaßnahmen.

Theoretisch kann der Hauseigentümer die Anforderungen unterlaufen, wenn er Veränderungen im Umfang so beschränkt, dass die Schwellenwerte nicht erreicht werden. Praktisch würde das bedeuten, dass beispielsweise die Erneuerung einer Gebäudefassade in mehr als fünf Abschnitten erfolgen müsste. Dass sich das nicht rechnet, ist einleuchtend.

• **Anforderungen für vermietete Wohngebäude**

Die obersten Geschossdecken beheizter Räume müssen nach den Vorgaben der Verordnung gedämmt sein. Ist das noch nicht geschehen, muss das möglichst bald nachgeholt werden. Weitere unbedingte Anforderungen betreffen die Modernisierung von Heizungsanlagen und die Dämmung von Heizungs- und Warmwasserleitungen (Näheres hierzu ab Seite 102).

• **Anforderungen für Eigenheime bei Eigentümerwechsel**

Die vorgenannten unbedingten Anforderungen für vermietete Wohngebäude gelten auch für selbstgenutzte Ein- und Zweifamilienhäuser (mind. eine Wohnung selbstgenutzt), wenn der Eigentümer wechselt. Dann sind die entsprechenden Maßnahmen binnen zwei Jahren nach einem Eigentümerwechsel durchzuführen.

• **Anforderungen an alle Bestandsgebäude**

An Heizungs- und Warmwasseranlagen werden Anforderungen gestellt, die grundsätzlich zu erfüllen sind (ausgeführt ab Seite 102). Die hierzu nötigen Veränderungen und Nachbesserungen sind bereits seit Februar 2002 gefordert und müssen baldmöglichst durchgeführt werden.

• **Ausnahmen und Befreiungen**

Die EnEV sieht auf Antrag Ausnahmen (§ 16) vor für Baudenkmale oder sonstige besonders erhaltenswerte Bausubstanz, wenn die Erfüllung der Anforderungen Substanz oder Erscheinungsbild beeinträchtigen und andere Maßnahmen zu einem unverhältnismäßig hohen Aufwand führen würden. Zuständig sind die entsprechenden Landesbehörden.

Das gilt auch, wenn die Ziele der Verordnung durch andere als die vorgesehenen Maßnahmen im gleichen Umfang erreicht werden.

Darüber hinaus können die nach Landesrecht zuständigen Behörden auf Antrag von den Anforderungen befreien, soweit diese im Einzelfall wegen besonderer Umstände durch einen unangemessenen Aufwand oder in sonstiger Weise zu einer »unbilligen Härte« führen. Eine unbillige Härte liegt insbesondere vor, wenn sich der erforderliche Aufwand nicht in einer angemessenen Frist amortisiert.

Was ist der U-Wert?

Der U-Wert (Wärmedurchgangskoeffizient) gibt an, wie viel Wärme (gemessen in Watt) abhängig von der Temperaturdifferenz zwischen innen und außen »durchgelassen« wird. Die Angabe bezieht sich auf 1 m^2 Bauteilfläche. Bei einem U-Wert gleich 1 wird bei einer Temperaturdifferenz von 1 K (Kelvin, entspricht 1 °C) in einer Stunde 0,001 kWh transportiert. Das erscheint geringfügig, bedeutet aber, dass bei innen 20 °C und außen −10 °C bereits 0,030 kWh je Stunde und Quadratmeter »verbraucht« werden. Über eine Heizperiode summiert sich der Wärmeverlust auf rund 85 kWh (je Quadratmeter Bauteilfläche). Dafür müssen 8 l Heizöl oder 8 m^3 Gas eingesetzt werden.

a
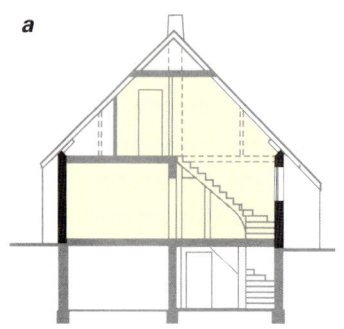
Außenwände

b
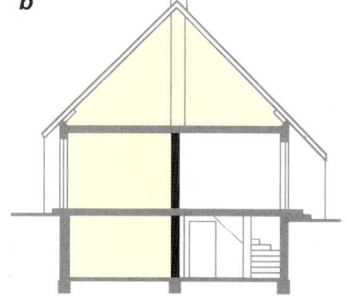
Wände zu unbeheizten Räumen

c
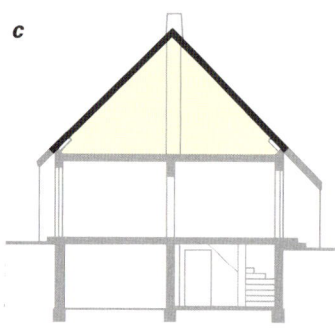
Dächer und Flachdächer (s.u.) über beheizten Räumen

g
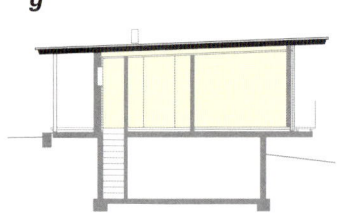
Flachdächer

beheizt   unbeheizt

Tab. 11: *Maßnahmen an bestehenden Gebäuden mit Anforderungen der Energieeinsparverordnung*

In der Spalte **2009** *die voraussichtlichen Anforderungen nach der novellierten Energieeinsparverordnung 2009.*

*   *differenzierte Regelungen*
** *auch Decken nach unten gegen die Außenluft*

Bauteile, Maßnahmen nach EnEV, Anhang 3			maximaler U-Wert [1] (W/m²K)	**2009**
1	**Außenwände**			
	a	Ersatz, erstmaliger Einbau	0,45	0,28
	b	Anbringen von Bekleidungen	0,35	0,28
	c	Aufbringen innenseitiger Bekleidungen	0,45	0,35
	d	Einbau von Dämmschichten (bei Kerndämmung: erfüllt, wenn Hohlraum vollständig ausgefüllt	0,35	0,28
	e	Erneuerung Außenputz an Wänden mit U > 0,9	0,35	0,28
	f	Erneuerung Ausfachung bei Fachwerkwänden	0,45	*
2	**Fenster, Fenstertüren, Dachflächenfenster** ausgenommen Schaufenster und Türanlagen aus Glas Werte in Klammern gelten bei Sonderverglasung [2]			
	a	Ersatz des Bauteils oder erstmaliger Einbau	1,7 (2,0)	1,3
	b	Einbau zusätzlicher Vor- oder Innenfenster	1,7 (2,0)	1,3
	c	Ersatz der Verglasung [3] – nicht, wenn vorhandener Rahmen für geforderte Verglasung ungeeignet	1,5 (1,6)	1,1
3	**Außentüren** (ausgenommen Schaufenster und Türanlagen aus Glas)			
		Bei Erneuerung, U-Wert der Türfläche	2,90	2,90
4	**Decken, Dächer, Dachschrägen**			
4.1	Steildächer sowie Decken unter nicht ausgebauten Dachräumen und Decken, Wände, Dachschrägen gegen Außenluft			**
	a	Ersatz, erstmaliger Einbau	0,30	0,24
	b	Ersatz oder Neuaufbau Dachhaut oder außenseitige Bekleidung [4]	0,30	0,24
	c	Einbau, Erneuerung innenseitiger Bekleidung	0,30	0,24
	d	Einbau von Dämmschichten [4]	0,30	0,24
	e	Einbau zusätzlicher Bekleidung/Dämmschicht an Wänden zum unbeheizten Dachraum	0,30	0,24

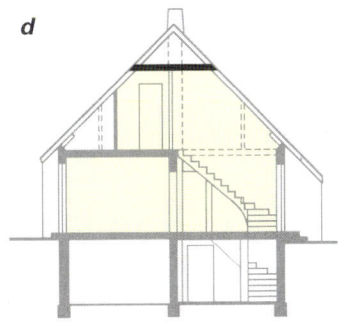 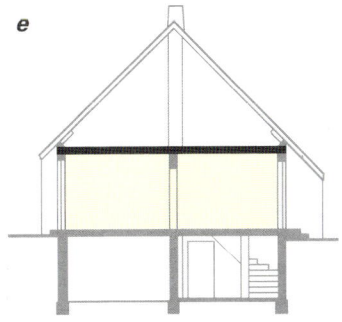 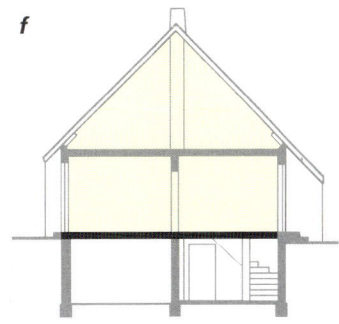

d Oberste, nicht begehbare Geschossdecken über beheizten Räumen

e Decken zu begehbaren Dachräumen

f Decken gegen unbeheizte Keller

Bauteile, Maßnahmen nach EnEV, Anhang 3	Maximaler U-Wert [1] (W/m²K)	2009
4.2 Flachdächer		
a Ersatz, erstmaliger Einbau	0,25	0,20
b Ersatz, Neuaufbau Dachhaut oder außenseitige Bekleidung	0,25	0,20
c Einbau, Erneuerung innenseitiger Bekleidung	0,25	0,20
d Einbau von Dämmschichten [5]	0,25	0,20
5 Wände/Decken gegen unbeheizte Räume/Erdreich		
a Ersatz, erstmaliger Einbau	0,50	0,30
b Einbau, Erneuerung außenseitiger Bekleidung	0,40	0,30
c Einbau, Erneuerung innenseitiger Bekleidung	0,50	
d Einbau von Fußböden auf beheizter Seite [6]	0,50	0,50
e Einbau Deckenbekleidungen auf kalter Seite	0,40	0,30
f Einbau von Dämmschichten	0,50	0,30
6 Vorhangfassaden Werte in Klammern gelten bei Sonderverglasung [2]		
a Ersatz des Bauteils oder erstmaliger Einbau	1,9 (2,3)	1,4
b Ersatz der Füllung (Verglasung/Paneele)	1,9 (2,3)	1,9

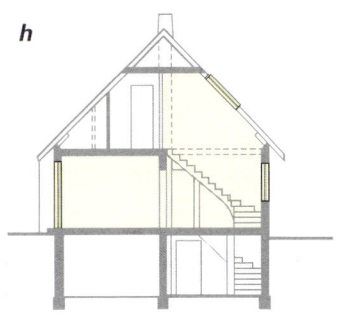

h Fenster, Fenstertüren, Dachfenster

i Wände gegen das Erdreich

j Decken gegen das Erdreich

[1] U-Wert = Wärmedurchgangskoeffizient (Erläuterung siehe Seite 21)
[2] z.B. Schallschutzverglasung mit $R_{w,R} \leq 40$ dB (DIN ISO 717-1) oder Brandschutzglas mit Elementdicke von mind. 18 mm (DIN 4102-13)
[3] bei Kasten- und Verbundfenstern erfüllt, wenn Glastafel mit infrarot-reflektierender Beschichtung mit Emissivität $\varepsilon_v \leq 0,20$ eingebaut wird
[4] bei Dämmung zwischen Sparren und begrenzter Einbauhöhe ist Anforderung erfüllt, wenn höchstmögliche Dämmstoffdicke eingebaut wird
[5] bei Herstellung von Gefälle durch Einbau keilförmiger Dämmschichten muss der Mindestwärmeschutz an der tiefsten Stelle vorhanden sein
[6] erfüllt, wenn die ohne Anpassung der Türhöhen größtmögliche Dämmstoffdicke mit Wärmeleitfähigkeit $\lambda = 0,04$ W/(m·K) eingebaut wird.

Welche Maßnahmen sind erforderlich, welche zu empfehlen?

Wer vom Verkaufen lebt, möchte möglichst viel verkaufen. So ist es verständlich, dass auch Handwerker daran interessiert sind, einen möglichst umfangreichen Auftrag zu erhalten. Wer fragt, welche Maßnahmen zu empfehlen sind, dem wird in der Regel eine Art Maximallösung angeboten, die über das hinausgeht, was erforderlich ist.

Es ist einfach, das Nötige und das Wünschenswerte zu unterscheiden, wenn es darum geht, einen Schaden zu beheben. Notwendig ist dann nur das, was den ursprünglichen Zustand wiederherstellt. Sich darauf zu beschränken ist zumeist die richtige und mit den geringsten Kosten verbundene Entscheidung. Dabei wird der Grundsatz befolgt, dass bei bestehenden Gebäuden der Erhalt des Vorhandenen Priorität hat.

Es wäre allerdings kurzsichtig, wenn man deshalb neue technische Lösungen völlig außer Acht ließe. Vor allem dort, wo heute erhöhte Anforderungen gelten und neue Techniken Verbesserungen ermöglichen, kann es sinnvoll sein, von der vorhandenen Ausführung abzurücken.

Anders stellt sich die Entscheidung dar, wenn Renovierungen geplant sind. Hier gibt es die Unterscheidung von Notwendig und Wünschenswert im Grunde nicht, sondern es wird nach Geschmack und Geldbeutel entschieden. Allerdings kann man auch hier fragen, worauf es dem Auftraggeber ankommt, welches Ergebnis er sich vorstellt und mit welchen Maßnahmen das erreicht werden kann. Fast immer gibt es mehrere Möglichkeiten, die sich nach Aufwand, Preis und Qualität des Ergebnisses erheblich unterscheiden können. Welche dieser Möglichkeiten der Auftraggeber wählt, hängt davon ab, ob er bereit ist, für die damit verbundenen Vorteile (die er sich erläutern lassen muss) entsprechend mehr auszugeben.

In diesem Sinne ist nur die kostengünstigste Maßnahmen, mit der die erwünschte Wirkung hergestellt wird »notwendig« (siehe nachstehend abgebildetes Beispiel).

> **Nötig oder wünschenswert?**
> Stellen Sie die folgenden Fragen:
> - Was ist erforderlich, um das erwünschte Ergebnis zu erzielen?
> - Welche Maßnahmen stehen zur Auswahl?
> - Was kosten diese Maßnahmen, wie hoch sind die Mehrkosten der aufwändigeren Maßnahmen?
> - Welche Vorteile sind mit den teureren Maßnahmen verbunden?

Abb. 12: Wem es nur darauf ankommt, den (flüchtigen) optischen Eindruck eines Parkettbodens zu erhalten, der mag mit einem Laminatboden gut bedient sein (links). Wem allerdings Nachhaltigkeit, die Wirkung des Holzes und langfristige Wirtschaftlichkeit wichtig sind, der wird echtes Parkett wählen. Doch auch hier gibt es ein breites Spektrum an Qualitäten und entsprechend große Kostenspanne. Kleinformatiges Mosaik- oder Industrieparkett (Mitte) kostet nur etwa ein Drittel dessen, was für ein hochwertiges, 22 mm dickes Stabparkett (hier im Fischgrätmuster) ausgegeben werden muss (rechts).

Gibt es Alternativen? Vor- und Nachteile

Ehe Sie sich für eine bestimmte Maßnahme entscheiden, sollten Sie prüfen, ob es Alternativen gibt. Das gilt vor allem dann, wenn mit den geplanten Maßnahmen Änderungen verbunden sind, wie zum Beispiel die Umgestaltung der Küche oder des Bads. Wie die neuen Sanitäreinrichtungen angeordnet werden, kann sich ganz erheblich auf den Aufwand und damit die Kosten auswirken. Zudem ist es ratsam, die Konsequenzen solcher Entscheidungen für die alltäglichen Verrichtungen zu bedenken. Nicht selten werden Vorbilder aus Prospekten oder Zeitschriften verwirklicht, die sich mit den Lebensumständen und Gewohnheiten der Benutzer nicht vertragen.

Auch wenn es um die Erneuerung von Bauteilen geht, gibt es in der Regel alternative Wege, Ersatz zu schaffen. So zum Beispiel bei der geplanten Erneuerung von Fenstern oder der Modernisierung der Heizungsanlage. Häufig wird nur das Naheliegende verfolgt, wo es angebracht wäre, zu fragen, welche Gegebenheiten tatsächlich akzeptiert werden müssen und welche nicht zwingend sind. Oft hilft es, die geplanten Maßnahmen mit Dritten zu besprechen. Hüten Sie sich davor, dem Rat von Freunden oder Bekannten, die Ähnliches realisiert haben, bedenkenlos zu folgen. Nachdem niemand gern eingesteht, falsche Entscheidungen getroffen zu haben, wird man nur selten eine kritische Beurteilung der durchgeführten Maßnahmen erhalten.

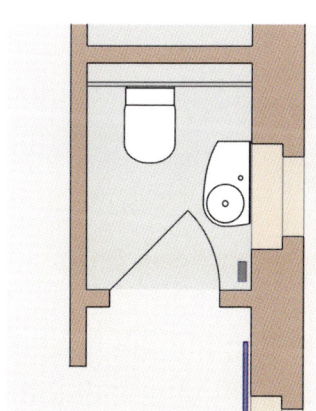 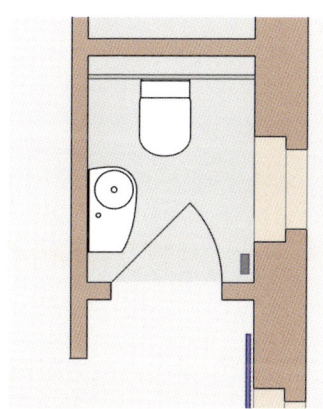 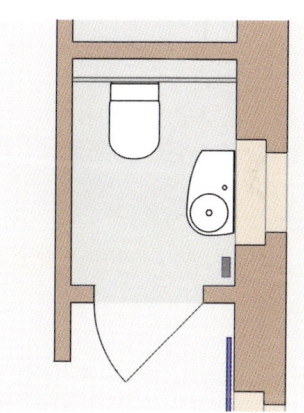

Abb. 13: Beispiel Alternativen: In ein Gäste-WC soll ein Handwaschbecken eingebaut werden. Naheliegend, weil gewohnt, ist der Einbau an der freien Außenwand. Bei dieser Anordnung ist es schwierig, die Tür zu schließen. Setzt man das Waschbecken an die gegenüberliegende Wand, gibt es keine Probleme mit der Tür, nun aber müssen Leitungen in der dünnen Innenwand verlegt werden. Schlägt man aber die Tür von außen an, kann das Waschbecken an der Außenwand an der gewohnten Stelle eingebaut werden.

Ermittlung des Umfangs der Maßnahmen

Der Umfang der beauftragten Leistungen bestimmt nicht nur die Gesamtkosten, sondern auch den Einheitspreis. Es ist verständlich, dass eine Leistung umso günstiger angeboten werden kann, je mehr davon abgenommen wird. Es gibt einen bestimmten Aufwand, der weitgehend unabhängig davon ist, wie umfangreich die beauftragten Arbeiten sind. Das gilt zum Beispiel für die Besichtigung, die Erstellung eines Angebots, die Materialbestellung und die Anfahrt. Man darf sich sich deshalb nicht wundern, wenn die neuen Bodenfliesen im Gäste-WC am Ende 500 EUR pro Quadratmeter kosten, während derselbe Belag im gesamten Keller für vielleicht 60 EUR pro Quadratmeter zu bekommen ist. Es lohnt deshalb, eine Leistung, die in absehbarer Zeit auch an anderer Stelle ansteht, vorzuziehen und so zu einem günstigeren Preis zu kommen.

Die Ermittlung des Umfangs der zu beauftragenden Arbeiten ist mit Messen und Rechnen grundsätzlich jedem Hauseigentümer möglich. Dies kann recht mühsam sein, zudem gibt es auch Bauteile, an die man schlecht herankommt oder die verdeckt sind, und deshalb kaum oder überhaupt nicht zu messen sind (wie die Dachflächen oder die Länge verdeckter Leitungen). Hier müssen Erfahrungswerte oder Schätzungen herhalten. Dafür werden in diesem Buch Hilfen angeboten.

Bauleistungen werden nach der Fläche in Quadratmeter, nach der Länge in Meter oder nach der Anzahl in Stück gemessen. In einigen Fällen ist auch das Volumen in Kubikmeter üblich oder die Pauschalierung. In diesem Zusammenhang ist zu beachten, dass bei vielen Bauleistungen neben der Flächenangabe zusätzlich bestimmte Längen dieser Fläche gesondert anzusetzen sind. Darüber hinaus können auch einzelne Punkte der Fläche für den Umfang der Leistung Bedeutung haben. Bei Dachflächen beispielsweise zählt die insgesamt eingedeckte Fläche. Hinzu kommen die Ränder dieser Fläche in Form von Traufen, Firsten oder Ortgängen. Besondere Anforderungen stellen dann noch die Punkte, an denen First und Ortgang oder Traufe und Ortgang zusammentreffen. Dies schlägt sich im Angebot und in der Abrechnung nieder, indem für jeden dieser Sonderfälle ein Preis und eine Masse ausgewiesen werden.

Zu allen in diesem Buch behandelten Bauleistungen finden sich im jeweiligen Kapitel Hinweise und Anleitungen zur Ermittlung des Umfangs der zu vergebenden Arbeiten. Daneben werden auch wichtige Regelungen für die Verwendung dieser Massen bei der Abrechnung angeführt.

Voraussichtliche Kosten

Jeder Hauseigentümer will, bevor er Bauleistungen beauftragt, wissen, welche Kosten in etwa auf ihn zukommen. Erfährt er das erst durch die Angebote der Unternehmen, so mag es schwerfallen, auf die geplanten Maßnahmen zu verzichten, wenn sich diese als erheblich teurer erweisen als erwartet. Besser ist es deshalb, sich schon eine Vorstellung von den Kosten zu verschaffen, ehe man Angebote einholt. Das gilt besonders, wenn es Alternativen gibt, die unterschiedliche Gewerke betreffen.

Zu wissen, was eine Maßnahme kosten wird, hilft auch bei der Beurteilung der Angebote. Es ermöglicht einzuschätzen, ob die Angebote zu hoch liegen oder ob sie angemessen sind. Es gibt Zeiten, in denen man nur überhöhte Angebote bekommt, weil generell gute Auftragslage herrscht oder weil die Jahreszeit für bestimmte Arbeiten von Vorteil ist. Bemerkt man dies, so kann man die Maßnahme unter Umständen aussetzen und zu einem späteren Zeitpunkt zu günstigeren Bedingungen beauftragen. Grundlage für die Abschätzung der voraussichtlichen Kosten sind in der Regel die Kosten ähnlicher Arbeiten bei Freunden und Bekannten oder Angaben in Zeitschriften oder im Internet. Mit solchen Kostenwerten ist nur dann etwas anzufangen, wenn zugleich bekannt ist, wie umfangreich die Arbeiten waren und was in etwa gemacht wurde. Hat jemand beispielsweise für einen neuen Parkettboden anstelle des vorhandenen Teppichbodens 4000 EUR bezahlt, so muss man wissen, um welche Art von Parkett es sich dabei handelte und welche Fläche belegt wurde. Waren das 30 Quadratmeter, so kann – alles eingerechnet – ein Preis von ca. 150 EUR pro Quadratmeter angesetzt werden. Hierin sind dann das Entfernen des Teppichbodens und der Einbau neuer Sockelleisten enthalten. Hat der Raum, in dem Sie einen neuen Parkettboden verlegen wollen, 40 Quadratmeter, so veranschlagen Sie hierfür 6000 EUR (40 150 EUR). Sie wissen nun allerdings noch nicht, ob das günstige oder hohe Kosten sind. Dazu müssten mehrere vergleichbare Kostenwerte vorliegen.

Bei privaten Auftraggebern sind alle Preise brutto, das heißt einschließlich der gesetzlichen Mehrwertsteuer (derzeit 19 Prozent) anzugeben.

Was ist bei der Schätzung der Kosten zu berücksichtigen?

Für die Einschätzung der Kosten ist zu klären, welche einzelnen Leistungen zur Durchführung der Maßnahme erforderlich sind, so z.B.:
- Ausbau und Entsorgung von alten Bauteilen
- Vorbereitung der Einbaustellen (wie Untergrund herrichten)
- Einbau der neuen Bauteile
- Anschlüsse an die angrenzenden Bauteile herstellen
- Anpassung vorhandener Bauteile an die neuen
- eventuelle Nachbehandlungen.

Für diese Teilleistungen ist zu klären:
- wie umfangreich sind die Arbeiten (Fläche, Anzahl etc.)?
- Kosten der neuen Materialien und Produkte
- Lohnkosten (Stundensätze nach Qualifikation der Ausführenden).

Für die gesamte Maßnahme können weitere (zusätzliche) Kosten hinzukommen:
- bei bestimmten Arbeiten Einrichtung der Baustelle (z.B. Materialaufzug, Bau-WC, Container oder Schutzdächer)
- bei bestimmten Arbeiten: Arbeits- und Schutzgerüste
- besondere Erschwernisse, z.B. eine schwierige Anfahrt, fehlende Stell- und Lagerflächen, Geschosslage (wie fünftes Geschoss ohne Aufzug) oder die Arbeit in bewohnten Räumen.

Es ist fast immer damit zu rechnen, dass sich während der Arbeiten unvorhergesehene Schwierigkeiten ergeben, die Mehrkosten verursachen. Hierfür sollte eine Reserve vorgehalten werden, bei Aufträgen von 3000 bis 10 000 EUR pauschal 500 bis 1000 EUR, bei noch größeren Aufträgen etwa 15 Prozent der Auftragssumme.

Was steht in der Leistungsbeschreibung?

Die Leistungsbeschreibung (auch Ausschreibung oder Leistungsverzeichnis, abgekürzt LV) ist der wesentliche Teil eines Bauvertrags. Mit der Leistungsbeschreibung werden die beauftragten Arbeiten so beschrieben, dass für den Auftragnehmer klar ist, was er zu tun hat oder welches Ergebnis seine Arbeit zu erbringen hat. Es wird die Art der bautechnischen Ausführung festgelegt, wobei auf die geltenden technischen Regeln Bezug genommen wird.

Unabhängig von der Art der auszuschreibenden Arbeiten sollte jede Leistungsbeschreibung folgende Angaben beinhalten.

Ortsangaben
Wo sind die Leistungen zu erbringen? Geben Sie alles an, was unter Umständen als Erschwernis angesehen werden kann (enge Zufahrt, kein Platz auf dem Grundstück für das Abstellen von Container, Hinterhaus, in welchem Geschoss).

Besichtigungstermin
Nennen Sie eine Zeit, in der die anbietenden Firmen die »Baustelle« besichtigen können oder bieten Sie das nach Vereinbarung an. Vermerken Sie grundsätzlich, dass die Kenntnis der Örtlichkeiten bei Beauftragung vorausgesetzt wird. Der Auftragnehmer kann dann keine Ansprüche mit erschwerten örtlichen Bedingungen begründen.

Ausführungstermin
Wann sind die Arbeiten auszuführen? Ist eine Frist einzuhalten (zum Beispiel weil in dieser Zeit das Haus, die Wohnung frei ist)? Bis wann müssen die Arbeiten abgeschlossen sein (wegen Bezug der Wohnung)?

Verweis auf geltendes Regelwerk
Fordern Sie Angebote auf Basis der VOB Teil B und der einschlägigen Teile von VOB Teil C. Damit sind bestimmte Grundlagen für die Ausführung der Arbeiten sowie für Aufmaß und Abrechnung vorgegeben. Diese müssen Sie nicht kennen, im Streitfall haben Sie damit aber eine allgemein anerkannte Basis. Allgemeine Geschäftsbedingungen (AGB) des Anbieters sollten Sie nicht anerkennen. Erklären Sie ausdrücklich, dass die AGB des Auftragnehmers nicht Bestandteil der Beauftragung sind.

Abnahme vereinbaren
Weisen Sie darauf hin, dass die Leistungen förmlich abgenommen werden und dass der Auftragnehmer nach Abschluss der Arbeiten hierzu einen Termin mit dem Auftraggeber zu vereinbaren hat.

Angebot mit Einheitspreisen
Fordern Sie ein Angebot auf der Grundlage von Einheitspreisen. Es muss also ausgewiesen werden, was eine Leistung je Aufmaßeinheit wie Quadratmeter oder Meter kostet. Dazu muss die Leistung in abgrenzbare Teilleistungen untergliedert werden. Es genügt also nicht ein Preis für den Einbau eines neuen Parketts,

---

Was ist die VOB?

Die Vergabe- und Vertragsordnung für Bauleistungen (kurz: VOB) ist ein Regelwerk, dass jeder Bauhandwerker kennt. Die VOB ist unterteilt in die Teile A, B und C. Die Teile B und C sollten grundsätzlich angewendet werden, da sie von den Firmen anerkannt werden und im Streitfall klare Rechtsverhältnisse schaffen.

Die VOB ist kein Gesetz, ihre Anwendung muss deshalb jeweils vertraglich vereinbart werden. Dies muss aus dem Leistungsverzeichnis oder der Beauftragung (schriftlich) eindeutig hervorgehen, da bei Nichtanwendung der VOB automatisch das Bürgerliche Recht (BGB) gilt.

Jeder, der Bauarbeiten vergibt, sollte Teil B der VOB in den wesentlichen Punkten kennen. Hier sind die Vertragsverhältnisse zwischen Auftraggeber und Auftragnehmern geregelt. Teil C gibt Hinweise zur Ausführung der Leistungen und ist Sache der Fachleute. Weisen Sie in der Leistungsbeschreibung darauf hin, dass die für das jeweilige Gewerk zutreffenden Teile der VOB Teil C anzuwenden sind. Damit ist für den Anbieter geklärt, wie die Arbeiten auszuführen sind, welche Nebenleistungen eingeschlossen sind und wie aufgemessen und abgerechnet wird. Sie sollten sich die VOB, Teil B unbedingt beschaffen. Der Text ist knapp und verständlich.

Die aktuelle Fassung der VOB/B kann von der Homepage des Bundesministeriums für Verkehr, Bau und Stadtentwicklung bezogen werden (http://www.bmvbs.de, dort unter »Bauwesen« und Bauauftragsvergabe).

Pauschalierung

Pauschal werden Leistungen dann vergeben, wenn sich die Leistung aus vielen kleinen Einzelarbeiten zusammensetzt und sich die Aufteilung nicht lohnt oder wenn man sich das Aufmessen und Abrechnen der einzelnen Teilleistungen ersparen will. Das muss nicht zum Nachteil des Auftraggebers sein, vor allem dann nicht, wenn mehrere Pauschalangebote eingeholt werden. Das erfordert aber in besonderem Maße eine klare und eindeutige Beschreibung der geforderten Leistungen. Dann kann man es auch den Anbietern überlassen, den Umfang der Arbeiten zu ermitteln oder abzuschätzen. Bei der Beauftragung ist dann ausdrücklich darauf hinzuweisen, dass Nachforderungen aufgrund zu gering angesetzter Massen oder vergessener Teilleistungen ausgeschlossen sind. Die Besichtigung der »Baustelle« sollte aber zwingend gefordert werden, damit das Argument, »das nicht gewusst zu haben«, ausgeschlossen werden kann.

vielmehr muss die Leistung aufgeteilt werden in den Ausbau des vorhandenen Belags, die Vorbereitung des Untergrunds, das Verlegen etwaiger Zwischenschichten und das Verlegen des neuen Belags, jeweils je Quadratmeter. Hinzu kommt bei diesem Beispiel das Anbringen neuer Sockelleisten je Meter. Außerdem sind die Preise von Material und Lohn getrennt auszuweisen. Soweit es die geforderten Arbeiten erlauben, sollten Sie eine generelle Abrechnung auf Zeit-Nachweis ablehnen.

Preise für Arbeiten auf Nachweis

Zusätzlich zu den Einheitspreisen sollen die Lohnkosten je Arbeitsstunde benannt werden und zwar differenziert nach Qualifikation (Meister, Facharbeiter, Bauhelfer). Im Fall, dass unvorhergesehene Arbeiten erforderlich werden, können diese nach Zeitaufwand mit diesen Preisen verrechnet werden. Man nennt das auch »Regiearbeiten«.

Beschreibung der geforderten Leistungen

Für den Hauseigentümer ist es in der Regel nicht möglich, die Art der erforderlichen Arbeiten zu beschreiben. Er muss sich deshalb damit begnügen, das gewünschte Ergebniss so genau wie möglich zu umreißen. Dabei kann er die Verwendung bestimmter Materialien und Konstruktionen verlangen, wenn für ihn erkennbar ist, dass dies mit dem erwünschte Ergebnis verträglich ist.

Nachtragsangebote

Dem Hauseigentümer als Laien ist es kaum möglich, die erforderlichen Leistungen umfassend und ausreichend detailliert zu beschreiben. Lassen Sie sich deshalb von den anbietenden Firmen schriftlich erklären, dass die ausgeschriebenen Leistungen für den beabsichtigten Zweck ausreichen. Ist dies nicht der Fall, soll der Anbieter (vor der Beauftragung) die aus seiner Sicht fehlenden Leistungen benennen und nachträglich anbieten. Sie vermeiden damit, dass solche Leistungen nachträglich geltend gemacht werden, deren Preise Sie akzeptieren müssen, weil der Auftrag bereits erteilt oder die Arbeiten gar schon begonnen sind.
Nachträge sind dann auf Unvorhergesehenes beschränkt.

Der Auftraggeber kann auch verlangen, dass bestimmte Stoffe nicht verwendet werden, wenn er das beispielsweise aus ökologischen oder gesundheitlichen Gründen für sinnvoll hält. Solche Einschränkungen wirken sich allerdings fast immer auf den Preis aus, vor allem dann, wenn die anbietende Firma die erwünschten Materialien nicht über die gewohnten Lieferanten beziehen können und deshalb teurer einkaufen müssen.

Was ist vor der Beauftragung zu beachten?

Mit der Ausschreibung werden die Ausführungstermine vorzugeben und so Bestandteil der Angebote. Knappe Termine kosten Geld. Die geplanten Ausführungsfristen dürfen die ausführenden Firma nicht von vornherein unter Zeitdruck setzen. Das erhöht die Angebotsumme und geht leicht zu Lasten der Qualität.
Alternative Ausführungen sollen nur so weit in die Leistungsverzeichnisse aufgenommen werden, wie sie tatsächlich infrage kommen.
Berücksichtigen Sie Firmen in der Nähe, vor allem, wenn es um Installationen geht. Für Reparaturen ist das später von Vorteil. Ansonsten spielt die Entfernung zur Baustelle bis zu etwa einer halben Stunde Fahrtzeit keine Rolle. Vor allem in Ballungsräumen kann es sich lohnen, Firmen aus dem Umland anzusprechen. Diese

Schwarzarbeit
Schwarzarbeit ist verboten, entsprechende Verträge sind nichtig. Wer sie beauftragt, macht sich strafbar. Rechtsmittel zur Durchsetzung von Mängelansprüchen gibt es nicht. Der Auftraggeber trägt das volle Unfallrisiko.

bieten oft niedriger an als die Firmen im Nahbereich.
Es sollten mindestens drei Angebote eingeholt werden. Freihändige Vergabe ist nur vertretbar, wenn andere Firmen die geforderte Leistung nicht erbringen können oder besondere (zum Beispiel private) Gründe vorliegen. Auch in solchen Fällen ist ein korrektes Angebot auf der Grundlage Ihres Leistungsverzeichnisses zu fordern. Geben Sie auch nicht zu erkennen, wenn es keine Mitbewerber gibt.
Schwarzarbeit, das heißt Arbeit gegen steuerlich nicht angemeldete Vergütung ist verboten. Entsprechende Verträge (auch mündliche) sind nichtig. Wer Arbeiten »schwarz« beauftragt, macht sich strafbar. Rechtsmittel zur Durchsetzung von Mängelansprüchen (siehe Seite 133) gibt es nicht. Der Auftraggeber trägt auch das volle Unfallrisiko.

Vergabe der Bauaufträge

Prüfen Sie die Angebote auf Vollständigkeit, rechnerische Richtigkeit und auf Plausibilität. Oft führen Missverständnisse zu »falschen« Preisen. Solche Punkte sollten richtiggestellt werden, das vermeidet späteren Streit. Nützlich ist ein einfacher Preisspiegel, in dem die wichtigsten Einzelpositionen und Summen vergleichbar nebeneinandergestellt sind.
Jeder Auftraggeber will niedrige Preise. Verfahren Sie dennoch nicht einfach nach dem Motto: »Der Billigste bekommt den Auftrag.« Sehr niedrige Angebote können ihre Tücken haben. Nur selten kann eine Firma die geforderte Leistung mit Dumpingpreisen zufriedenstellend ausführen. Man darf sich dann nicht wundern, wenn die Firma keine Gelegenheit ungenutzt lässt, die geschuldete Leis-

tung zu kürzen. Ein größeres Risiko mangelhafter Arbeit bleibt, und sowohl der Aufwand als auch der Ärger wachsen beträchtlich.
Holen Sie zu den infrage kommenden Firmen nach Möglichkeit Referenzen ein. Ist eine Firma für besonders sorgfältige Arbeit bekannt, so kann das auch einen etwas höheren Preis wert sein. Bei unbekannten Firmen, die auffallend niedrig angeboten haben, sollten Sie vorsichtig sein. Braucht eine Firma dringend einen Auftrag, so mag das Angebot in Ordnung und für Sie ein »Schnäppchen« sein. Andererseits nützt das günstigste Angebot nichts, wenn die Firma während des Bauens Pleite macht. Passiert das im Zeitraum der Gewährleistung, so bleiben Sie auf nicht beseitigten Mängeln sitzen.
Angebote müssen die Leistung klar und möglichst detailliert beschreiben und Produkte zweifelsfrei nach Hersteller und Typ benennen. Akzeptieren Sie keine pauschalen Angebote. Erteilen Sie Aufträge nur schriftlich. Das Auftragsschreiben senden Sie in zweifacher Ausfertigung an den Anbieter, eine Ausfertigung lassen Sie sich unterzeichnet zurücksenden. Vorsicht vor anderen Auftragsbestätigungen. Manche Firmen versuchen damit zusätzliche Bedingungen in den Vertrag »einzuschleusen«.

Worauf bei der Durchführung achten?

Für jedes Gewerk gibt es ganz bestimmte »kritische« Punkte, auf die bei der Ausführung der Arbeiten besonders zu achten ist. Auf diese wird in den Kapiteln zu den Hausreparaturen eingegangen. Darüber hinaus gibt es hierzu allgemeine Empfehlungen, die für jede Art von Handwerkerleistung gelten.

Halten Sie den Zustand vor Beginn der Arbeiten in Fotos fest. Es empfiehlt sich, auch während der Arbeiten Zwischenstände im Bild festzuhalten. Das gilt besonders dann, wenn durch die nachfolgenden Arbeiten diese Zustände verdeckt werden und nicht mehr zugänglich sind. Das ist zum Beispiel bei Estricharbeiten, bei elektrischen Installationen und beim Rohrnetz von Sanitär- und Heizungsanlagen wichtig. Sie schaffen sich damit Beweismittel, falls es zu Schäden kommt. Zudem können Sie später leichter feststellen, wo sich Leitungen befinden, wenn es darum geht, Einrichtungen mit Schrauben und Dübeln zu befestigen.

Vermeiden Sie alles, was die Arbeit der Handwerker behindern kann. Dazu gehört, dass Sie den Arbeitsort während der Dauer der Tätigkeit zugänglich halten. Muss eine Firma unverrichteter Dinge wieder abziehen, weil sie das Haus verschlossen vorfindet, so wird man Ihnen dies in Rechnung stellen.

Wenn Sie mit der Art der Ausführung der beauftragten Leistungen oder mit Zwischenergebnissen nicht zufrieden sind, dann sagen Sie das unmissverständlich. Sie dürfen mit Ihrer Kritik nicht warten, bis die Arbeiten abgeschlossen sind. Sind Mängel erkennbar, so müssen diese sofort gerügt werden und zwar schriftlich per Einschreiben oder durch persönliche Übergabe (mit Zeugen oder gegen Empfangsbestätigung). Näheres zum Verhalten bei Mängeln findet sich im Anhang (siehe Seite 133).

Für Beschädigungen von Bauteilen oder Einrichtungen, die Handwerker durch ihre Arbeit verursachen, sind diese auch haftbar. Ihnen steht eine fachgerechte Beseitigung des Schadens oder Schadenersatz zu.

Leistungen nach Aufwand

Leistungen, die nicht mit einem Einheitspreis angeboten wurden, sondern nach Zeitaufwand und Stundenverrechnungssatz abgerechnet werden sollen (Regiearbeiten), hat der Auftragnehmer genau (Arbeitsleistung und Material) zu protokollieren und dem Auftraggeber (am besten täglich) zur Abzeichnung vorzulegen. Die VOB gibt dem Handwerker dafür 6 Tage Zeit. Es ist deshalb ratsam, dass der Auftraggeber die Dauer solcher Arbeiten nach Möglichkeit selbst aufzeichnet. Werden Ihnen davon abweichende Stundenzettel vorgelegt, so bestehen Sie auf Korrektur. Sie können aber keine minutengenaue Aufstellung erwarten; es ist üblich, auf Viertelstunden auf- oder abzurunden.

Achten Sie darauf, dass Verunreinigungen und Materialreste täglich beseitigt werden, wenn die Arbeiter Feierabend machen. Staubsauger, Kehrschaufel und Besen gehören zum Handwerkszeug.

Abb. 14: Ist erst einmal alles wieder verputzt, weiß niemand mehr, wie die Installationen in der Wand liegen.

Abb. 15: Auch bei Trockenbauwänden ist es von Vorteil zu wissen, welche Leitungen hier wie verlaufen.

Augen auf bei der Abnahme!

Die Arbeit der Handwerker endet in der Regel mit der Abnahme ihrer Leistungen durch den Auftraggeber (Näheres zur Abnahme siehe im Anhang, Seite 133). Die Abnahme wird vom Auftraggeber zusammen mit dem Auftragnehmer durchgeführt. Die Ergebnisse der Arbeiten werden kritisch besichtigt, dabei ist je nach Art der Arbeiten besonders auf folgende Punkte zu achten:

- Exaktheit bei Anschlüssen und Übergängen (wie Schwellen)
- Maßhaltigkeit, rechter Winkel, Ebenheit, Parallelität
- Passung von zusammengefügten Teilen
- Luftdichtheit bei Fugen (Türen, Fenster)
- Farbe, Übereinstimmung mit Vorlagen (Mustern), Gleichmäßigkeit von Tönung und Struktur
- Funktionsfähigkeit bei Geräten und Installationen (zum Beispiel von Armaturen oder Heizflächen)
- Funktionsfähigkeit von Abdichtungen
- Verfugungen unter anderem bei Wand- und Bodenfliesen, Sanitärobjekten, Blechabschlüssen und Fenstern
- Kontrolle notwendiger Bewegungsfugen (zum Beispiel bei Holzböden)
- Sitz und Funktion beweglicher Bauteile
- fester Sitz montierter Bauteile, zum Beispiel bei Geräten der Elektroinstallation.

Alles Auffällige wird in einem Abnahmeprotokoll vermerkt; dabei ist zu entscheiden, ob diese hingenommen werden können oder als Mängel zu werten sind. Ist das der Fall, ist festzulegen, dass und wie Abhilfe geschaffen wird. Hierzu wird ein Termin vereinbart, zu dem diese Nachbesserung zu erfolgen hat. Das Abnahmeprotokoll (handschriftlich genügt) wird von beiden Parteien unterzeichnet.

Gibt es hinsichtlich der Einstufung als Mangel kein Einvernehmen, so müssen die Ansichten beider Parteien notiert werden. Es ist dann zu klären, wie weiter verfahren werden soll. Üblicherweise wird ein Sachverständiger der Handwerkskammer hinzugezogen. Führt auch das nicht zur Einigung, muss ein unabhängiger (vereidigter) Gutachter eingeschaltet werden. Dies wird aber in den meisten Fällen zu vermeiden sein, da auch der Auftragnehmer daran interessiert sein wird, die Sache mit möglichst geringem Aufwand zu bereinigen.

Häufiger Streitpunkt sind Abweichungen von Maßen und Unebenheiten. Zu genauem Arbeiten ist der ausführende Handwerker verpflichtet. Doch findet das seine Grenzen in den Materialeigenschaften und den verwendeten Werkzeugen. Baustellen sind keine Industriebetriebe, es müssen deshalb gewisse Abweichung von Soll und Ist toleriert werden. Diese Maßtoleranzen werden für verschiedene Arten von Bauteilen in einer Norm festgelegt; dabei ist geregelt, wie diese Abweichungen zu ermitteln sind (siehe Anhang Seite 136).

 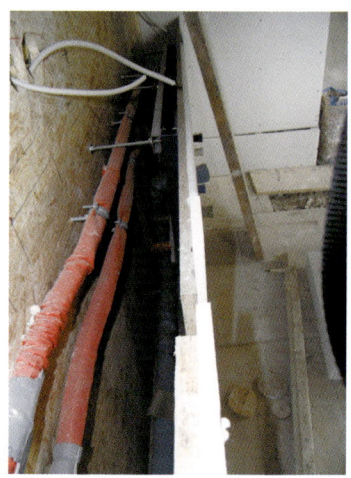

Abb. 16, 17: Verzug von Installationen um ein ehemaliges Fenster. Das weiß in ein paar Jahre niemand mehr. Deshalb: fotografieren! Ebenso verhält es sich mit Leitungen im Bad hinter der später verfliesten Trockenbauwand.

DIE HAUSREPARATUREN

Schadstoffe

Beinhalten die geplanten Arbeiten den Abbruch, Ausbau oder das Ausräumen alter Bauteile, so muss mit schadstoffbelasteten Materialien gerechnet werden. Es gibt eine ganze Reihe von Stoffen, die früher (aus mangelnder Kenntnis) gebräuchlich waren und bedenkenlos verbaut wurden. Das wohl bekannteste Beispiel sind die mit Asbest hergestellten Platten und Tafeln, mit denen Dächer gedeckt und Wände bekleidet wurden. Die gesundheitsschädliche Wirkung (Asbestose, Lungenkrebs) von Asbestfasern ist allgemein bekannt. Hinweise zum Umgang mit asbestbelasteten Bauteilen sind auf Seite 38 zu finden.

Häufig trifft man in älteren Gebäuden auf Holzfußböden (vor allem Parkett), die mit teerhaltigen Klebern verlegt sind. Diese Kleber enthalten polyzyklische aromatische Kohlenwasserstoffe (PAK), die Reizungen und Leberschäden verursachen können und bei bestimmter Zusammensetzung krebserregend wirken.

Vorsicht ist angebracht beim Ausbau von Wärmedämmungen aus künstlichen Mineralfasern (KMF), die bis 1996 eingebaut wurden. Sie gelten ebenfalls als krebserregend. Später hergestellte Produkte aus Mineralfaser werden als gesundheitlich unbedenklich eingestuft.

Zu den in Gebäuden häufig anzutreffenden Schadstoffen zählen PCP, Lindan und DDT, Stoffe, die bis Ende der 80er Jahre in Holzschutzmitteln und Anstrichen verwendet wurden. Die Stoffe sind hochtoxisch, können sich in Leber und Gehirn anreichern und gelten als Krebserreger.

Sehr gesundheitsschädlich sind auch Weichmacher auf PCB-Basis, die in Anstrichstoffen, elastischen Fugenmaterialien und Kabelummantelungen enthalten sind, die bis 1989 hergestellt wurden. PCB reichert sich im Fettgewebe an und soll Leberkrebs verursachen.

Abb. 18: Bis in die 60er Jahre war es üblich, Parkett mit teerhaltigen Stoffen zu verkleben. Solche Böden dürfen nur mit umfangreichen Schutzmaßnahmen ausgebaut werden.

Diese Aufzählung beschränkt sich auf einige der besonders schädigenden Stoffe und ist bei Weitem nicht vollständig. In jedem Fall sollten Sie von Handwerkern vorgetragene Bedenken hinsichtlich der vorgefundenen Baustoffe ernst nehmen. Es geht um Ihre eigene oder die Gesundheit der

Abb. 19: Der Ausbau und die Entsorgung asbesthaltiger Bauprodukte wie alte Faserzementplatten darf nur von dafür zugelassenen Fachbetrieben ausgeführt werden. Das ausgebaute Material darf nicht zerkleinert werden und muss in geschlossenen, staubdichten Behältnissen als Sondermüll entsorgt werden.

Bewohner, aber auch um die der Arbeiter. Der Auftraggeber kann hier auch haftbar gemacht werden, wenn sich später herausstellt, dass er geltende Vorschriften missachtet hat. Grundsätzlich ist bei den angeführten Stoffen ein Sachverständiger hinzuzuziehen, der weiß, welche Maßnahmen erforderlich oder vorgeschrieben sind. Die Verzögerung der Arbeiten muss hingenommen werden.

Allgemeine Regelungen für Bauarbeiten

Wird mit dem ausführenden Handwerksbetrieb die VOB als Vertragsgrundlage vereinbart, so gelten für die Bauarbeiten aller Handwerker die Regelungen der DIN 18299. Davon abweichende Bestimmungen der für die einzelnen Gewerke geltenden Teile der VOB/C haben Vorrang. Die angebotenen Leistungen umfassen
- die Lieferung der dazu erforderlichen Stoffe und Bauteile
- deren Lagerung auf der Baustelle (einschließlich Abladen).

Bauseits zu beschaffende Stoffe und Bauteile hat der Auftragnehmer rechtzeitig anzufordern.

Die vom Auftragnehmer gelieferten und eingebauten Stoffe und Bauteile müssen
- für den Verwendungszweck geeignet und aufeinander abgestimmt sein
- ungebraucht sein (Recycling-Stoffe gelten als ungebraucht)
- soweit für sie DIN-Normen bestehen, müssen sie deren Güte- und Maßvorgaben entsprechen
- soweit es gefordert ist, amtlich zugelassen sein und dieser Zulassung entsprechen.

Werden Schadstoffe vorgefunden oder besteht ein begründeter Verdacht, so ist der Auftraggeber unverzüglich zu informieren. Ist Gefahr im Verzug, das heißt muss sofort gehandelt werden, muss der Auftragnehmer die für notwendig erachteten Sicherungsmaßnahmen ergreifen (abzurechnen als besondere Leistung). Das weitere Vorgehen ist mit dem Auftraggeber abzuklären.

Nebenleistungen

Nebenleistungen gehören zu den beauftragten Leistungen auch dann, wenn sie im Vertrag nicht erwähnt werden. Nebenleistungen sind
- Einrichten und Räumen der Baustelle
- Vorhalten der erforderlichen Baustelleneinrichtung
- Aufmaß für die Ausführung und Abrechnung der Arbeiten
- Schutz- und Sicherheitsvorkehrungen nach den Unfallverhütungsvorschriften und behördlichen Forderungen
- Zuführung von Wasser und Elektrizität von der zur Verfügung gestellten Anschlussstelle bis zur Verwendungsstelle
- Vorhalten der Kleingeräte und Werkzeuge
- Bereitstellen der Betriebsmittel
- Schutz der Arbeiten vor Niederschlägen, gegebenenfalls die Beseitigung von Niederschlagwasser
- Beseitigung der vom Auftragnehmer verursachten Abfälle und Verunreinigungen
- Entsorgen von bis zu 1 m^3 Abfall aus dem Bereich des Auftraggebers (ausgenommen schadstoffbelastetes Material).

DACHEINDECKUNG MIT ZIEGELN UND PLATTEN

Dächer schützen das Haus vor Regen und Schnee, also vor Durchfeuchtung und damit Fäulnis, Frost- und anderen Folgeschäden. Mängel des Dachs führen immer zu Schäden an der Bausubstanz. Sie sind deshalb möglichst bald zu beheben, solange das noch verhältnismäßig einfach und billig ist. Am häufigsten sind Schäden an der Eindeckung und an der Dachentwässerung. Undichtigkeiten können aber auch von Mängeln an der Unterkonstruktion oder dem Tragwerk des Dachs herrühren. Schwachpunkte jeder Dacheindeckung sind vor allem Durchdringungen wie Kamine, Entlüftungsrohre und Dachflächenfenster. Die Überprüfung der Dachkonstruktion ist einfach, wenn der Dachraum nicht ausgebaut ist. Dann sind fast alle Stellen des Dachs offen zugänglich; notfalls können einige Ziegel entfernt werden, wenn man einen Blick auf die Dachhaut werfen will. Schwierig ist es bei ausgebauten Dachräumen: Hier werden Schäden, die nicht an der Oberfläche der Dachhaut erkennbar sind, erst bemerkt, wenn die Dachuntersicht Wasserflecken zeigt. Der Aufbau der Eindeckungen unterscheidet sich nach den verwendeten Materialien. Behandelt werden Eindeckungen mit

- Ziegeln oder Betondachsteinen
- Welltafeln oder -platten aus Faserzement
- Schiefer, Dachplatten.

Die nachstehende Grafik (Tab. 20) veranschaulicht, mit welchen Mängeln je nach Alter des Gebäudes gerechnet werden muss. Es handelt sich dabei um häufige und für das Baualter typische Mängel, von denen viele Gebäude aber auch verschont bleiben.

Eindeckung mit Ziegeln oder Betondachsteinen

Betroffen sind alle Dacheindeckungen mit Ziegeln oder Betondachsteinen, unabhängig von der Form der Ziegel und von der Dachneigung. Wird im Folgenden von »Ziegeln« gesprochen, so gilt das entsprechend auch für Betondachsteine.

Ziegeleindeckungen halten 30 bis 50 Jahre, zum Teil auch länger. Es ist falsch, Ziegel allein wegen ihres Alters zu erneuern. Sind die Ziegel intakt und keine Schäden festzustellen, ist eine Erneuerung nicht angebracht. Eine Reparatur ist erforderlich, wenn

- an der Dachuntersicht Wasserflecken festzustellen sind
- bei Sturm einzelne Ziegel vom Dach fallen
- einzelne Ziegel fehlen, beschädigt oder gebrochen sind.

Bauteile / Worauf besonders zu achten ist	bei Gebäuden mit Baujahr um							
	bis 1920	1930	1940	1950	1960	1970	1980	1990
Dach								
befallenes Holz (Hausbock)	■	■	■	■				
fehlende/lose Hölzer, Holzverbindungen	■	■	■					
Sparrenfußpunkt: Holzfäulnis, Schwamm	■	■	■					
schadhafte Mauergesimse	■	■	■					
schadhafte Dacheindeckung	■	■	■	■	■	■		
Schäden an Blechanschlüssen	■	■	■	■	■	■	■	
Mängel an Dachrinnen, Kehlen, Fallrohren	■	■	■	■	■	■	■	
fehlende/unzureichende Wärmedämmung	■	■	■	■	■	■	■	■
baufällige Kaminköpfe	■	■	■					
schadhafte Kaminköpfe (Verfugung, Putz)	■	■	■	■	■	■		
versottete Kamine			■	■	■			
Dachaufbauten, Gauben: Anschlüsse				■	■	■		
Wasserschäden unter Flachdächern						■	■	
schadhafte Anschlüsse Flachdachränder						■	■	

Tab. 20: Häufige alterstypische Mängel der Dächer nach Bauteilen und Baujahren

Abb. 21: Die Eindeckung mit Biberschwanzziegeln zeigt, dass über die Jahre immer wieder repariert wurde. Bei der letzten Ergänzung wurden auch die Firstziegel neu vermörtelt. Das Dach ist dicht und kann so bleiben.

Umdecken

Sind mehr als etwa 20 Prozent der Ziegel zu erneuern, lohnt das Umdecken. Schadhafte Ziegel werden erneuert, unbeschädigte wieder verlegt. Da jeder Ziegel abgenommen und überprüft wird, ist die Eindeckung nach dem Umdecken sozusagen »so gut wie neu«. Beim Umdecken wird das Dach bunt. Wer das nicht will, kommt um eine Neueindeckung nicht herum.

Lattung erneuern

Die Ausbesserung der Eindeckung lohnt nur, wenn die Lattung in Ordnung ist. Schäden an der Lattung werden durch eindringende Nässe verursacht. Einzelne schadhafte Latten (Bretter) können ausgewechselt werden, bei umfangreicheren Schäden muss die Lattung komplett erneuert werden. Bei schlechtem Allgemeinzustand der Eindeckung ist zu prüfen, ob die Lattung noch fest sitzt;

Dabei ist die Reparatur einer Erneuerung der Eindeckung immer vorzuziehen, wenn die Mängel nur lokal und nicht flächendeckend auftreten. Es gibt die Reparatur der Dacheindeckung in drei nach ihrem Umfang unterschiedlichen Stufen. Welche Art gewählt wird, richtet sich nach dem Umfang der Schäden.

Stellen durch Einsetzen neuer Ziegel zu reparieren.

Durchreparieren

Bei umfangreicheren Schäden wird die gesamte Deckfläche überprüft und ausgebessert. Das bedeutet erheblich größeren Aufwand, da hierfür die gesamte Dachfläche mit Schutzgerüsten zu versehen ist. Es ist deshalb sorgsam abzuwägen, ob diese Maßnahme ausreicht oder ob nicht besser umgedeckt wird.

Erneuern einzelner Ziegel

Liegt der Anteil schadhafter oder fehlender Ziegel unter 1 Prozent, so genügt es in der Regel, die schadhaften

Energieeinsparverordnung

Bleibt bei den vorgenannten Reparaturen der Dacheindeckung mit Ziegeln die vorhandene Lattung erhalten, so lösen die Maßnahmen keine Anforderungen der Energieeinsparverordnung aus.

Abb. 22: Vielfach reparierte, nun »bunte« Biberschwanzeindeckung; doch soweit das Dach dicht ist, kann das so bleiben.

Abb. 23: Auf die Nasen der Ziegel kommt es an. Sind diese gebrochen oder porös, können die Ziegel abrutschen.

Abb. 24: Der Bewuchs hält Feuchte, die in den Ziegel eindringen und bei Frost Abplatzungen verursachen kann.

Energieeinsparverordnung
Wird die Dachlattung über mehr als 20 % der gesamten Dachfläche erneuert, so gilt das als Neuaufbau der Dachkonstruktion. In diesem Fall müssen die Anforderungen der Energieeinsparverordnung beachtet werden.

bei Nagelfäule (das Holz ist um den Nagel herum gefault) muss die Lattung immer ausgetauscht werden. Ist eine Unterspannbahn vorhanden, wird diese ebenfalls erneuert. Bei Dächern ohne Unterspannbahn empfiehlt es sich, diese nun einzubauen.
Die Erneuerung der Lattung kommt einer Neueindeckung gleich. Für den Arbeitsaufwand ist es nahezu unerheblich, ob neue oder vorhandene Ziegel verwendet werden.

Eindeckung erneuern
Entscheiden Sie sich (wenn auch notgedrungen) für eine Neueindeckung, dann ist reiflich zu überlegen, ob der vorhandene Dachaufbau im Prinzip wiederhergestellt wird oder ob ein anderer, neuer Dachaufbau vorteilhafter ist. In welchem Umfang und in welcher Form die Anforderungen der EnEV realisiert werden können, hängt in erster Linie von der Art der vorhandenen Dachkonstruktion und der vorhandenen Wärmedämmung ab.
Vorherrschend sind Konstruktionen mit der Dämmung zwischen den Sparren. Sind die Sparrenfelder bereits mit Dämmstoff ausgefüllt, ist es in der Regel nicht sinnvoll (und nach EnEV auch nicht gefordert), daran etwas zu ändern. Ist die vorhandene Dämmung in schlechtem Zustand oder von geringer Dämmwirkung, muss sie erneuert werden. Eine zusätzliche Dämmschicht über den Sparren spart zwar Energie, ist aber kaum wirtschaftlich.
Bei Dächern mit der Dämmschicht über den Sparren ist eine Verbesserung durch eine zusätzliche Schicht aus konstruktiven Gründen zumeist nicht möglich. Hier muss die Konstruktion ab Sparrenoberkante komplett erneuert werden, wobei dann dickere Dämmschichten eingebaut werden können.
Eine Erhöhung des Dachaufbaus kann eine entsprechende Anpassung der Dachentwässerung (Rinnen und Fallrohre) notwendig machen.

Abb. 26: Hier wurde die Eindeckung mit Faserzement-Welltafeln als Gestaltungselement eingesetzt.

Vorsorgen!
Bei einer Neueindeckung sollte eine geplante Außendämmung des Gebäudes berücksichtigt werden. Erfordert diese eine Anpassung der Dachüberstände und der Dachentwässerung, so ist das jetzt am einfachsten zu erledigen.

Art der Eindeckung	Schadensbilder	erforderliche Maßnahmen	Kosten EUR/m²
Ziegel, Betondachsteine	einzelne Ziegel defekt (bis 1 %)	erneuern einzelner Ziegel	15
	bis zu etwa 15 % der Ziegel sind defekt	Dacheindeckung durchreparieren	20
	mehr als 15 % der Ziegel defekt	Dacheindeckung umdecken	45
		Neueindeckung	80 bis 110
	umfangreiche Schäden / Material porös / verbreitet Abplatzungen		
	Lattung schadhaft		
Wellplatten und -tafeln aus Faserzement	asbesthaltiges Material einzelne Schäden	Erneuerung der Eindeckung	80
	asbestfreies Material – einzelne Schäden	Reparatur	20
	– umfangreiche Schäden / verwittert	Erneuerung der Eindeckung	60
Schiefer	fehlende/defekte Steine (unter 1 %)	Reparatur	40
	fehlende/defekte Steine (über 1 %)	Erneuerung der Eindeckung	150
Faserzementplatten	asbesthaltiges Material einzelne Schäden	Erneuerung der Eindeckung	100
	asbestfreies Material – fehlende / defekte Steine	Reparatur	30
	– fehlende / defekte Steine (über 1 %)	Erneuerung der Eindeckung	80

Tab. 25: Schäden an Dacheindeckungen und erforderliche Maßnahmen

Eindeckung mit Wellplatten aus Faserzement

Wellplatten oder -tafeln aus Faserzement gelten als preiswerte Eindeckung, häufig wurden solche Eindeckungen auch aus Gründen der Gestaltung gewählt.

Die Platten sind auf eine Holz- oder Metallunterkonstruktion geschraubt oder genietet. Die Befestigung ist zur Platte abgedichtet. Schäden treten zuerst an dieser Abdichtung auf. Die Platten selbst verwittern, ihre Lebensdauer beträgt etwa 30 Jahre. Undichte Befestigungen können repariert werden, sofern die (Holz-)Unterkonstruktion durch eindringendes Wasser nicht geschädigt ist. In diesem Fall müssen Eindeckung und Unterkonstruktion erneuert werden.

Austausch asbesthaltiger Bauteile
Die bis in die 90er Jahre verwendeten Platten oder Tafeln sind in der Regel asbesthaltig. Erst 1993 wurde die Verwendung von Asbest in Bauprodukten generell verboten. Infolge Verwitterung, Korrosion und Erosion setzen diese Produkte mit dem Alter zunehmend Asbestfasern frei, die bis zu 50 Prozent in die Luft abgegeben werden. Ihr Ausbau birgt ein hohes gesundheitliches Risiko und darf nur von dafür zugelassenen Fachfirmen ausgeführt werden (siehe gelber Kasten). Diese haben auch die ordnungsgemäße Entsorgung zu gewährleisten. Heutige Faserzementprodukte sind asbestfrei.

Es gibt Förderprogramme für den Austausch asbesthaltiger Dacheindeckungen, oft regional oder örtlich beschränkt. Ein Austausch asbesthaltiger Eindeckungen vor Ablauf der Lebensdauer kann auch als außergewöhnliche Belastung steuerlich geltend gemacht werden (FG Düsseldorf, Urteil vom 22.7.1999). Der Vorlage eines amtsärztlichen Attests zum Nachweis der Gesundheitsgefährdung bedarf es nicht, da diese hinreichend belegt ist.

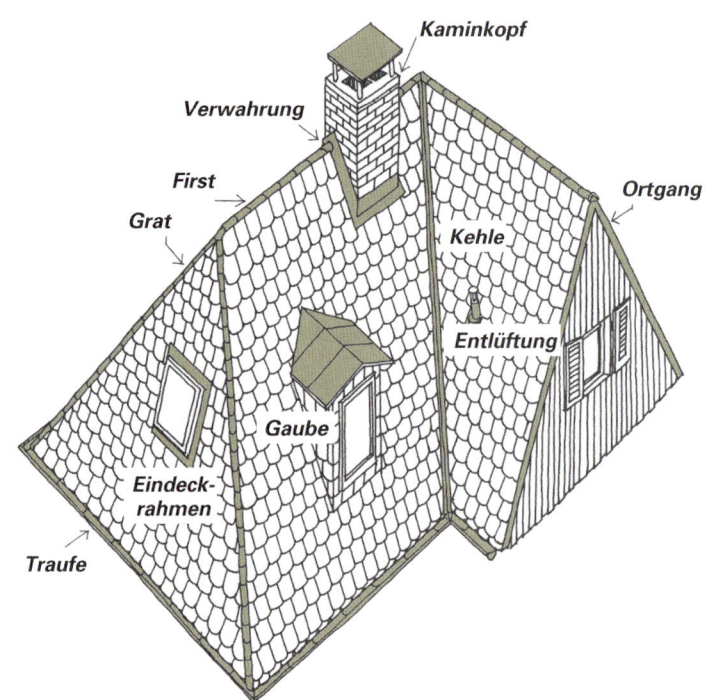

Abb. 27: Was die Dacheindeckung teuer macht: Diese Teile des Dachs sind nach Länge oder Stück im Leistungsbeschrieb einzeln anzuführen.

Deckungen mit Schiefer und Dachplatten

Die nachstehenden Ausführungen beziehen sich auf Schieferdeckungen, gelten sinngemäß aber auch für Platteneindeckungen. Sofern mit Faserzementplatten eindeckt ist, muss vor Dacharbeiten geprüft werden, ob es sich um asbesthaltiges Material handelt. Ist das der Fall, gelten die entsprechenden Ausführungen zu Wellplatten (siehe Vorseite) gleichermaßen.

Vorhandene Schiefereindeckungen sind auf mit Dachpappe abgedeckte Holzschalungen genagelt. Die Eindeckung folgt zumeist traditionellen Deckungsmustern. Schieferdächer sind langlebig; manches Dach überdauert 80 Jahre und mehr.

Ausbau asbesthaltiger Bauteile
Asbesthaltige Bauteile dürfen nur von zertifizierten Fachfirmen unter hohen Schutzvorkehrungen ausgebaut werden. Der Umgang mit Asbest kann Lungenkrebs, Asbestose (Staublunge) und Tumoren im Brust- und Bauchfell auslösen. Deshalb hat der Gesetzgeber strenge Vorschriften erlassen, die exakt eingehalten werden müssen (TRGS 517 und 519). Auch bei der Entsorgung in spezielle Deponien sind besondere Vorschriften zu beachten. Das Material darf nicht zerkleinert werden und ist in staubdichter, reißfester Verpackung zu transportieren.

Schiefer zeigt Verschleißerscheinungen in Form von sich lösenden Schichten oder durch Bruch. Bei steilen Dächern rutschen gebrochene Steine aus dem Gebinde heraus; bei flacheren Dächern werden Bruchsteine oft erst bemerkt, wenn Wasser zur Dachuntersicht durchgedrungen ist. Beschädigte und fehlende Steine müssen möglichst bald ausgewechselt werden. Zum Einfügen fehlender Steine werden neben speziellen Befestigungsklammern heute auch Klebetechniken angewendet.
Ist die Nagelung durch Korrosion geschädigt, ist eine Neueindeckung unvermeidlich. Höchste Zeit ist es, wenn sich einzelne Platten lösen, ohne dass die Platten selbst Verwitterungserscheinungen aufweisen. Umdecken ist nicht möglich.

Erneuerung der Eindeckung
Bei der Erneuerung der Eindeckung sollte die alte Deckart beibehalten werden. Wird gewechselt, ist die vorgeschriebene Mindestdachneigung zu beachten:
- Altdeutsche und Rechteck-Doppeldeckung: 22°
- Altdeutsche, Schuppen-, Bogenschnitt-, Universaldeckung: 25°
- Spitzwinkeldeckung: 30°

Wird die Mindestdachneigung um bis zu 10° unterschritten, ist ein wasserdichtes Unterdach anzuordnen (eine Unterschreitung um mehr als 10° ist unzulässig).
Als Deckunterlage werden Holz und Holzwerkstoffe verwendet. Holz muss mindestens der Sortierklasse S 10 oder MS 10 (nach DIN 4074-1) entsprechen. Die Dicke der Bretter soll mindestens 24 mm, die Breite mindestens 120 mm betragen. Bei Sparrenabständen über 600 mm ist eine dickere Schalung einzubauen.
Bei Vollschalungen ist eine Vordeckung vorzusehen (bei Bitumenbahnen mindestens Dachbahn nach DIN 52143 V 13 besandet), die Bahnen müssen mindestens 80 mm überlappen. Nagelbare Mauersteine und Bauplatten dürfen nicht mit einer Vordeckung versehen werden.
Nachdem bei der Erneuerung der Eindeckung die Wärmedämmung nach den Anforderungen der EnEV verbessert werden muss, bietet die Schieferindustrie komplette Dämmelemente an, die als »Auf-Sparren-Dämmung« direkt auf die unveränderte Dachkonstruktion montiert werden. Die Konstruktion erfüllt die Anforderungen der EnEV, ist luft- und winddicht, dampfdiffusionsoffen, erfordert keine Dampfsperre und ist auch ohne Dacheindeckung über mehrere Wochen schlagregensicher.

Abb. 29: Gratausbildung bei einer Schiefereindeckung; die Länge des Grats wird für jede angrenzende Deckfläche separat abgerechnet.

Wie die Anforderungen der EnEV erfüllt werden

Wird die Dacheindeckung – gleich welcher Art – erneuert, so müssen die erneuerten Flächen mindestens eine Wärmedämmung mit U-Wert von 0,30 W/m²K aufweisen. Dies wird allein mit einer Dämmschicht von 14 cm (Dämmstoff mit Wärmeleitfähigkeit 0,04) erreicht. Soweit eine vorhandene Dämmschicht nicht ausgebaut wird, ist deren Dicke zu

Geschosszahl	Dachfläche je Quadratmeter Wohnfläche [m²] Dachneigung etwa							
	flach	bis 25	bis 35	40°	45°	50°	55°	60°	65°
1	1,4	1,5	1,7	1,8	2,0	2,2	2,45	2,8	3,3
1 + D	–	–	1,0	1,1	1,2	1,3	1,5	1,8	2,1
2	0,7	0,75	0,85	0,9	1,0	1,15	1,3	1,4	1,65
2 + D	–	–	–	0,7	0,8	0,8	1,1	–
3	0,4	–	0,4	0,5	0,6	0,7	0,9	1,1	–
4 bis 5	0,3	–	0,3	0,4	0,5	0,6	0,8	1,0	–

D: ausgebautes Dachgeschoss

Tab. 28: Faktoren für die überschlägige Ermittlung der Dachfläche (anwendbar bis etwa 750 m² Wohnfläche). Die Tabelle gilt für Sattel-, Pult- und Walmdächer, nicht für Mansarddächer.
Eine genauere Ermittlung (siehe Seite 40) ist zu empfehlen, besonders bei komplizierteren Dachformen. Dabei ist zu berücksichtigen, dass neben den Flächen auch die Längen der Firste, Traufen, Ortgänge etc. ausgewiesen werden, die für ein differenziertes Angebot unerlässlich sind.

a Pultdach

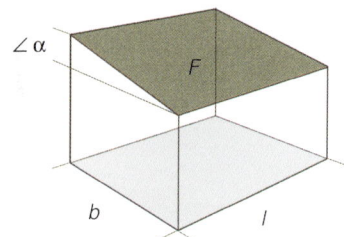

Dachneigung α
F = l · b · f (siehe Tabelle unten)

d Walmdach

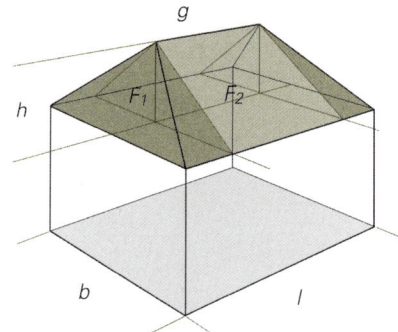

F_1 (Walmseiten):
Dachneigung α
$F_1 = \{(l - g) \cdot b / 2\} \cdot f_1$
F_2: Dachneigung β
$F_2 = g \cdot b \cdot f_2$
Gesamtfläche = $F_1 + F_2$.
(Werte für f_1 und f_2 nach Tabelle unten)

b Satteldach

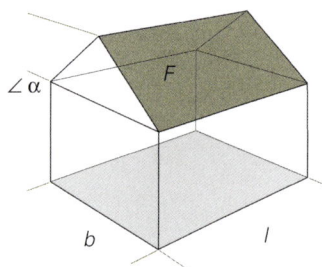

Dachneigung α
F = l · b · f (siehe Tabelle unten)

e Mansarddach

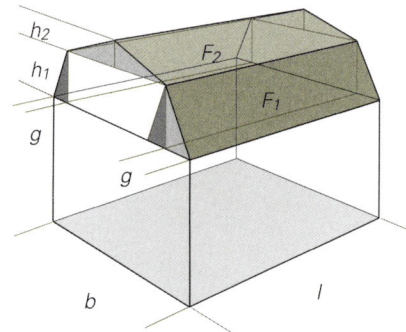

Aufteilung in 2 Satteldächer
Satteldach F_1:
Dachneigung α
$F_1 = l \cdot 2g \cdot f_1$
Satteldach F_2:
Dachneigung β
$F_2 = l \cdot (b - 2g) \cdot f_2$
Gesamtfläche = $F_1 + F_2$.
(Werte für f_1 und f_2 nach Tabelle unten)

c Pyramide

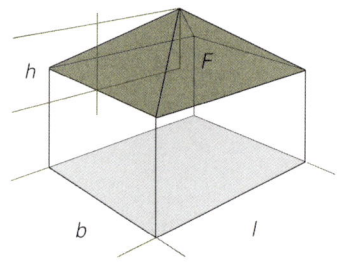

Dachneigung α
F = l · b · f (siehe Tabelle rechts)

Dachneigung α,	f
bis 15°	1,00
16° bis 20°	1,05
21° bis 25°	1,08
26° bis 30°	1,11
31° bis 35°	1,18
36° bis 40°	1,25
41° bis 45°	1,33
46° bis 50°	1,43
51° bis 55°	1,60
56° bis 60°	1,82

Zur Tabelle: Faktoren zur Ermittlung der Dachfläche nach der Dachneigung (Der Faktor f kann für die Dachneigung α oder β wie folgt errechnet werden: f = 1/cos α).

Abb. 30: Veranschaulichung der Ansätze zur Berechnung der Dachfläche verbreiteter Dachformen. Sollen Dachüberstände berücksichtigt werden, sind der Länge und/oder der Breite der Grundfläche 1,0 bis 1,5 m zuzurechnen.

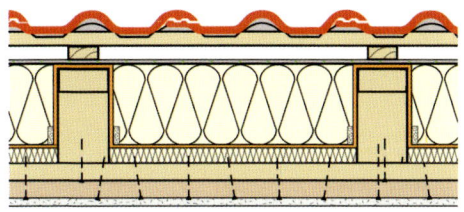

Abb. 32: Zwischensparrendämmung – zum unbelüfteten Dach umgebaut. Voraussetzung ist der Einbau einer feuchteadaptiven Dampfbremse.

Reparaturen der Dachdeckung

Jedes Angebot muss die folgenden Positionen mit Preis je Einheit (zum Beispiel m²) ausweisen:

- soweit nicht Bestandteil der Hauptleistung: Kontrolle des gesamten Dachs und aller seiner Anschlüsse und Durchdringungen (pauschal)
- Baustelleneinrichtung (pauschal), vorherige Besichtigung der Baustelle wird unterstellt
- Gerüste für 4 Wochen (m²) und je zusätzlicher Woche Standzeit
- Ausbau und Entsorgung nicht wiederverwendbarer Bauteile (einschließlich anfallender Deponiekosten)
- Ausbau und Zwischenlagerung wiederverwendbarer Bauteile
- Eindeckungsmaterial, Verlegeart
- Blechanschlüsse an Rohre, Kamine (je Stück)
- Anschlüsse an aufsteigende Wände, zum Beispiel bei Gauben (je m)
- Einheitspreise für Regiearbeiten differenziert nach Qualifikation der eingesetzten Personen.

berücksichtigen. Sind beispielsweise 10 cm Dämmung bereits eingebaut, so genügt eine zusätzliche Dämmschicht von etwa 6 cm. Etwas zuzugeben ist nötig, weil die Wärmeleitfähigkeit des verbauten Materials nicht bekannt ist.

Ist bereits eine Zwischensparrendämmung vorhanden, so gelten die Anforderungen als erfüllt, wenn die für die Dämmung verfügbare Höhe ausgeschöpft ist (sind das zum Beispiel 12 cm, so kann es dabei bleiben). Bei an der Oberseite belüfteten Dämmschichten ist hierfür eine Höhe von etwa 5 cm frei gehalten. Will man die gesamte Sparrenhöhe für Dämmung nutzen, so kann das belüftete zum unbelüfteten Dach umgebaut werden. Dazu muss allerdings die alte Dämmung ausgebaut, eine spezielle Dampfsperre und neuer Dämmstoff eingebaut werden (siehe Abb. 32).

Ermittlung der Massen

Einen überschlägigen Wert der Dachfläche liefert die Tab. 28 in Abhängigkeit von der Wohnfläche. Genauere Werte ergeben sich, wenn die Berechnungsansätze der vorigen Seite verwendet werden.

Damit erhalten Sie Quadratmeterwerte, die für die Berechnung der auf die Fläche bezogenen Leistungen geeignet sind.

Entscheidend für den Aufwand ist aber – vor allem bei kleineren Dächern – nicht die einzudeckende Fläche, sondern der Umfang der (teuren) An- und Abschlüsse beispielsweise an der Traufe und am First. Häufig wird dieser Aufwand über einen Zuschlag auf den Preis der Flächen berücksichtigt. Besser ist es, diese Sonderfälle einzeln anzuführen.

Abb. 33: Die Haltbarkeit der Eindeckung hängt sowohl von der fachgerechten Verarbeitung als auch von der Qualität des Rohmaterials ab.

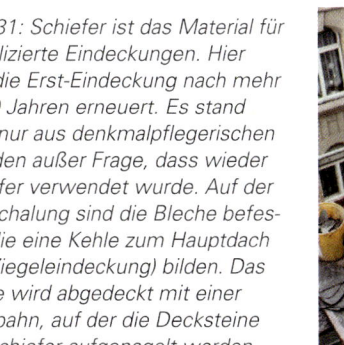

Abb. 31: Schiefer ist das Material für komplizierte Eindeckungen. Hier wird die Erst-Eindeckung nach mehr als 80 Jahren erneuert. Es stand nicht nur aus denkmalpflegerischen Gründen außer Frage, dass wieder Schiefer verwendet wurde. Auf der Holzschalung sind die Bleche befestigt, die eine Kehle zum Hauptdach (mit Ziegeleindeckung) bilden. Das Ganze wird abgedeckt mit einer Dachbahn, auf der die Decksteine aus Schiefer aufgenagelt werden.

Für diese Leistungen sollten die Längen (oder die Stückzahl) zumindest grob angegeben werden. Dabei sind die Abrechnungsregeln der VOB-C zu berücksichtigen (siehe folgender Abschnitt). Das lässt sich anhand der Grundmaße (Länge, Breite) recht gut abschätzen.

Zur Ausschreibung von Dachdeckungsarbeiten

Die Ausschreibung der Leistungen muss Angaben zur Dachform, der Höhe des Dachs (Höhe der Traufe) und seiner Zugänglichkeit (wie ein Dachausstieg) beinhalten. Diese Angaben ersetzen nicht die Besichtigung durch den Handwerker. Des Weiteren ist die vorhandene Dacheindeckung zu beschreiben. Beigelegte Fotos sind nützlich.

Ist VOB-C vereinbart, dann gilt für die Ausführung der Dachdeckungsarbeiten die DIN 18338, für etwaige Blecharbeiten die DIN 18339 (Klempnerarbeiten). Die in diesen Normen festgelegten Regeln für die Abrechnung der Arbeiten sollten bei der Angabe der Massen in der Ausschreibung berücksichtigt sein:

Nach Fläche (m²) werden Abbruch und Neueindeckung sowie alle mit Flächeneinheiten gehandelte Baustoffe abgerechnet. Bei der Eindeckung werden Öffnungen (Dachfenster) bis zu einer Einzelfläche von 2,5 m² übermessen, ebenso einzelne Formstücke (wie Lüfterziegel).

Bei der Abrechnung des Einbaus von Wärmedämmschichten werden dazwischen liegende Hölzer (wie die Sparren bei einer Zwischensparrendämmung) übermessen.

Bei Eindeckungen mit Schiefer, Faserzement oder Schindeln werden die First-, Grat- und Kehlausbildungen je angrenzender Fläche, also mit ihrer zweifachen Länge angesetzt.

Nach Länge (m) werden Traufen (soweit mit Traufziegeln oder geschnitten), Firste, Kehlen, Grate, Ortgangausbildung und Anschlüsse an aufsteigende Bauteile abgerechnet. Ebenso alle mit Längenmaß gehandelten Baustoffe.

Nach Stück sind Einzelformstücke (die in der Fläche übermessen werden) abzurechnen.

Für Arbeiten am oder auf dem Dach sind Arbeits- und Schutzgerüste erforderlich (siehe Gerüste, Seite 127). Führen Sie das Aufstellen und die Standzeit der für die Dachdeckungsarbeiten erforderlichen Gerüste als gesonderte Positionen in der Ausschreibung an. Der Anbieter hat dann zu entscheiden, welche Art von Gerüst und welcher Umfang für seine Arbeiten nötig ist. Werden die Gerüste gesondert ausgeschrieben, laufen Sie Gefahr, dass der Dachdecker Umbauten am Gerüst fordert, die dann zusätzlich zu Buche schlagen.

Schutzmaßnahmen
Öffnet der mit Zimmer- und Dachdeckungsarbeiten beauftragte Unternehmer ein Dach, so ist er verpflichtet, durch geeignete Maßnahmen (wie zum Beispiel Schutzfolie oder Notdach) den Eintritt von Niederschlägen in das darunter liegende ungeschützte Wohnhaus zu verhindern. Dies gilt unabhängig von Jahreszeit und Witterung.
Der Auftragnehmer darf darauf vertrauen, dass in der vom Unternehmer angebotenen Leistung auch die erforderlichen Schutzmaßnahmen gegen Niederschlagswasser enthalten sind. Ein Anspruch des Werkunternehmers auf gesonderte Vergütung für diese Maßnahmen besteht in der Regel nicht.

(OLG Celle, Urteil vom 26.9.2002)

DACHEINDECKUNG MIT BLECH

Eindeckungen mit Blech werden vor allem bei besonders ausgesetzter Lage, bei komplizierten Dachformen und bei geringer Dachneigung bevorzugt. Als Materialien werden hauptsächlich Titanzink und Kupfer, zunehmend auch Aluminium und Edelstahl verwendet, bei besonders komplizierten Formen und Anschlüssen – wegen seiner guten Formbarkeit – Blei. Blecheindeckungen werden nach der Art der Verbindung der Bleche unterschieden. Am meisten verbreitet sind Stehfalzkonstruktionen, die regional in vielen Abwandlungen anzutreffen sind (siehe Abb. 35).

Schäden treten zuerst an den Blechverbindungen auf, seltener in den Flächen. Gerissene oder durchkorrodierte Falze, gebrochene Lötstellen, abgelöste Anschlüsse an aufsteigende Wände oder Brüstungen sind die häufigsten Ursachen von Undichtigkeiten. Diese sind praktisch nur durch die dann folgenden Wasserflecken an den Untersichten der Dächer oder Decken erkennbar. Bei solchen Schäden müssen Sie immer davon ausgehen, dass die Holz-Unterkonstruktion ebenfalls angegriffen oder bereits zerstört ist. Denn bis sich Undichtigkeiten an der Unterseite zeigten, kann schon viel Wasser ins Dach eingedrungen sein.

Eindeckung mit Dachpappe

Die Eindeckung mit Blech erfordert qualifizierte handwerkliche Arbeit und hat ihren dem Aufwand angemessenen Preis. Mancher Eigentümer hat deshalb in der Vergangenheit eine Blecheindeckung durch eine Eindeckung mit Dachbahnen ersetzt (siehe Abb. 34). Diese ist erheblich billiger, hat aber auch eine wesentlich geringere Lebensdauer und ist deshalb nicht unbedingt wirtschaftlich. Diese Lösung kommt deshalb nur infrage, wenn es darum geht, entweder zu geringsten Kosten oder aber überhaupt nicht zu erneuern.

Abb. 34: Sehr verbreitete Dachform im Geschosswohnungsbau um 1900. Hier wurde die vormalig übliche Blecheindeckung durch eine kostengünstigere Eindeckung mit Bitumendachbahnen ersetzt.

Reparaturen

Reparaturen an Blecheindeckungen müssen in gleichem Material und in gleicher Technik ausgeführt werden. Werden für Teilflächen unterschiedliche Materialien gewählt, sind die elektrische Spannungsreihe der Materialien und die Herstellervorschriften besonders zu beachten. Die Abdichtung mit bituminösen Dichtmitteln ist nur ein Notbehelf, unter anderem um Zeit zu gewinnen, wenn umfangreichere Maßnahmen in absehbarer Zeit bevorstehen.

Blecheindeckungen sind nicht regendicht. Das wird häufig übersehen. Unter der Eindeckung muss deshalb eine regensichere Unterspannbahn oder ein regensicheres Unterdach vorgesehen werden.

Kosten	EUR/m²
(ohne Gerüst und Entsorgung ausgebauter Materialien)	
Blecheindeckungen ausbessern	
kleinflächig reparieren	55
Teilflächen erneuern (Zink)	210
Teilflächen erneuern (Kupfer	250
Blecheindeckungen erneuern	
Zink (ohne Schalung)	140
Kupfer (ohne Schalung)	205
neue Unterkonstruktion (Schalung)	30

Abb. 35: Dacheindeckung mit Zinkblech (Stehfalztechnik)

Tab. 37: Kosten von Arbeiten an Blecheindeckungen

Neueindeckung

Während früher ein belüfteter Dachaufbau üblich war, werden heute eher unbelüftete Konstruktionen empfohlen. Dies gilt besonders für flach geneigte Dächer, bei denen eine wirksame Belüftung (der Dämmschicht) nur mit großen Querschnitten zu erzielen ist. Dabei ist der Einbau einer feuchteadaptiven* Dampfbremse zu empfehlen.

Für den Dachaufbau gelten folgende Empfehlungen:
- unterstützende Unterkonstruktion als Holzschalung, Nadelholz, Dicke 24 mm (bei höherer Schneelast 30 mm), oberseitig gehobelt
- bei parallel zur Traufe verlaufender Konterlattung: Schalung diagonal verlegen (Nagelfugen)
- strukturierte Trennlage bei unbelüftetem Dachaufbau sowie bei belüfteter Konstruktion und Dachneigungen unter 15°
- bei belüfteter Konstruktion ist bei Dachneigungen über 15° eine freie Höhe von mindestens 4 cm, bei flacheren Dächern von mindestens 8 cm vorzusehen
- bei unbelüfteter Konstruktion: unterseitiger Einbau einer Dampfbremse (mit einem s_D-Wert** um 2 m, feuchteresistent) oder einer feuchteadaptiven Dampfbremse.

Trennlagen können materialabhängig erforderlich sein, um Korrosion zu vermeiden. Das gilt zum Beispiel für Zinkblech auf Mörtel oder Betonflächen.

* feuchteadaptiv bedeutet, dass sich die Dampfdurchlässigkeit bei Feuchteeinwirkung verändert: Bei trockenen Winterluft kann wenig Feuchtigkeit von der warmen Innenseite in die Konstruktion eindringen. Im Sommer dagegen, bei höherer Luftfeuchte, kann die Konstruktion in den Innenraum abtrocknen.
** s_D ist das Kürzel für diffusionsäquivalente Luftschichtdicke, ein Maß für die Dampfdurchlässigkeit eines Stoffs

Abb. 36: Eindeckung mit Zinkblech; beim Klick-Leistensystem ersetzt der Leistenhalter die Holzleiste samt Hafte und Haftstreifen (a). Vorgefertigter Traufaufschluss (b)

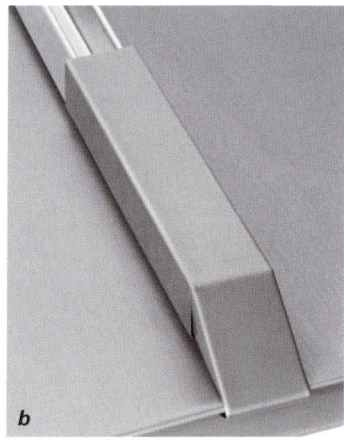

Abb. 39: Verandadach mit Kupferblech in Stehfalztechnik eingedeckt. Die Patina zeigt, dass die Eindeckung schon alt ist. Neuere Eindeckungen erreichen diese Färbung kaum. Deshalb wird Kupferblech heute auch künstlich patiniert angeboten.

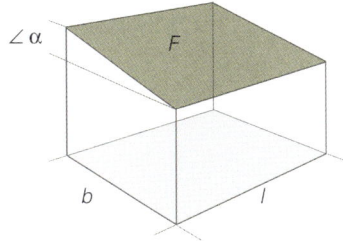

$F = l \times b$ (näherungsweise)

Abb. 38: Bei flacher Dachneigung (bis etwa 15°) kann die Grundfläche als Maß für die Dachfläche angesetzt werden. Bei steileren Dächern werden die Ansätze nach Seite 38 oder 39 verwendet.

Ermittlung der Massen

Bei flachgeneigten Dächern ist die Dachfläche näherungsweise gleich der überdachten Fläche (siehe Abb. 38). Gibt es einen Dachüberstand, wird dieser der Länge und der Breite der Grundfläche zugerechnet. Es genügt eine grobe Schätzung oder – bei üblichen Überständen – ein Zuschlag von jeweils 1 bis 1,5 m.

Folgende Maßangaben sollten die Beschreibung der Leistungen beinhalten (siehe Abb. 27):
- Dachfläche
- ungefähre Dachneigung
- Länge der Traufen
- Länge der Firste
- Länge etwaiger Grate oder Kehlen
- Länge von Anschlüssen der Eindeckung an aufsteigende Wände (so nennt man Wände, die über die Dachfläche ragen)
- Anzahl und Abmessungen der Kamine
- Anzahl der Durchdringungen (zum Beispiel für Rohrentlüftungen)
- Anzahl und Größe von Dachöffnungen (Fenster, Ausstiege)
- Höhe der Traufe über dem Erdboden.

Dachgauben sind besonders anzuführen, soweit möglich mit den wichtigsten Maßen wie Länge (parallel zu Traufe) und Höhe. Das gilt entsprechend auch für Dacheinschnitte, so bei Terrassen.
Bei Dachneigungen über 15° können die Tabellenwerte oder die Rechenansätze nach Seite 38 beziehungsweise 39 angewendet werden.

Zur Ausschreibung von Klempnerarbeiten

Die Ausschreibung der Leistungen muss Angaben zur Dachform, der Höhe des Dachs (Höhe der Traufe) und seiner Zugänglichkeit (wie ein Dachausstieg) beinhalten. Diese Angaben ersetzen nicht die Besichtigung durch den Handwerker. Des Weiteren ist die vorhandene Dacheindeckung zu beschreiben. Beigelegte Fotos sind nützlich.
Wenn VOB-C vereinbart ist, gilt für die Ausführung der Klempnerarbeiten die DIN 18339 (Flaschnerarbeiten). Die in

Energieeinsparverordnung

Wird die Eindeckung über mehr als 20 Prozent der Dachfläche erneuert, sind die Anforderungen der Energieeinsparverordnung zu beachten. Die Wärmedämmung der Dachkonstruktion darf dann nach der Neueindeckung den U-Wert von 0,30 W/m²·K nicht überschreiten. Das wird mit etwa 14 cm Dämmstoff (WLG 040) erreicht (ohne Berücksichtigung der übrigen Konstruktion.
Sind Anbauten oder Gebäudevorsprünge mit vom Hauptdach abgelösten Dächern versehen, so ist die 20-Prozent-Regelung für jedes Dach gesondert anzuwenden.

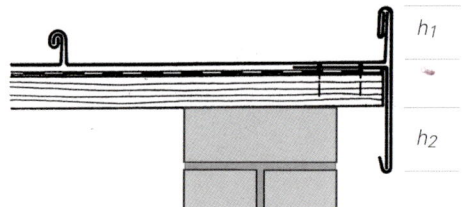

Abb. 40: Ortgangausbildung nach den Fachregeln des Klempnerhandwerks – Maße h_1 und h_2

dieser Normen festgelegten Regeln für die Abrechnung der Arbeiten sollten bei der Angabe der Massen in der Ausschreibung berücksichtigt sein: Abbruch und Neueindeckung werden nach der (zu deckenden) Fläche (m²) abgerechnet. Ebenso alle mit Flächeneinheiten gehandelten Baustoffe. Öffnungen (zum Beispiel Dachfenster) bis zu einer Einzelfläche von 2,5 m² werden übermessen. In die Fläche eingerechnet werden Firste, Traufen, Kehlen, Grate, Ortgangausbildung und Anschlüsse an aufsteigende Bauteile, die zusätzlich nach ihrer Länge abgerechnet werden. Nach der Länge werden auch alle so gehandelten Baustoffe abgerechnet. Durchdringungen (Rohrentlüftungen, Kamine) werden zusätzlich zur Fläche der Eindeckung nach Stück und Abmessungen verrechnet.

Für Arbeiten am oder auf dem Dach sind Arbeits- und Schutzgerüste erforderlich (siehe Gerüste, Seite 127). Führen Sie das Aufstellen und die Standzeit der für die Dachdeckungsarbeiten erforderlichen Gerüste als gesonderte Positionen in der Ausschreibung an. Der Anbieter hat dann zu entscheiden, welche Art von Gerüst und welcher Umfang für seine Arbeiten nötig ist. Werden die Gerüste gesondert ausgeschrieben, laufen Sie Gefahr, dass der Klempner Umbauten am Gerüst fordert, die dann zusätzlich zu Buche schlagen.

Worauf ist besonders zu achten?

Die Arbeiten müssen nach DIN 18339 (Klempnerarbeiten) und den »Fachregeln für Metallarbeiten im Dachdeckerhandwerk« ausgeführt werden.

Für die verwendeten Materialien sind Mindestdicken vorgeschrieben (siehe Tab. 41). Achten Sie deshalb darauf, dass die Dicke der eingebauten Bleche im Angebot benannt wird.

Besondere Sorgfalt ist bei den Ab- und Anschlüssen der Eindeckung angebracht. Hier werden am häufigsten Mängel eingebaut, die sich über kurz oder lang zum Schaden auswachsen. Hierzu zählen zu geringe Abstände von Tropfkanten vom Bauwerk. Die nach DIN zulässigen 20 mm reichen nicht aus. Bei einer Gebäudehöhe bis 20 m sollte der Überstand 40 mm, bei höheren Gebäuden 60 mm betragen. Das vermeidet Schmutzfahnen, die sich andernfalls bereits in wenigen Wochen zeigen.

Die Ortganghöhe h_1 sollte 60 mm betragen, bei Gebäudehöhen über 20 m 100 mm (siehe Abb. 40). Für die untere Überdeckung h_2 sind bei Gebäuden bis 8 m Höhe 50 mm, bei höheren Gebäuden 80 bis 100 mm zu empfehlen.

Mängel finden sich auch häufig an den Anschlüssen an aufsteigende Bauteile. Die hier erforderlichen Überhangstreifen müssen im Abstand von maximal 25 cm befestigt werden. Die Befestigung muss den Streifen anpressen. Oberseitig muss der Streifen dauerelastisch abgefugt werden (sofern er nicht anderweitig dicht mit dem anschließenden Bauteil verbunden ist). Offene Schnittkanten von Überhangstreifen im Fußbereich begehbarer Flächen bergen Verletzungsgefahr. Die Enden müssen deshalb verkröpft oder verlötet werden.

Werkstoff	Dachrandabschlüsse	Anschlüsse, gekantete Mauerabdeckungen
Aluminium	1,2 mm	0,8 mm
Kupfer, halbhart	0,8 mm	0,7 mm
Stahl, verzinkt	0,7 mm	0,7 mm
Titanzink	0,8 mm	0,7 mm
Stahl, nichtrostend	0,7 mm	0,7 mm

Tab. 41: Mindestwerkstoffdicken (Blechdicken) nach DIN 18339

FLACHDACHABDICHTUNG

Flachdächer (dazu gehören auch Terrassen) gelten als riskant und schadensanfällig. Korrekt ausgeführt sind sie jedoch durchaus sicher. Sie bedürfen aber mehr noch als das geneigte Dach der regelmäßigen sorgfältigen Überprüfung. Schäden treten vor allem an den Anschlüssen auf, wo die abdichtende Schicht seitlich hochgeführt wird und wo Kamine oder Rohre die Dachhaut durchdringen.

Durch Ausdehnung bei Hitze und Schrumpfung bei Kälte können die Dichtungsbahnen mit der Zeit reißen oder brechen. Hiervor schützen Kiesabdeckungen, Beläge oder Begrünung.

Die Unterkonstruktion besteht überwiegend aus Holz oder aus Beton. Schäden zeigen sich als Wasserflecken an der darunter liegenden Decke. Bei Betondecken kann aus der Lage eines Flecks an der Untersicht nur grob auf die Lage des Schadens geschlossen werden, denn eingedrungenes Wasser fließt zur tiefsten Stelle der Oberfläche und durchnässt erst dort die Decke.

Instandsetzung und Erneuerung des Dachaufbaus

Maßnahmen am Flachdach werden im Allgemeinen erst dann erforderlich, wenn die Abdichtung beschädigt ist. Solange die Schäden mit der Instandsetzung von Anschlüssen und stellenweisen Ausbesserungen in Ordnung gebracht werden können, bleiben die Maßnahmen von der EnEV unberührt. Sind aber mehr als 20 Prozent der Dachfläche von den Maßnahmen betroffen, gelten die Anforderungen der Verordnung.

Dann stellt sich zunächst die Frage, ob der Altbelag ausgebaut wird oder nicht. Das hängt vor allem davon ab,

- ob eine weiter nutzbare Wärmedämmung bereits vorhanden ist
- welcher Aufwand damit verbunden ist, die Anschlüsse an aufsteigende Wände, Attika und Schornsteine usw. an einen höheren Dachaufbau anzupassen
- ob das Dach eine geschlossene Wanne bildet oder über eine Traufe entwässert wird.

Üblich ist die Sanierung der Abdichtung auf dem alten Dachbelag (Abb. 45). Damit erspart man die Kosten für den Ausbau des alten Belags, zudem wird dann eine vorhandene Wärmedämmung weiter genutzt.

Mindestgefälle, Anschlusshöhen
Das Mindestgefälle der Dachflächen beträgt 2 Prozent. Werte darunter erfordern besondere Maßnahmen, die durchweg den Aufwand beträchtlich erhöhen.
Zum Schutz vor Oberflächen- und Spritzwasser ist die Abdichtung über die oberste Schicht des Dachaufbaus (z.B. Kiesschicht) hoch zu führen. Bei Dachneigungen bis 5° mindestens 15 cm, bei Dachneigungen über 5° mindestens 10 cm. In schneereichen Zonen sind diese Mindesthöhen nicht ausreichend.

Wird ein Dachaufbau mit der Abdichtung über der neuen Dämmschicht ausgeführt, muss die alte Abdichtung perforiert (dampfdurchlässig gemacht) werden. Diese Art der Sanierung ist deshalb bei Abdichtungen mit Schutzestrich nicht anwendbar.

Es kann sein, dass bei dem nun höheren Aufbau nur wenig fehlt, um die Mindesthöhen (siehe Kasten) der aufsteigenden Anschlüsse einzuhalten. Ein paar Zentimeter Dämmschicht können hier einen Kostensprung (zum Beispiel für die Erhöhung einer umlaufenden Attika) auslösen, der in keinem Verhältnis zur damit eingesparten Energie steht. Dann kann eine unzumutbare Härte geltend gemacht werden.

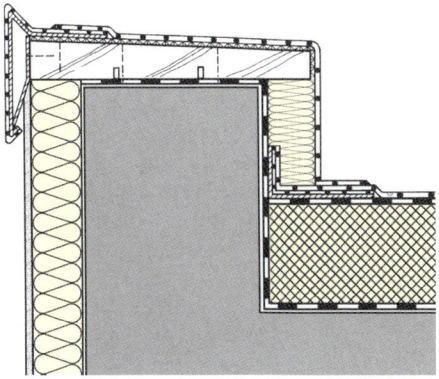

Abb. 42: Attika-Ausbildung bei Erneuerung der Abdichtung und Verbesserung der Wärmedämmung nach Energieeinsparverordnung. Es ist darauf zu achten, dass die Abdeckung der Attika zur Dachfläche hin Gefälle hat, damit Niederschläge nicht über die Fassade ablaufen.

Abb. 43: Dieses Dach ist kein »richtiges« Flachdach, sondern als »geneigtes Dach« mit Dachrand ausgeführt. Hier gibt es kaum Schwierigkeiten, wenn sich der Dachaufbau durch dickere Dämmschichten erhöht.

Anforderung der Energieeinsparverordnung

Wird bei mehr als 20 Prozent der Dachfläche die Abdichtung erneuert, so darf der U-Wert der Dachkonstruktion nach Beendigung der Maßnahme nicht größer sein als 0,25 (W/m$^2 \cdot$K).
Werden keilförmige Dämmschichten eingebaut, so müssen diese an der tiefsten Stelle den Mindestwärmeschutz nach den anerkannten Regeln der Technik aufweisen.

Wie die Anforderungen der EnEV erfüllt werden

Wird bei mehr als 20 Prozent der Dachfläche die Abdichtung erneuert, so muss der neue Dachaufbau eine Wärmedämmung aufweisen, die den U-Wert 0,25 nicht übersteigt. Wird die übrige Konstruktion außer Acht gelassen, so ist dafür eine Dämmschicht (Wärmeleitfähigkeit 0,04) von ca. 16 cm nötig. Diese Dämmschicht wird heute bevorzugt auf der Abdichtung verlegt, der Dämmstoff muss dazu ausreichend druckfest sein und darf kein Wasser aufnehmen. Möglich ist auch der Einbau der Abdichtung über der Wärmedämmung. Dann muss unter die Abdichtung eine Dampfbremse eingebaut werden.

Wo zuvor keine oder nur eine Dämmschicht von wenigen Zentimetern vorhanden war, erhöht sich damit der Dachaufbau beträchtlich. Das macht dort Schwierigkeiten, wo anschließende Höhen unveränderlich sind, also bei Dachrändern (Attika), die nach der vorherigen Konstruktion bemessen sind, und bei Türaustritten. Während der Dachrand zumeist problemlos (aber nicht ohne beträchtlichen Aufwand) erhöht werden kann, ist das bei Türanschlüssen häufig ausgeschlossen (siehe Balkon- und Terrassenbeläge, Seite 51).
Bei belüfteten Flachdächern (häufig bei Holzkonstruktionen) kann die für eine dickere Dämmschicht erforderliche Höhe durch den Umbau zum unbelüfteten Dach gewonnen werden. So kann beispielsweise bei der in Abbildung 44 dargestellten Dachkonstruktion der Balkenzwischenraum mit Dämmstoff ausgefüllt werden. Unter der Dämmung wird eine Dampfbremse (feuchteadaptiv) eingebaut. In der Regel ist eine weitere Dämmschicht oberhalb der Deckenbalken unwirtschaftlich, vor allem dann, wenn damit größere Veränderungen an den Anschlüssen und Dachrändern verbunden sind.

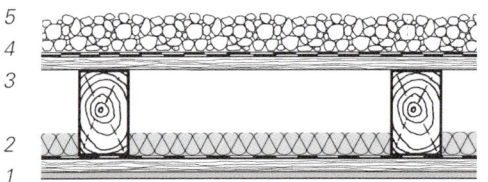

Abb. 44: Belüftetes Flachdach, Dämmung (2) zwischen den Dachbalken (Faserdämmstoff, WLS 045, Dicke 3 bis 6 cm), Abdichtung (4) auf Holzschalung (3), Kiesschüttung (5), unterseitig Gipskartonplatte auf Lattung (1), U-Wert 1,0 bis 0,6 W/m$^2 \cdot$K

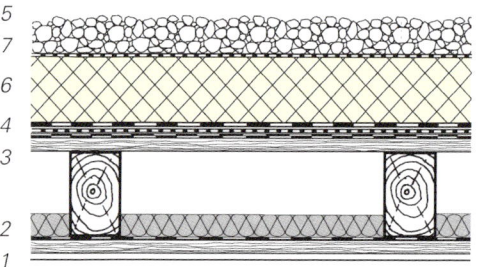

Abb. 45: Vorhandene Konstruktion wie Abb. 44, neue Abdichtung auf altem Belag: Schutzvlies, Abdichtung lose verlegt (4), Dämmung 9 bis 11 cm (WLS 035) lose verlegt (6), Kiesschüttung (5) auf Schutzvlies (7), U-Wert 0,25 W/m$^2 \cdot$K

Ermittlung der Massen

Die Fläche des Daches ist beim Flachdach gleich der Grundfläche des Hauses (siehe Abb. 38). Gibt es einen Dachüberstand, wird dieser der Länge und der Breite der Grundfläche zugerechnet. Es genügt eine grobe Schätzung oder – bei üblichen Überständen – ein Zuschlag von jeweils 1 bis 1,5 m.

Neben der Dachfläche sollte die Beschreibung der Leistungen folgende Maßangaben beinhalten:
- Länge des Dachrands (Ausbildung als Traufe)
- Ausbildung einer Attika und ggf. deren Länge
- Länge der Anschlüsse der Abdichtung an aufsteigende Wände (das sind Wände, die die Dachfläche überragen)
- Anzahl der Kamine und deren Abmessungen
- Anzahl der Durchdringungen (wie für Rohrentlüftungen)
- Anzahl und Größe von Dachöffnungen (Lichtkuppeln, Ausstiege)
- Höhe der Traufe des Dachs beziehungsweise der Oberkante der Attika über dem Erdboden.

Abb. 47: Dachrandausbildung als Attika mit Blechabdeckung. Die Lötnaht im Vordergrund ist nicht vorbildlich. Zu bemängeln ist auch die fehlende Absturzsicherung am Gerüst.

Zur Ausschreibung von Dachabdichtungsarbeiten

Die Ausschreibung der Leistungen muss Angaben zur Dachform, der Höhelage des Dachs (Höhe der Traufe) und seiner Zugänglichkeit (zum Beispiel Dachausstieg) beinhalten. Diese Angaben ersetzen nicht die Besichtigung durch den Handwerker. Des Weiteren ist – soweit bekannt oder feststellbar – der vorhandene Dachaufbau zu beschreiben. Beigelegte Fotos sind nützlich.

Ist VOB-C vereinbart, dann gilt für die Ausführung der Dachabdichtungsarbeiten DIN 18338, für die Blecharbei-

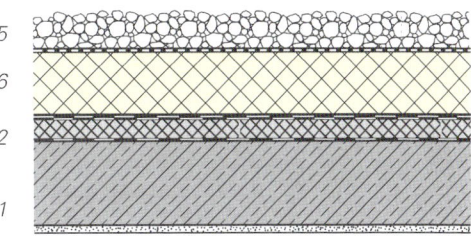

Abb. 48: Konstruktion wie Abb. 46, neue Abdichtung auf altem Belag: Schutzvlies, Abdichtung lose verlegt, Dämmung (6) um 10 cm (WLG 035) lose verlegt, Kies auf Schutzvlies (5). U-Wert 0,25 W/m²·K

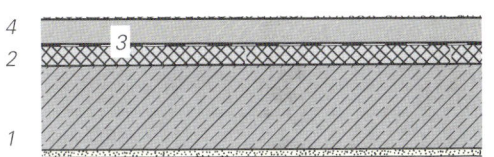

Abb. 46: Unbelüftetes Flachdach, Stahlbetonvollplatte, unterseitig verputzt (1), Torfplatten (WLS 045, 5 cm dick) abgedeckt mit Dachpappe (3), darauf Zementestrich (4), U-Wert 0,7 W/m²·K

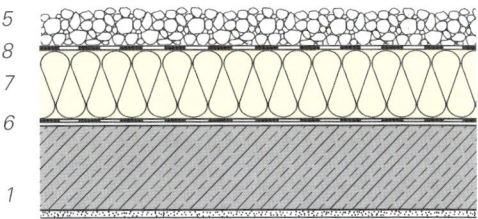

Abb. 49: Vorhandene Konstruktion wie Abb. 46, alter Belag ausgebaut, Neuaufbau: Schutzvlies, Dampfsperre (6), Dämmung 13 cm (WLS 035) lose verlegt (7), darauf Abdichtung lose verlegt (8), Kiesschüttung (5). U-Wert 0,25 W/m²·K

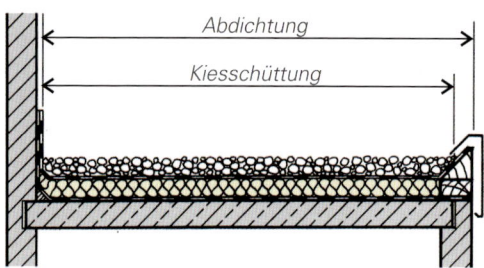

Abb. 50: Skizze zur Aufmaßregel für Flachdachabdichtungen (schematisch)

ten DIN 18339 (Klempnerarbeiten). Die hier festgelegten Regeln für die Abrechnung der Arbeiten sollten bei den Massenangaben der Ausschreibung berücksichtigt sein:
Abdichtungen werden bis zur äußeren Kante beziehungsweise bis zu den anschließenden aufsteigenden Bauteilen gemessen (siehe Abb. 50). Seitliche Kanten- und Attikaausbildungen werden nach ihrer Länge gemessen, wobei die weiteren Abmessungen zu benennen sind.
Das Aufstellen und die Standzeit der für die Dachabdichtungsarbeiten erforderlichen Gerüste sind als gesonderte Positionen anzuführen. Der Anbieter hat dann zu entscheiden welche Art von Gerüst und welcher Umfang für seine Arbeiten nötig sind. Damit vermeiden Sie Forderungen nach Umbau oder Erweiterung der Gerüste, die dann zusätzlich in Rechnung gestellt werden (siehe Gerüste S. 127).

Worauf ist besonders zu achten?

Arbeiten auf dem Flachdach erfordern dieselben Sicherheitsvorkehrung wie Arbeiten am geneigten Dach. Allerdings nimmt man es beim Flachdach oft »nicht so genau«. Ist ein äußeres Schutzgerüst nicht vorhanden, müssen die Arbeiter durch Einrichtungen so gesichert sein, dass ein Absturz am Dachrand ausgeschlossen ist.

Ein häufiger Mangel bei der Erneuerung der Abdichtung ist unebenes oder unzureichendes Gefälle hin zur Entwässerung. Das lässt sich am besten nach einem Regenfall beurteilen (ansonsten das Dach mit dem Gartenschlauch bewässern). Bei Dachneigungen unter 5° sind, bedingt durch die Durchbiegung der Decke und die zulässigen Toleranzen, Pfützen nicht zu beanstanden.
Blasenbildung, Hohlstellen, Versprödungen oder gar Risse sind Mängel, die beseitigt werden müssen.
Verbindungen und Befestigungen aus Blechen müssen sich bei Temperaturänderungen (von –20 bis +80 °C) schadlos ausdehnen, zusammenziehen oder verschieben können. Hierzu sind Mindestabstände für Vorrichtungen zum Dehnungsausgleich zu beachten. Sind diese Abstände von Festpunkten oder Ecken gemessen größer als 3 m, ansonsten größer als 6 m, fragen Sie nach, ob das in Ordnung ist. Es gibt eine Reihe von Fällen, in denen größere Abstände zulässig sind. Dies wird in DIN 18339 (Tabelle 1) geregelt.
Flachdächer mit Brüstungen müssen mindestens zwei Wasserabläufe haben, einer davon sollte als Notüberlauf so ausgebildet sein, dass aufstauendes Wasser die Belastbarkeit des Dachs nicht überfordert und ein Hinterlaufen der Anschlüsse der Abdichtung ausgeschlossen wird.

Lagerung von Baustoffen auf Flachdächern

Flachdächer werden in der Regel nur für eine geringe Last bemessen. Es ist deshalb riskant, Baustoffe auf diesen Dächern zu lagern. Dies trifft vor allem bei Kies oder Betonplatten für die Abdeckung der Beläge zu. Eine auch nur kurzzeitige Überlastung der Dachdecke kann eine zu starke Durchbiegung und damit Risse verursachen.

Diese Normen und Vorschriften sind zu beachten:

- DIN 18338 »Dachdeckungs- und Dachabdichtungsarbeiten«
- Flachdachrichtlinien – Regeln für »Dächer mit Abdichtungen«, (Hg.: Zentralverband des Deutschen Dachdeckerhandwerks)
- DIN 18531 »Dachabdichtungen; Abdichtungen für nicht genutzte Dächer«
- DIN 18195 »Bauwerkabdichtungen« gegen
  – nicht drückendes Wasser nach DIN 18195-5
  – von außen drückendes Wasser nach DIN 18195-6
  Die Norm gilt auch für Abdichtungen unter intensiv begrünten Dachflächen, für Abdichtungen über Bewegungsfugen (DIN 18195-8), für Durchdringungen, Übergänge und Abschlüsse (DIN 18195-9), für Schutzschichten und Schutzmaßnahmen (DIN 18195-10). Die Norm gilt nicht für die Abdichtung von nicht genutzten und von extensiv begrünten Dächern.

BALKON- UND TERRASSENBELÄGE

Terrassen über Wohngeschossen sind Flachdächer. Für sie gelten die gleichen Prinzipien. Der wesentliche Unterschied besteht in der Nutzbarkeit, die besondere Beläge erfordert.

Terrassen- und Balkonbeläge erneuern

Offene Beläge

Unproblematisch sind »offene« Beläge, also Platten oder Roste, die in Kies oder aufgestelzt lagern. Hier kann der Oberbelag ohne Zerstörung ausgebaut und die Dachhaut kontrolliert und ggf. repariert werden. Anschließend wird der Oberbelag wieder eingebaut. Der vorhandene Kies kann hierbei gewaschen und wiederverwendet oder erneuert werden. Kiesschichten wirken ausgleichend bei abruptem Temperaturwechsel. Stelzlager sind vorteilhaft wegen des geringen Gewichts, zudem ermöglichen sie (bei geringer Aufbauhöhe) einen zügigen Abfluss des Regenwassers. Sie sind deshalb zu bevorzugen, wenn die Ausbildung von Türschwellen den Einbau von Rinnen und Gitterrosten erfordert.

Abb. 51: Betreten verboten: Die auf auskragenden Deckenbalkon aufgeschraubten Holzdielen sind weitgehend zerstört und brechen bei Belastung. Wird der Altbelag abgenommen, sollten die Traghölzer kontrolliert werden.

Geschlossene Beläge

Häufiger als offene sind verfugte Fliesen- oder Plattenbeläge, die eine geschlossene Schicht bilden. Solange dieser Belag dicht ist, schützt er die Abdichtung sehr gut. Kann aber durch gebrochene Platten oder gerissene Fugen (hier genügen schon Haarrisse) Wasser unter die Platten eindringen, so gibt es Auffrierungen. Die Zerstörung des gesamten Belags ist dann nur eine Frage der Zeit. Dies muss nicht, kann aber zur Beschädigung der Abdichtung führen. Die Reparatur oder Erneuerung der Abdichtung bedingt hier immer auch einen neuen Oberbelag.

Wird ein geschlossener Plattenbelag erneuert, sollte im Hinblick auf den Aufwand stets auch die Abdichtung erneuert werden.

Da im Hinblick auf die einfachere Instandhaltung und die Kosten offene Beläge die bessere Lösung sind, sollten verfugte Fliesen oder Plattenbeläge im Zuge einer Instandsetzung durch offene ersetzt werden. Holzroste sind hierfür eine preisgünstige und leicht zu reparierende oder zu erneuernde Alternative.

Abb. 52: Solange Holzbalkendecken im Wohnungsbau üblich waren, also bis in die 50er Jahre, wurden Balkone durch auskragenden Deckenbalken gebildet. Werden bei solchen Balkonen die Beläge repariert oder erneuert, müssen die tragenden Balken auf Holzschäden kontrolliert werden.

Kontrolle der Tragkonstruktion

Die Erneuerung der Beläge bietet Gelegenheit die darunter befindliche Tragkonstruktion zu überprüfen. Tragende Hölzer sind zumeist mit einer Blechabdeckung versehen, die den Balken schützen soll. Wird der Belag – wie im Beispiel (siehe Abb. 51) geschehen – durch das Blech hindurch mit dem Balken verschraubt, so ist es nur eine Frage der Zeit, bis der Balken durch eindringendes Wasser geschädigt oder gar zerstört ist (siehe Abb. 53). Tückisch sind deckend gestrichene Traghölzer. Unversehrte Oberflächen verbergen nicht selten weit fortgeschrittene Holzschäden. Durch Abklopfen und Eintreiben eines spitzen Werkzeugs muss überprüft werden, ob sich hinter der intakten Oberfläche morsches Holz verbirgt. Oft bilden die Anstriche, mehrfach aufeinander ausgeführt, eine so dichte Schicht, dass in das Holz eingedrungene Feuchte nicht mehr abgegeben wird.

Werden bei einer Reparatur Hölzer mit Blechen abgedeckt, sollten Befestigungen durch das Blech vermieden werden. Ist das nicht möglich, kann durch einen zwischen Blech und Holz eingelegten Bitumenbahnstreifen ein dichter Anschluss hergestellt und das Schadensrisiko erheblich vermindert werden.

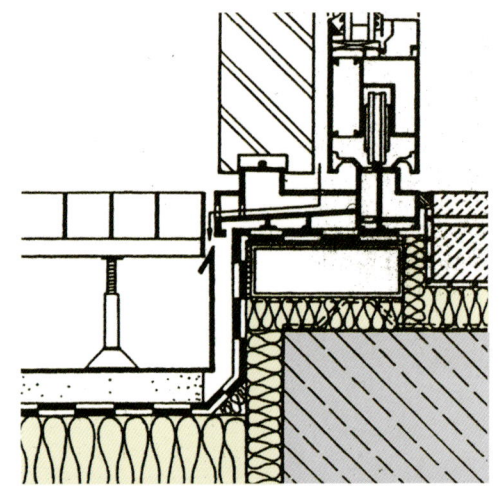

Abb. 54: Ausbildung der Schwelle von Terrassentüren mit Rinne und Gitterrost. Die Anschlusshöhe der Abdichtung kann auf 5 cm verringert werden, wenn es die Gegebenheiten erfordern. Vorteilhaft wäre ein Vordach, das Schneeansammlung vor der Schwelle (auf dem Gitterrost) verhindert.

Abb. 53: Sind Kragbalken aus Holz nicht mehr zu reparieren, so können sie durch Stahlträger ersetzt werden. Diese werden in die geöffnete Decke eingezogen und mit den Deckenbalken verbolzt.

Wärmedämmung verbessern

Terrassen sind nach der Energieeinsparverordnung wie Flachdächer zu behandeln. Bei der Erneuerung der Abdichtung ist die Wärmedämmung so zu verbessern, dass der U-Wert des Dachaufbaus den Wert 0,25 nicht überschreitet. Das erfordert eine Dämmschicht von circa 16 cm Dicke (WLG 040). Die Maximalhöhe der Konstruktion ist durch die Schwelle der Zugangstüre zur Terrasse be-

---

Schäden an der tragenden Konstruktion von Balkonen

Werden vor oder während der Arbeiten an Dachterrassen oder vor allem an Balkonen Schäden am Tragwerk festgestellt, so muss ein Fachmann hinzugezogen werden. Er hat zu entscheiden, welche Maßnahmen zu treffen sind, um die Standsicherheit zu erhalten oder gegebenenfalls wiederherzustellen. Keinesfalls dürfen Schäden wie die folgenden ignoriert werden:

- Befall von tragenden Hölzern durch Fäulnis, Pilze oder Insekten
- nicht nur oberflächige Korrosion an Stahlträgern
- Abplatzungen, offene Bewehrungsstähle oder auffällige Risse bei massiven Balkonplatten.

Es besteht Absturz- und damit Lebensgefahr.
Zu den tragenden Bauteilen gehören auch Geländer und Brüstungen.

Terrassentüren – Anschlusshöhe

Bei schwach geneigten oder waagrechten Flächen ist die Abdichtung mindestens 15 cm über die Schutzschicht, die Oberfläche des Belags oder die Überschüttung hochzuführen (DIN 18195-9). Ist das nicht möglich, sind besondere Maßnahmen erforderlich, die das Eindringen von Wasser oder das Hinterlaufen der Abdichtung verhindern (wie Vordächer oder Rinnen mit Gitterrosten).

Anforderung der EnEV

Für Terrassen gelten dieselben Anforderungen wie für sonstige Flachdächer. Da eine Erneuerung der Abdichtung in der Regel die gesamte Fläche umfasst, ist die Anforderung der Energieeinsparverordnung zu erfüllen. Danach darf der U-Wert der Dachkonstruktion nach Beendigung der Maßnahme nicht größer sein als 0,25 (W/m²·K).
Werden keilförmige Dämmschichten eingebaut, so müssen diese an der tiefsten Stelle den Mindestwärmeschutz nach den anerkannten Regeln der Technik aufweisen.
An die Ausführung von Balkonbelägen werden keine Anforderungen gestellt. Es ist allerdings sinnvoll, auch bei auskragenden, massiven Balkonplatten die Wärmedämmung zu verbessern.

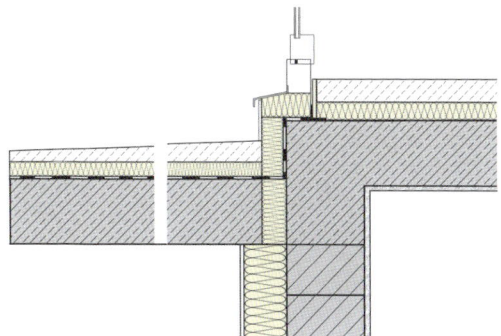

Abb. 55: Dämmung von auskragenden Balkonplatten nach DIN 4108 Beiblatt 2. Die vertikale Dämmschicht zwischen Platte und Außenwand ist bei älteren Gebäuden zumeist nicht vorhanden.

grenzt, die mindestens 15 cm über der Belagoberkante liegen muss (siehe Kasten unten). War bislang keine oder nur eine Dämmung von wenigen Zentimetern vorhanden, so ist bei massiven Decken der Einbau einer nun erheblich dickeren Dämmung nur möglich, wenn vor der Tür eine Rinne ausgebildet wird, die direkt entwässert und mit einem Gitterrost abgedeckt ist. Eine direkte Entwässerung ist gegeben, wenn der Oberbelag aufgestelzt wird; die Entwässerung über ein Kiesbett erfüllt diese Bedingung nicht. Zudem sollte das Gefälle nicht auf die Türe zulaufen. Die Anschlusshöhe der Abdichtung muss in diesen Fällen mindestens 5 cm betragen. Dieses Maß bestimmt letztlich die Dicke der einzubauenden Dämmschicht. Um diese Höhe möglichst wirkungsvoll zu nutzen, sollte ein Dämmstoff mit einer Wärmeleitfähigkeit von 0,035 W/m·K (WLG 035) oder niedriger (zum Beispiel PUR-Hartschaum verwendet werden.

Massive Balkonplatten

Auskragende massive Balkonplatten sind bei älteren Gebäuden zumeist nicht thermisch getrennt, das heißt es fehlt eine wirksame Dämmschicht zwischen Platte und Außenwand (siehe Abb. 55). Hier ist eine nur oberseitige Dämmung in Verbindung mit dem Belag praktisch wirkungslos, weil die Wärmeverluste über die Unterseite und den Plattenrand nicht unterbunden sind. Die Platte muss folglich komplett mit einer Dämmschicht umhüllt werden. Diese Maßnahme verbessert zwar die Verhältnisse, unterbindet aber die »Kühlrippenwirkung« der Platte nicht. Nachdem die Energieeinsparverordnung Balkone nicht erfasst, kann deshalb ohne großen Nachteil auf eine Verbesserung der Dämmung der Balkonplatte verzichtet werden. Dies gilt nicht, wenn die Wärmedämmung der Außenwände verbessert wird (zum Beispiel mit einem Wärmedämm-Verbundsystem). In diesem Fall wird die ungedämmte Balkonplatte Schimmel verursachen. Am besten ist es dann, die Balkonplatten abzutrennen und durch eine neue, vor die Wand gestellte Konstruktion zu ersetzen. Solche Maßnahmen müssen mit einem Architekten oder Bauingenieur geplant und durchgeführt werden.

Kosten der Maßnahmen

Die Arbeiten an Balkonen und Terrassen sind immer relativ teuer. Das wird verständlich, wenn man diese Flächen als komplette, kleine Flachdächer begreift. Die Ausführungen und ihre Details sind dieselben wie bei den

Kosten	EUR/m²
Flachdächer (ca. 70 bis 100 m², ohne Gerüst und Schutzeinrichtungen)	
• Abdichtung reparieren, bituminös	15
• Kiesschüttung erneuern	8
• Altbeläge ausbauen, inkl. Entsorgung	20
• Abdichtung erneuern, 2-lagig	30
• Pappdach überkleben, Bekiesung	35
Dachterrassen, Balkone (4 bis 10 m²):	
• Altbeläge ausbauen, inkl. Entsorgung	40
• Abdichtung erneuern, 3-lagig	50–75
• Betonplatten in Kies	50
• Granitplatten auf Stelzlager	125

Tab. 56: Kosten von Arbeiten an Flachdächern, Balkonen und Dachterrassen

Flachdächern (siehe Seite 47). Doch der Anteil der (teuren) Anschlüsse und Randausbildungen liegt hier mindestens zehnmal höher als beim normalen Dach. Hinzu kommt der Anschluss an die Tür, über die diese Fläche betreten wird, sowie die Anschlüsse eines Geländers oder einer Brüstung. Die anzusetzenden Einheitspreise übersteigen deshalb die der Reparatur oder Erneuerung eines Flachdachs beträchtlich.

Ermittlung der Massen

Folgende Maße bestimmen den Umfang der auszuführenden Arbeiten:
- Fläche in Quadratmeter, sowie Länge und Breite der Belagfläche mit Angabe der geometrischen Form (Rechteck, Halbkreis usw.)
- Länge und Höhe der Umwehrung (Geländer oder Brüstung)
- Länge der an die Außenwand anschließenden Ränder der Belagfläche
- Anzahl der Türöffnungen und deren Breite
- Länge einer an die Belagfläche anschließenden Entwässerungsrinne
- soweit vorhanden: Anzahl der Bodeneinläufe (Entwässerung).

Zur Ausschreibung

Ist die VOB-C Grundlage der Beauftragung, dann gilt für die Reparatur und Erneuerung von Fliesen- oder Plattenbelägen die DIN 18352. Für die Ausführung der Abdichtungsarbeiten gilt DIN 18338 und für die Blecharbeiten DIN 18339 (Klempnerarbeiten). Jedes Angebot muss die folgenden Positionen mit Preis je Einheit (zum Beispiel m²) ausweisen:

- Baustelleneinrichtung (pauschal), vorherige Besichtigung der Baustelle wird unterstellt
- falls erforderlich: Gerüst für die Dauer der Arbeiten inklusive Abnahme je Quadratmeter und Preis je zusätzlicher Woche Standzeit
- Ausbau und Entsorgung nicht wiederverwendbarer Bauteile (inklusive anfallender Deponiekosten)
- Ausbau und Zwischenlagerung wiederverwendbarer Bauteile
- Belagmaterial, Verlegeart
- Blechanschlüsse an Rohre, Kamine (je Stück)
- Länge der Anschlüsse an die Außenwand (Art der Außenwand benennen, zum Beispiel Putz auf Mauerwerk)
- Länge der Anschlüsse an Brüstungen (Art der Brüstung benennen, zum Beispiel Beton)
- Ausbildung von Traufrändern (bei Rinnenentwässerung)
- Anschluss von Abläufen (in Stück)
- Anschluss von Türen (Art der Tür, zum Beispiel Hebetür).

Zur Abrechnung werden Abdichtungen (wie beim Flachdach) bis zur äußeren Kante beziehungsweise bis zu den anschließenden aufsteigenden Bauteilen gemessen (siehe Abb. 50). Seitliche vertikale (aufsteigende) Kanten- und Attikaausbildungen werden nach ihrer größten Länge gemessen und gesondert abgerechnet, wobei die weiteren Abmessungen (Breite des Streifens usw.) und die Art der Ausführung zu benennen sind.

Worauf ist besonders zu achten?

Für Terrassen gelten dieselben Risikopunkte wie für Flachdächer allgemein. Wird ein Balkon mit einer Abdichtung versehen, so sind auch hier

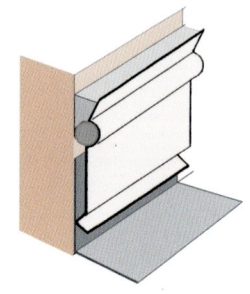

Abb. 57: Überhangstreifen (Kappleisten) dürfen an keinem aufsteigenden Anschluss der Abdichtung fehlen. Hier in einer Ausbildung für Sichtmauerwerk.

diese Regelungen anzuwenden. Ein Balkon ohne Abdichtung muss kein Gefälle haben. Da eine kontrollierte Entwässerung ohne Gefälle nicht möglich ist, sollte bei geschlossenen Belägen ein Gefälle eingebaut werden. Das kann mit einem Estrich oder mit der Wärmedämmung geschehen.

Ein häufiger Schadenspunkt ist die Befestigung der Brüstungs- oder Geländerstützen. Keinesfalls sollten diese durch die fertige Abdichtung hindurch befestigt sein. Wenn unumgänglich, muss eine Pfostenhalterung fachgerecht in die Abdichtung eingebunden werden. Besser ist eine Befestigung an der Unterseite der Platte.

Einläufe müssen zu reinigen sein. Deshalb dürfen Einlaufroste nicht fest eingefliest werden.

Nicht abgedeckte Flächen der Abdichtung sind ein Mangel, der vor allem an den hochgezogenen Rändern der Abdichtung anzutreffen ist. Hier müssen nach oben dichte oder abgedichtete Überhangbleche eingebaut sein (siehe Abb. 57).

KAMINKOPF INSTANDSETZEN

Die Kaminköpfe älterer Gebäude sind häufig mit Ziegeln (als Sichtmauerwerk oder verputzt) aufgemauert und mit einer massiven Platte abgedeckt. Kamine und Kaminköpfe aus Formsteinen gibt es bereits seit etwa 1900, verbreitet erst ab den 30er Jahren. Bei Gebäuden, die nach 1945 erstellt wurden, sind Formsteinkamine vorherrschend. Deren Kaminköpfe sind zumeist verputzt oder bekleidet, beispielsweise mit Klinkervorsatz oder Faserzementplatten.

Sind Reparaturen an Kaminköpfen fällig, so sollte man darüber nachdenken, ob eine Veränderung oder Erneuerung der Heizungsanlage oder die Inbetriebnahme zusätzlicher Feuerstätten (wie ein offener Kamin oder ein Kaminofen) in absehbarer Zeit geplant ist. Dann sollte man klären, ob die zukünftigen Anforderungen an den Kaminkopf bei der Reparatur berücksichtigt werden können. Ist dies nicht der Fall, sollte die Reparatur – soweit keine Bedenken hinsichtlich der Sicherheit bestehen – erst im Zusammenhang mit der geplanten Veränderung durchgeführt werden.

Abb. 59: Kaminkopf, abgedeckt mit einer so genannte Meidinger Scheibe

Was ist zu tun?

Neu verfugen oder aufmauern

Kaminköpfe sind besonders der Witterung ausgesetzte Bauteile, die zudem durch die Einwirkung der Rauchgase besonders schadensanfällig sind. Die Rauchgase der Verbrennung von einem Liter Heizöl enthalten einen Liter Wasser, bei Erdgas sind es 1,7 Liter je Kubikmeter. Durch die Abkühlung der Abgase und die damit verbundene Kondensation des im Gas enthaltenen Wasserdampfs bilden sich Säuren, die zur Versottung

Abb. 58: Dieser gemauerte und verputzte Kaminkopf zeigt im oberen Bereich Durchfeuchtungsschäden, die eine Neuverfugung oder eine neue Aufmauerung der oberen Steinlagen erfordert. Anschließend muss neu verputzt werden.

Abb. 60: Sanierte Kaminköpfe – an der nahezu gleichen Höhe der neuen Aufmauerung ist ablesbar, dass auch die Schädigung (altersbedingt) an allen Kaminen in gleichem Maße fortgeschritten war.

des Kamins führen und mit der Zeit den Mauermörtel zerstören.

Auch wo das nicht eingetreten ist, sind gemauerte Kaminköpfe häufig durch ausgewaschene Mörtelfugen geschädigt, nicht selten unter Verlust der Standsicherheit (Abb. 63).

Zur Wiederherstellung der Sicherheit und Funktionsfähigkeit muss der Kaminkopf neu verfugt oder, soweit erforderlich, neu aufgemauert werden. Dabei genügt es, den zerstörten Teil zu erneuern (siehe Abb. 60).

Nachträgliche Dämmung

Diese Instandsetzung reicht allerdings nicht aus, wenn durch ein neueres Heizsystem die Abgastemperatur vermindert wurde. In diesem Fall muss der Kaminkopf zur Vermeidung von Kondensation mit einer zusätzlichen Dämmung versehen werden. Dies wurde (und wird) beim Anschluss neuer Heizanlagen an die vorhandenen Schornsteine häufig nicht beachtet, sodass Kaminköpfe, die jahrzehntelang trocken blieben, nun versotten. Das kann selbst dann passieren, wenn der Schornstein an die neue Heizung angepasst wurde. Vor allem, wenn das Gebäude bis unters Dach beheizt ist, wirkt ein kalter Kaminkopf als Kondensator.

Wird der Kaminkopf zur Anpassung hierfür nicht komplett neu aufgebaut, ist eine Außendämmung mit einer Bekleidung aus Platten oder Blech die gängige handwerkliche Lösung. Daneben bietet die Industrie eine Vielzahl von Komplettsystemen aus Blech, Faserbeton oder Kunststoffen an, die sozusagen über den vorhande-

Abb. 63: Dieser Kaminkopf ist abbruchreif, mit neu Verfugen ist es hier nicht getan. Der Kaminkopf muss neu aufgemauert werden. *Wird das Heizungssystem erneuert, kann der Kaminkopf auch durch ein Stahlkaminrohr ersetzt werden. Das kommt erheblich günstiger.*

Abb. 61: Nicht selten werden Kaminabdeckungen als Gestaltungselement eingesetzt.

Abb. 62: Verbreitet sind die so genannten Napoleonhüte.

Abb. 64: Erneuerter Kaminkopf mit Bekleidung aus Schiefer und Abdeckung in Edelstahl

Kosten von Schornsteinarbeiten	EUR
Schornsteinarbeiten (ohne Gerüstkosten)	
gemauerten Kaminkopf, Höhe ca. 1 m, abtragen und erneuern, komplett, ohne Entsorgung des abgebrochenen Materials (je Stück)	1200
Kaminkopf, zweizügig, reparieren (je Stück)	360
Kaminkopf verkleiden, komplett mit Faserzement-Stülphaube inkl. aller Anschlüsse (je Stück)	800–1000
Kaminsanierung Rohre in vorhandenen Zug einziehen je nach Material (je lfm)	160–230

Tab. 67: Kosten der Reparatur, Verbesserung und Erneuerung von Schornsteinen

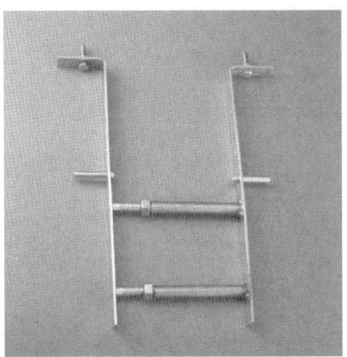

Abb. 65: Bauelement zur Befestigung von Meidinger Scheiben im Kaminzug – eine Alternative zur Verdübelung in der Kaminkopfplatte

Abb. 66: Meidinger Scheiben mit Einsatzstutzen für unterschiedliche Schornsteinquerschnitte

nen Kaminkopf gestülpt werden. Die Bekleidung gibt es mit Schiefer, mit Mauerwerkverblendung oder verputzt, um nur einige Ausführungsarten zu nennen. Voraussetzung für alle diese Bekleidungen ist die Instandsetzung des Kaminkopfs selbst.

Kaminabdeckungen

Nicht abgedeckte, den Niederschlägen ausgesetzte Kaminzüge konnten durch die hohe Abgastemperatur regelmäßig austrocknen. Dies ist bei niedrigen Abgastemperaturen nicht mehr gewährleistet. Es empfiehlt sich deshalb in diesen Fällen, eine Abdeckung anzubringen. Geeignet sind so genannte »Meidinger Scheiben«, die aus Stahlblech oder Faserzement bestehen können, und Kaminhauben (so genannte »Napoleon-Hüte«), zumeist aus Kupfer- oder Zinkblech (siehe Abb. 62 und 66).
Spezielle Anforderungen an Kaminkopfabdeckungen werden gestellt, wenn mehrzügige Kamine unterschiedlich belegt sind, zum Beispiel mit einer Brennwertheizung und einem offenen Kamin. Diese Fälle werden im Kapitel »Schornstein anpassen« behandelt (siehe Seite 111).

Abb. 68: Kaminkopfverkleidung als Bausatz aus Titanzink

Abb. 69: Kaminkopfverkleidung aus Titanzink, fertig montiert

Bei der Ausschreibung zu berücksichtigen

Welchen Gewerken die geplanten Arbeiten zuzurechnen sind, hängt von der Art des Kaminkopfs und der Art der Instandsetzung ab. Neuaufmauerung und Verputzen sind Sache von Rohbauunternehmen. Infrage kommen aber auch Dachdeckerbetriebe sowie Fachbetriebe für den Schornsteinbau.

Die folgenden Angaben und Hinweise sollten in der Ausschreibung (bei der Vergabe) festgehalten sein:
- Bauart des Kamins (Mauerwerk, Formstein)
- Anzahl der Züge des vorhandenen Kamins
- gegenwärtige Belegung der Züge (wie offener Kamin, Einzelofen)
- Querschnitt des Kaminzugs oder der Kaminzüge (Putztüren öffnen und messen)
- Höhe des Kaminkopfs (geschätzt)
- Dachneigung
- Art der Dacheindeckung
- Blitzableiter vorhanden?
- Zugangsmöglichkeiten wie Dachausstieg oder Dachfenster (Größe).

Fügen Sie nach Möglichkeit ein Foto des Kaminkopfs oder der Kaminköpfe bei.

Es empfiehlt sich, die erforderlichen Leistungen komplett und pauschal anbieten zu lassen. Die Aufgliederung in die Einzelmaßnahmen führt infolge der geringen Massen in der Regel zu einem höheren Gesamtpreis.

Lassen Sie auch das für die Arbeiten erforderliche Arbeits- und Schutzgerüst anbieten (siehe Gerüste, Seite 127). Wegen der speziellen Ausbildung und Größe der Gerüste lohnt es sich hier meistens nicht, zusätzlich Angebote von Gerüstbaufirmen einzuholen.

Soweit nach den Vorschriften des jeweiligen Bundeslandes Abnahmen der Arbeiten durch den Schornsteinfegermeister erforderlich sind, sollen diese und die dafür fälligen Gebühren in dem Angebot enthalten sein.

Worauf ist besonders zu achten?

Der Kamin durchdringt die Dachkonstruktion. Es ist deshalb darauf zu achten, dass Unterspannbahnen oder Folien, die als Dampfbremse wirken oder luftdicht abschließen sollen, dicht und fachgerecht an die Kaminkonstruktion angeschlossen werden. Besonders ist auch auf den Anschluss des Kaminkopfs an die Dachfläche zu achten. Hierfür werden Bleche verwendet, häufig wegen der guten Anformbarkeit (an die Ziegeloberfläche) auch Walzblei. Anschlüsse, die dauerelastisch verfugt werden müssen, sind hier abzulehnen, da eine Kontrolle durch den Hauseigentümer praktisch unmöglich ist.

Ist das Haus mit einer Blitzschutzanlage ausgestattet, so darf nicht vergessen werden, die zuvor demontierten Teile dieser Anlage wieder zu montieren oder zu erneuern.

Falls Sie (wegen der ausgesetzten Lage) die Arbeiten am Kaminkopf nicht selbst abnehmen können, sollten Sie eine Person Ihres Vertrauens darum bitten oder beauftragen.

Der ausführende Handwerker wird es auch nicht ablehnen, Fotos von seiner Arbeit zu machen, anhand derer man sich durchaus ein Urteil über die geleistete Arbeit erlauben kann.

DACHRINNEN UND REGENROHRE

Die Lebensdauer von Dachrinnen und Regenfallrohren aus Blech ist vom verwendeten Material abhängig sowie von der laufenden Wartung. Regelmäßig gesäuberte Rinnen trocknen erheblich schneller ab, sodass auch die im Wasser gelösten Schadstoffe nur für kurze Dauer einwirken. In gleicher Art schädlich sind zu geringes Gefälle oder durchhängende Rinnen, in denen das Wasser stehen bleibt.

Da die Rohre hiervon kaum betroffen sind, sind diese meistens noch intakt, wenn die Rinnen bereits fortgeschrittene Schäden aufweisen. Folglich ist es auch möglich, nur die Rinnen zu erneuern und die vorhandenen Fallrohre zu belassen. Häufig genügt es auch, nur die undichten Teile der Rinne zu ersetzen. Es lohnt sich, diese Arbeiten auf das Notwendige zu beschränken, wenn damit auch das Gerüst erspart bleibt, weil die Arbeiten mit der Leiter oder einer Hubbühne ausgeführt werden können.

Kunststoffrinnen und -rohre, vor allem ältere Fabrikate, versprödden unter UV-Einwirkung, auch Verformungen können auftreten. Reparaturen sind einfach, soweit die Formteile nicht verklebt sind. Das gilt auch bei Hagelschäden.

Passende Formteile werden auch für Fabrikate aus DDR-Produktionen angeboten. Es ist deshalb nicht erforderlich – wie von manchen anbietenden Firmen behauptet – die Dachentwässerung komplett zu erneuern, weil es keine Ersatzteile gäbe. Noch aufwändiger wird es, wenn dann zum Beispiel Titanzink vorgeschlagen wird.

Abb. 70: Ist dies Dauerzustand, dann verkürzt sich die Lebensdauer der Dachrinne beträchtlich. Sind Rinnen schwer zugänglich, ist eine Fachfirma mit der Reinigung zu beauftragen.

Der Wechsel von Kunststoff zu Blech erfordert neue Halterungen an der Traufe, wozu in diesem Bereich die Eindeckung entfernt werden muss. So wird aus einer kleinen Reparatur, die mit der Leiter ausgeführt werden könnte eine richtige Baumaßnahme, zu der ein Gerüst erforderlich ist. Soweit Versicherungen in Anspruch genommen werden, muss zudem damit gerechnet werden, dass die Versicherung die Deckung mit Hinweis auf diese einfache Reparaturmöglichkeit weitgehend ablehnt.

Eine Erneuerung oder ein Umbau der Dachentwässerung steht auch an, wenn zur Verbesserung der Wärmedämmung der Fassaden eine Außendämmung aufgebracht und die Wand damit dicker wird. Dann müssen die Fallrohre versetzt und die Rinneneinläufe angepasst werden.

Ermittlung der Massen

Zur Kalkulation des Umfangs der Arbeiten sind folgende Maße erforderlich:
- Länge der Dachrinnen (vereinfacht nach den Abmessungen (Länge, Breite) des Hauses bestimmt), getrennt nach unterschiedlichen Querschnitten
- Anzahl der Rinnenenden und Rinnenwinkel
- Anzahl und Länge der Fallrohre (Höhe nach Anzahl der Geschosse abschätzen oder Geschosszahl angeben.

Zur Ausschreibung

Für die Arbeiten an der Dachentwässerung gilt nach VOB die DIN 18339 (Klempnerarbeiten) sowie die »Fachregeln für Metallarbeiten im Dachdeckerhandwerk« (Fachverband Dach-, Wand- und Abdichtungstechnik e.V.). Für die Kalkulation sind Angaben zur Höhenlage der Rinnen (Traufhöhen) erforderlich.

In der Regel werden Dachrinnen mit 1 bis 3 Prozent Gefälle angebracht. Es kann aber auch ein Einbau ohne Gefälle vereinbart werden (in der Ausschreibung oder mit der Vergabe), für den Fall, dass ein Gefälle aus gestalterischen Gründen unerwünscht ist.

Abgesehen von örtlich begrenzten Reparaturen ist für die Arbeiten ein Gerüst zu stellen.

Tab. 71: Die Werte der Tabelle (aus der nicht mehr gültigen DIN 1986-2) können zur groben Kontrolle der Abflussbemessung herangezogen werden, nicht aber für die Bemessung der Querschnitte selbst. Diese sind nach den Regeln der DIN EN 12056-3 zu berechnen.

* Abflussbeiwert:
  1,0 Dächer mit Dachneigung über 3°, geschlossene Beläge
  0,8 Dächer mit Dachneigung bis 3°
  0,5 Kiesdächer

Nennweite DN	Anschließbare Niederschlagsflächen [m²]					
	Regenspende 300 [l/(s·ha)]			Regenspende 400 [l/(s·ha)]		
Beiwert *	1,0	0,8	0,5	1,0	0,8	0,5
50	24	30	48	18	23	36
60	40	49	79	30	37	59
70	60	75	120	45	56	90
80	86	107	171	64	80	129
100	156	195	312	117	146	234
120	253	317	507	190	238	380
125	283	353	565	212	265	424
150	459	574	918	344	431	689

Lassen Sie sich das gesondert vom Klempner- oder Dachdecker anbieten. Parallel dazu sollten Sie auch Gerüstbaufirmen auffordern, Ihnen ein Angebot zu machen (siehe Gerüste S. 127).

Für die Abrechnung wird jeweils die größte Länge eines Bauteils zugrunde gelegt. Rinnenwinkel werden bei beiden anschließenden Rinnen mit gemessen. Die Ausbildung des Winkels wird zusätzlich nach Stück abgerechnet.

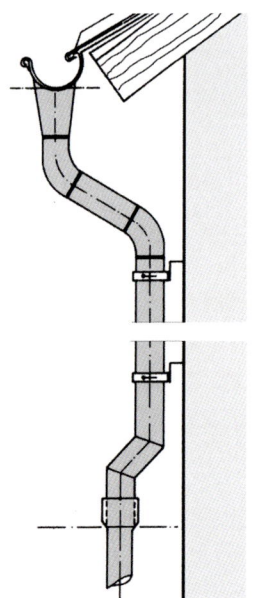

Auch bei Fallrohren ist die größte Länge maßgeblich. Boden und Einläufe werden übermessen und zusätzlich per Stück angesetzt. Die Länge der Rohre folgt der Rohrachse.

Worauf ist besonders zu achten?

Hat die Dachentwässerung in der Vergangenheit einwandfrei funktioniert, können für Rinnen und Rohre dieselben Dimensionen wie vorhanden verwendet werden. Gab es aber Mängel, wie überlaufende Rinnen oder vollgelaufene Fallrohre, so sollte neu bemessen werden,

Der Abstand der Rohrschellen untereinander darf bei Fallrohren aus Metall (mit Innendurchmesser bis 100 mm) höchstens 3 m, bei größerem Durchmesser und bei Kunststoffrohren höchstens 2 m betragen. Um ein Abrutschen der Fallrohre zu verhindern, sind über den Rohrschellen Wulste, Nasen, Muffen oder Ähnliches anzuordnen.

◀ Abb. 72: Die Länge von Fallrohren wird entlang der Rohrachse gemessen (inkl. Einstand ins Standrohr).

▶ Tab. 73: Kosten der Reparatur und Erneuerung von Dachrinnen und Fallrohren (Regenrohren)

Dachrinnen aus Blechen müssen so ausgebildet sein, dass sie sich bei Temperaturänderungen (−20 °C bis +80 °C) ohne Schaden zu nehmen verformen können. Hierzu sind in bestimmten Abständen Vorrichtungen für den Dehnungsausgleich einzubauen. Diese Abstände (Mindestabstände) betragen bei

- Hängedachrinnen mit Zuschnittsbreite
  bis 500 mm   15 m
  über 500 mm   10 m
  über 500 mm, bei Stahl   14 m
- nicht eingeklebten, innen liegenden Rinnen mit Zuschnittsbreite
  bis 500 mm   10 m
  über 500 mm   8 m
  über 500 mm, bei Stahl   14 m

Die Zuschnittsbreite bezieht sich auf den Blechstreifen, aus dem die Rinne gefertigt wird.

Kosten	EUR/lfm
Dachrinnen reinigen, Abfall entsorgen	3
Stahlblechrinnen ausbessern, ausstreichen	13
Dachrinnen erneuern	
• Titanzink	53
• Kupfer	70
Fallrohre erneuern	
• Titanzink	38
• Kupfer	53

FASSADEN INSTANDSETZEN UND ERNEUERN

Schadhafte, verwitterte oder verschmutzte Fassaden sind ein Makel, der öffentlich wirkt und die (gute) Adresse beeinträchtigt. Darüber hinaus gefährden diese Mängel die Substanz der Außenwände. Dabei hängt es von der Art des Mangels ab, ob schnell Abhilfe geschaffen werden muss oder ob noch eine gewisse Zeit abgewartet werden kann.

Man unterscheidet die Fassaden nach der Oberfläche, also der Schicht, die der Witterung ausgesetzt ist, in
- Putzfassaden
- Sichtmauerwerk aus Klinker, Kalksandstein oder Betonsteinen
- Natursteinfassaden
- Sichtbetonfassaden
- bekleidete Fassaden (Holz, Faserzement, Schiefer).

Nicht selten kommen mehrere Arten von Fassaden an einem Gebäude nebeneinander vor, geschossweise oder nach der Gebäudeseite unterschiedlich.

Jede Fassadenart hat ihre speziellen Formen des Verschleißes und möglicher Schäden. Dementsprechend unterscheiden sich auch die jeweils möglichen oder nötigen Instandsetzungsmaßnahmen. Für alle Fassaden gelten aber gleichermaßen die Regeln für die Massenermittlung, die Bedingungen für die zu treffenden Vorkehrungen (zum Beispiel die Baustelleneinrichtung) und – mit Einschränkungen – die Anforderungen der Energieeinsparverordnung.

Nach dieser Verordnung sind Sie in bestimmten Fällen verpflichtet, im Zuge der Instandsetzung die Wärmedämmung der Außenwände zu verbessern. Damit können sich Umfang und Kosten der erforderlichen Arbeiten erheblich erhöhen. Sie sollten deshalb selbst wissen, in welchen Fällen Anforderungen bestehen und wie diese zu erfüllen sind. Verlassen Sie sich hierbei nicht »blind« auf Berater, und seien diese noch so kompetent.

> Die Fassade ist Ausdruck der gestalterischen Vorstellungen der Erbauer und ihrer Zeit. Bei guten Bauten steht sie in Bezug zum Umfeld und zum räumlichen und konstruktiven Entwurf. Deshalb sind Fassaden nicht als »Kleider« zu verstehen, die man nach Mode und Geschmack wechselt. Daran sollten Sie denken, wenn Schäden oder Mängel wie schlechte Wärmedämmung Maßnahmen erfordern. Meistens ist die Instandsetzung oder die Erneuerung des Vorhandenen die beste Lösung.

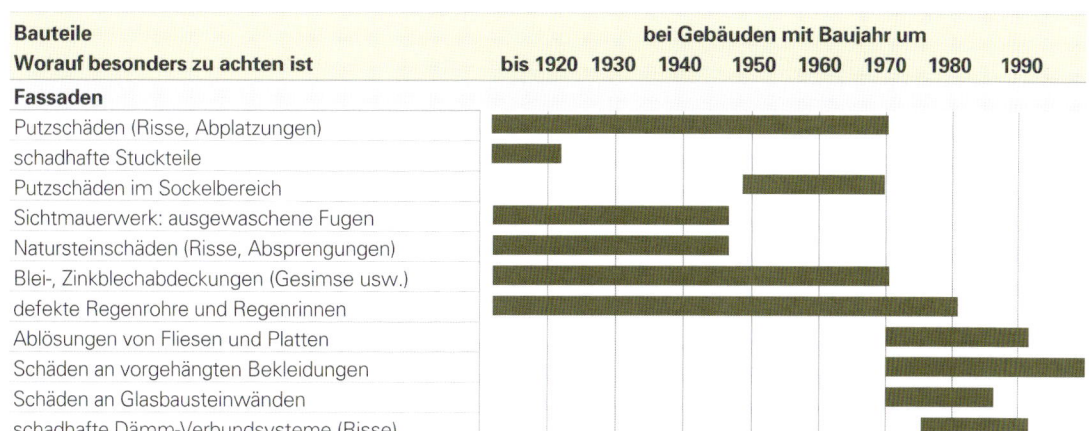

Bauteile / Worauf besonders zu achten ist	bei Gebäuden mit Baujahr um							
	bis 1920	1930	1940	1950	1960	1970	1980	1990
Fassaden								
Putzschäden (Risse, Abplatzungen)	■	■	■	■	■	■		
schadhafte Stuckteile	■	■						
Putzschäden im Sockelbereich				■	■	■		
Sichtmauerwerk: ausgewaschene Fugen	■	■	■	■				
Natursteinschäden (Risse, Absprengungen)	■	■	■					
Blei-, Zinkblechabdeckungen (Gesimse usw.)	■	■	■	■	■	■		
defekte Regenrohre und Regenrinnen	■	■	■	■	■	■	■	
Ablösungen von Fliesen und Platten						■	■	■
Schäden an vorgehängten Bekleidungen						■	■	■
Schäden an Glasbausteinwänden						■	■	
schadhafte Dämm-Verbundsysteme (Risse)							■	■

Tab. 74: Häufige alterstypische Mängel der Fassaden von Bestandsgebäuden nach Baujahren

Putzfassaden

Putz und Anstrich schützen Wände, die nach Material und Ausführungsart nicht geeignet sind, den Witterungseinflüssen standzuhalten. Früher wurden Kalk- und Trasskalkputze verwendet. Diese können durchaus 60 bis 80 Jahre – an geschützten Fassaden noch länger – halten, wenn sie durch Anstriche geschützt sind und keine sonstigen Schäden einwirken. Anstriche »verbrauchen« sich und müssen je nach Art und Beanspruchung (Wetterseite, Grad der Verschmutzung) erneuert werden, ehe der darunter befindliche Putz zu verwittern beginnt. Umgekehrt zeichnen sich die meisten Putzschäden auch im Anstrich ab. Voraussetzung für einen funktionsfähigen und haltbaren Anstrich ist ein geeigneter Untergrund, also ein intakter Putz.

Putzschäden

Viele Schäden sind Folge ungeeigneter Zusammensetzung und nicht fachgerechter Verarbeitung des Putzes. Eine verlässliche Beurteilung solcher Schäden ist nur mit einschlägiger Erfahrung möglich. Hier sind Sie auf die Beratung erfahrener Handwerker (oder anderer Fachleute) angewiesen. Denn ohne genaue Kenntnis der Schadensursache wird der Erfolg einer Putzreparatur leicht zur Glückssache. Diese Beratung ist nötig, bevor Arbeiten ausgeschrieben und vergeben werden. Kommen mehrere Fachleute zu unterschiedlicher Beurteilung, sollten Sie bei der Handwerkskammer nach einem Sachverständigen fragen. Dessen Beratung ist nicht umsonst, lohnt sich aber angesichts der oft beträchtlichen Kosten von Außenputzarbeiten mit Sicherheit.

Hohlstellen, Putzablösungen

Diese Schadensformen weisen auf zerstörte Putzhaftung am Untergrund hin. Die Hauptursachen sind – abgesehen von nicht sachgemäßer Verarbeitung schon beim Aufbringen – Veränderungen des Putzes durch Feuchtigkeitseinwirkung. Bei augenscheinlich intakter Putzoberfläche kann auf Feuchtigkeit von innen, vor allem aus dem Mauerwerk, geschlossen werden. Zu Ablösungen kommt es auch, wenn schlecht haftende Materialien wie Stahl oder Holz ohne Putzträger überputzt werden oder wenn verputzter Stahl rostet oder Holzbauteile durch eingedrungene Feuchtigkeit quellen. Hohlstellen werden oft nur zufällig entdeckt; gibt es Anzeichen dafür, empfiehlt sich die systematische Kontrolle.

Hierzu wird die Putzoberfläche mit einem dicken Draht oder einem Aluminiumrohr abgefahren; Hohlräume sind an einer Klangänderung erkennbar. Auch beim vorsichtigen Abklopfen (Oberfläche schonen!) können Hohlstellen durch Klangunterschiede festgestellt werden.

Absandender Putz

Wird das Bindemittel des Putzes durch ständige Feuchtigkeitseinwirkung ausgeschwemmt oder durch Schadstoffe chemisch verändert, so verliert der Putz seine Festigkeit, er sandet ab, erkennbar an abgelöstem Anstrich und ausgewaschenen Putzstellen, bei fortgeschrittener Zerstörung auch an Abplatzungen. Ursache ist zumeist eine zu große Wasseraufnahme, unter anderem durch verbrauchte Anstriche, defekte oder schlechte Wasserabführung bei der Dachentwässerung oder an vorspringenden Bauteilen (Abb. 75). Besonders gefährdet ist der Sockelbereich an Stellen, die bei Regen ständigem Spritzen ausgesetzt sind. Sandet Außenputz, der schon 40 Jahre oder älter ist, an vielen Stellen ab, dann muss der Putz komplett ersetzt werden.

Geprüft wird, indem die Putzoberfläche mit dem Finger unter leichtem Druck abgefahren oder mit einem Werkzeug vorsichtig angekratzt wird. Löst sich Sand nur an der Oberfläche ab und ist der Putz darunter noch fest, dann kann es genügen, die angegriffene Putzoberfläche abzutragen (Abbürsten) und einen neuen Anstrich aufzubringen.

Abb. 75: Spritzwasserschaden über einem vor die Fassade tretenden Holzbalken; das Elektrokabel sorgt zusätzlich für Durchfeuchtung (stehendes Wasser).

Abb. 76: Die Attraktivität einer einwandfreien Putzfassade ist nach Putzausbesserungen nur durch eine vollflächige Überarbeitung der Fassade wiederherzustellen.

Risse in der Putzfassade

Risse des Außenputzes können durch Mängel der verputzten Konstruktion oder durch Mängel des Putzes selbst verursacht sein. Man unterscheidet demnach konstruktionsbedingte und putzbedingte Risse. Putzbedingte Risse treten nicht erst nach langer Standzeit, sondern unmittelbar nach Auftrag oder Aushärtung des Putzes auf, in der Regel als Folge einer falschen Materialwahl oder unsachgemäßer Verarbeitung oder Nachbehandlung. Es handelt sich hierbei um eine mangelhafte Leistung, die im Rahmen der Gewährleistung zu beheben wäre, was aber häufig nicht geschieht.

Risse in Fassaden mit langer Standzeit sind meist konstruktionsbedingt; sie sind entweder auf baustatische Veränderungen, auf Kriegsschäden oder Schäden an der Konstruktion zurückzuführen. Die Beseitigung solcher Risse im Putz bleibt erfolglos, wenn die Ursache nicht beseitigt ist.

Fugenrisse

Fugenrisse infolge mangelhafter Verfugung oder Schrumpfung von (vorwiegend großen) Mauersteinen sind Bauschäden, die bereits nach wenigen Jahren auftreten und nicht zum normalen Alterungsprozess eines Hauses gehören. Fugenrisse durchtrennen den Putz vollständig und folgen ungefähr dem Verlauf der Mauerwerksfugen. Zur Überprüfung wird der Putz entlang eines Risses abgeschlagen.

Ist gerissener Putz ansonsten intakt, kann man versuchen, Fugenrisse durch ein mit Spachtelung und Gewebe armiertes Anstrichsystem dauerhaft zu schließen. Es ist aber nicht auszuschließen, dass sich die Risse wieder neu bilden. Will man sichergehen, muss der Altputz abgeschlagen, die Verfugung des Mauerwerks verbessert (2 cm tief auskratzen) und neu verputzt werden.

Netzrisse

Netzrisse (hauptsächlich bei Kalkmörtelputz) werden durch Spannungen verursacht, die innerhalb der Putzlagen durch Trocknungsvorgänge und Temperatureinwirkung entstehen. In der Regel treten auch diese Schäden schon frühzeitig auf, abhängig von den unterschiedlichen Witterungseinflüssen der Fassaden. Netzrisse können haarfein sein und werden deshalb leicht übersehen. Erst Folgeschäden, die durch die erhöhte Wasseraufnahme der Risse eintreten, werden dann bemerkt. Netzrisse sind Oberflächenrisse; sie werden zumeist sichtbar, wenn man annässt. Netzrisse von Kalkmörtelputz können mit einem Silikatfarbenanstrich überdeckt werden, sofern nicht ein hierfür ungeeigneter Altanstrich (wie Dispersion) vorhanden ist. Geeignet sind auch wasserdampfdurchlässige Anstriche auf Zementbasis oder ein leicht armierter Anstrich.

Wann ist ein Riss ein Mangel?

Ob ein Putzriss als Mangel gilt, hängt davon ab, ob er eine funktionale und/oder optische Beeinträchtigung der Fassade bewirkt.

Bei wasserabweisenden Putzen ist ein Riss bis zu 0,3 mm Breite hinzunehmen, wenn der Untergrund nicht besonders saugfähig ist. Bei Wärmedämm-Verbundsystemen gilt das für Rissbreiten bis 0,2 mm.

Sind Risse bei einem Abstand von etwa 3 m nicht mehr gut zu erkennen, so ist die optische Beeinträchtigung als unwesentlich zu beurteilen.

Putzrisse infolge mangelhafter Überbrückung

Putzrisse treten auch an Nahtstellen von Baustoffen auf, auf denen Putz unterschiedlich haftet (wie Mauerwerk und Beton) und die sich bei Temperatur- und Feuchtigkeitsschwankungen unterschiedlich bewegen. Solche Nahtstellen sind vor Aufbringen eines Putzes mit Armierungsgewebe zu überbrücken. Fehlt diese Bewehrung oder ist sie fehlerhaft ausgeführt, sind Risse zwangsläufig die Folge.

Um den Schaden zu beheben, muss der Altputz über die gesamte, vom normalen Untergrund abweichende Fläche entfernt werden. Zusätzlich muss umlaufend ein für die Überbrückung ausreichend breiter Streifen freigelegt werden. Die Armierung muss straff und faltenfrei möglichst nahe an der Oberfläche des Putzes eingelegt werden. Dabei müssen die benachbarten Bauteile mindestens 20 cm überdeckt werden. Die Überlappungen der Bewehrung müssen mindestens 10 cm betragen. Ansonsten gelten die Ausführungen zur Putzausbesserung (siehe Seite 65).

Abb. 78: Blasenbildung und großflächige Ablösung eines Dispersionsanstrichs wegen Hinterwanderung durch Wasser

Anstrichmängel

Anstrichmängel sind häufig nicht ohne Weiteres erkennbar. Einfach ist es, wenn sich Blasen bilden oder das Ablösen des Anstrichs offensichtlich ist. Schwieriger wird es dagegen bei kreidenden, das heißt wie Kreide abzureibenden Anstrichen, oder wenn der Anstrich durch feinste Risse zerstört ist. Mangelhafter Anstrich führt auf Dauer zu einer Schädigung des Putzes. Bestehen Anzeichen für Anstrichmängel, ist eine genaue Prüfung erforderlich. Eine Erneuerung des Anstrichs ist nur auf intaktem Putz sinnvoll.

Kreidende Altanstriche

Die Abriebfestigkeit wird durch SO_2-Einwirkung (saurer Regen) beeinträchtigt. Silikatfarben können durch einen Imprägnierungsanstrich fixiert werden. Kalk- oder Weißzementfarben müssen dagegen abgebürstet werden (Messingbürste), anschließend ist ein Neuanstrich im gleichen Anstrichsystem möglich (ein Voranstrich ist erforderlich).

Dispersionsanstriche – Ablösung

Diese ist häufig eine Folge von eingedrungener Feuchtigkeit und Frost an Stellen der Außenwand, die innenseitig unbeheizt sind (Dachräume, aber

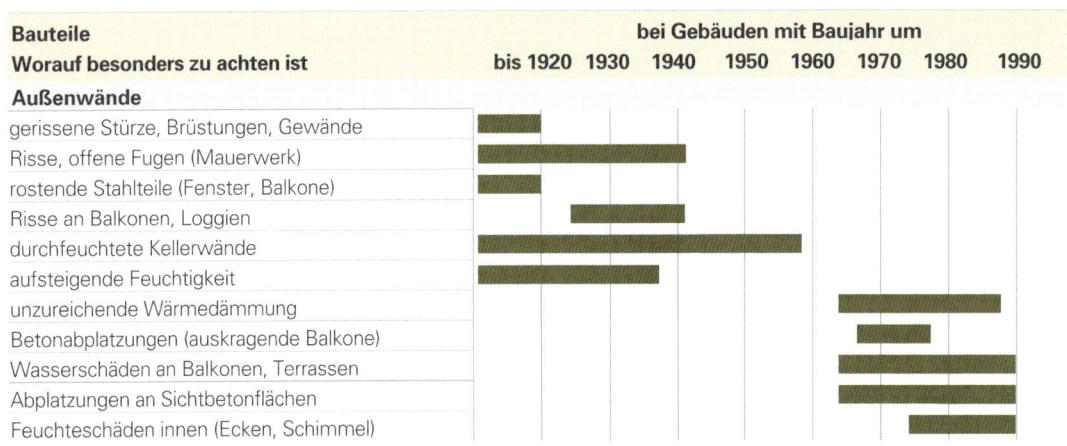

Bauteile Worauf besonders zu achten ist	bei Gebäuden mit Baujahr um							
	bis 1920	1930	1940	1950	1960	1970	1980	1990
Außenwände								
gerissene Stürze, Brüstungen, Gewände	■	■						
Risse, offene Fugen (Mauerwerk)	■	■	■	■				
rostende Stahlteile (Fenster, Balkone)	■	■						
Risse an Balkonen, Loggien			■	■	■			
durchfeuchtete Kellerwände	■	■	■	■	■			
aufsteigende Feuchtigkeit	■	■	■	■				
unzureichende Wärmedämmung						■	■	■
Betonabplatzungen (auskragende Balkone)						■	■	■
Wasserschäden an Balkonen, Terrassen						■	■	■
Abplatzungen an Sichtbetonflächen							■	■
Feuchteschäden innen (Ecken, Schimmel)							■	■

Tab. 77: Häufige alterstypische Mängel der Außenwände von Bestandsgebäuden nach Baujahren

auch Rollladenkästen). Der Schaden wird durch die Dampfdruckverhältnisse bei Dispersionsfarben verursacht. An solchen Stellen sollten besser dampfdurchlässigere Mineralfarben verwendet werden.

Eine andere Ursache der Ablösung von Dispersionsbeschichtungen ist die Hinterwanderung des Anstrichs durch Wasser, das entweder durch konstruktive Mängel (zum Beispiel an Fensterbrüstungen oder Maueranschlüssen) oder durch den Anstrich selbst eindringt. Es bilden sich charakteristische Blasen (siehe Abb. 78). Der Altanstrich muss vollständig entfernt werden.

Salzausblühungen

Durch ständige Wassereinwirkung und das Nebeneinander verschiedener Materialien entstehen Salze, die mit der Verdunstung an die Oberfläche gelangen. Nachdem ein weiteres Eindringen von Wasser unterbunden ist, können die Salze trocken abgebürstet werden.

Putzausbesserung

Sind nur einzelne Stellen geschädigt, genügt es, die Putzfläche auszubessern. Der alte Putz muss großzügig bis auf den Putzgrund entfernt werden, die Putzränder sollten dabei leicht hinterschnitten werden. Der Untergrund ist auf seine Haftfähigkeit zu überprüfen und, soweit erforderlich, vorzubehandeln. Die Vorbehandlung des Untergrunds entspricht der beim Neuverputzen. Stahl, Holz und sonstige vom Mauerwerk abweichende Untergründe werden mit Putzträgern oder Bewehrungen überdeckt.

Abplatzungen, loses und beschädigtes Untergrundmaterial müssen entfernt und bis zur Oberfläche des Untergrunds durch Putzlagen aufgefüllt werden. Jede weitere Lage darf erst aufgebracht werden, wenn die vorherige trocken ist. Offene Fugen sind durch geeigneten Mauermörtel zu schließen.

Zusammensetzung, Farbe und Struktur des Putzes sind an den bestehenden Putz anzugleichen. Hierzu muss die Zusammensetzung des vorhandenen Putzes ermittelt werden. Zur Analyse des Altputzes ist – falls erforderlich – ein Spezialist hinzuzuziehen. Es ist auch ratsam, kleine Prüfflächen anzusetzen und trocknen zu lassen, ehe die Wahl des Putzes getroffen wird.

Eine Reparatur lohnt nur dann, wenn der Putz insgesamt in einem guten Zustand ist und noch eine ausreichend lange Standzeit erwarten lässt. Soweit es sich nicht nur um sehr kleine und vereinzelte Schäden handelt, muss die betroffene Fassade für ein einheitliches Bild anschließend weiterbehandelt werden.

Überarbeitung des Fassadenbilds

Ausgebesserte Putzflächen machen die Fassade unattraktiv. Obwohl technisch intakt, vermittelt sie den Eindruck von Beschädigungen. Um dies zu beheben, bieten sich folgende Maßnahmen an (siehe Abb. 76):
- Reinigung durch trockenes Bürsten oder Abspülen mit einem Wasserstrahl mit normalem Leitungsdruck (Ausblühungen werden trocken entfernt)
- diffusionsoffener Farbanstrich (keine Filmbildung)
- falls erforderlich, zusätzliche Putzlage, erforderliche Haftung vorausgesetzt; eventuell speziellen Renovierputz für dünnlagigen Auftrag verwenden (Eignung prüfen).

> **Anforderung der EnEV bei Erneuerung des Außenputzes**
>
> Wird der Außenputz bei mehr als 20% der Außenwandflächen gleicher Orientierung erneuert, so darf der U-Wert dieser Außenwände nach Beendigung der Maßnahme nicht größer sein als 0,35 [W/m²·K]. Die Anforderung gilt nicht für Wände mit einem vorhandenen U-Wert von 0,9 [W/m²·K] oder besser.
>
> Das erfordert eine Dämmschicht (WLG 040) von mindestens 8 cm Dicke, die am einfachsten in Verbindung mit einem Wärmedämm-Verbundsystem ausgeführt wird.
>
> Ausnahmen sieht die Verordnung für denkmalgeschützte Fassaden sowie für Fälle vor, in denen die Maßnahme eine nicht gerechtfertigte Härte bedeutet, z.B. dann, wenn die geplante Maßnahme unwirtschaftlich ist.

Putz erneuern

Vor dem Aufbringen des neuen Putzes sind alle Anschlüsse auf Schäden durchzusehen und, falls erforderlich, zu reparieren oder zu erneuern. Dabei sollte man großzügig sein und solche Bauteile vorsorglich austauschen, bei denen eine Erneuerung ein paar Jahre später erheblich aufwändiger würde. Mauerwerk, Putz und Anstrich wirken idealerweise als Einheit, deshalb soll der neue Putz dem alten entsprechen. Warum auch sollte man von einer Putzart abgehen, die das Haus vielleicht schon 50 Jahre gut geschützt hat?

Bei der Wahl des Putzmörtels für altes (historisches) Mauerwerk sowie bei Fachwerk ist eine kompetente Beratung unerlässlich. Bei denkmalgeschützten Bauten kann die Denkmalpflege eine bestimmte Ausführung fordern. Häufig sind das Kalkputze, die für altes, fugenreiches, »weiches« Mauerwerk als besonders geeignet gelten. Deren Verarbeitung ist Sache von Spezialisten – nicht jeder Handwerksbetrieb, der Putzarbeiten ausführt, hat hierzu ausreichende Erfahrung.

Für die Erneuerung des Putzes gelten grundsätzlich dieselben Regeln wie für das erstmalige Verputzen einer Außenwand. Hinzu kommt die Entfernung des Altputzes und das Herrichten des Untergrunds für den neuen Putz. Folgendes ist zu beachten:

- Verunreinigungen entfernen, Salze und Ausblühungen trocken abbürsten
- loses Material entfernen, Fehlstellen mit Putzlagen auffüllen (Putzausbesserung)
- offene Mauerwerksfugen fachgerecht nachverfugen (2 cm tief auskratzen)
- bei Ziegel- und Natursteinmauerwerk Spritzbewurf aufbringen
- bei stark saugendem Untergrund vornässen (nicht bei Holzwerkstoffen)
- Materialstöße und nicht haftende Oberflächen mit Putzträger oder Bewehrung überbrücken.

Zur Ausschreibung von Putzarbeiten

Vereinbaren Sie VOB-C als Vertragsgrundlage, dann gilt für die Ausführung und die Abrechnung der Putzarbeiten DIN 18350 (Putz- und Stuckarbeiten). Mit dieser Norm werden Bezüge zu den zu beachtenden Fachnormen hergestellt, insbesondere zu DIN 18550-4 Putz (in Verbindung mit DIN EN 981-1). Diese Norm legt fest, welche Putzsysteme nach den jeweiligen Anforderungen anzuwenden sind und wie die Putzsysteme zu verarbeiten sind. Den Begriff »Putzsystem« sollten Sie in der Ausschreibung verwenden, zum Beispiel in folgender Formulierung:

»Anzubieten ist ein für den vorgefundenen Untergrund geeignetes Putzsystem einschließlich der nötigen Vorbehandlung des Untergrunds. Soweit Altputz entfernt werden muss, ist das in einer gesonderten Position (inklusive Abfuhr und Entsorgung) anzubieten.«

Diese Formulierung können Sie mit den entsprechenden Hinweisen auch für Reparaturen verwenden. Bei Reparaturen sollten Sie grundsätzlich ein Putzsystem für einen Anstrich ausschreiben, da dieser für die Wiederherstellung eines einheitlichen Fassadenbilds unumgänglich ist.

Falls eine bestimmte Struktur gefordert wird, lassen Sie sich Muster vorlegen oder Musterflächen anfertigen.

Die Erneuerung des Putzes wird in der Regel nur für Teilflächen infrage kommen oder aber dann, wenn es nicht möglich oder nicht zumutbar ist, ein Wärmedämm-Verbundsystem aufzubringen (siehe Seite 71).

Gerüste bis zu einer Arbeitshöhe von 2 m sind als Nebenleistung in den Einheitspreisen enthalten. Ist ein höheres Gerüst erforderlich, lassen Sie sich das gesondert – parallel auch von Gerüstbaufirmen – anbieten.

Die Ermittlung der Massen zu Arbeiten an der Fassade wird auf Seite 68 behandelt.

Bei der Abrechnung werden Öffnungen bis zu einer Einzelgröße von 2,5 m² übermessen. Bei Leistungen, die nach der Länge abgerechnet werden, bleiben Unterbrechungen bis zu einer Einzellänge von 1 m unberücksichtigt. Gleichwohl kann das Anarbeiten dieser Öffnungen und Unterbrechungen eine gesondert abzurechnende Leistung sein.

Einfluss der Witterung

Die Verarbeitung von Putz ist bei Temperaturen unter 5 °C nicht zulässig. Besteht Frostgefahr, sind frisch verputzte Wände mit einer Plane abzudecken. Ebenso ist im Sommer frischer Putz gegen große Hitze und Sonneneinstrahlung zu schützen. Zu schnelles Austrocknen birgt Rissgefahr.

Worauf ist besonders zu achten?

Die Dicke mineralischer Putzsysteme (Bindemittel Kalk, Zement) muss in der Regel mindestens 20 mm betragen, wobei eine Dicke von 15 mm an keiner Stelle unterschritten werden darf.

Zusammenhängende Flächen müssen ohne Unterbrechung über die Gerüstlagen hinweg (»frisch in frisch«) geputzt werden. Arbeitsansätze und Abweichungen in der Struktur, die bei üblicher Betrachtung auffallen, sind als Mangel zu bewerten. Bei teilflächiger Putzausbesserung sind sichtbare Übergänge zu den unbearbeiteten Flächen nicht zu bemängeln.

Fertige Putzarbeiten sind über einen längeren Zeitraum hinweg auf Rissbildung zu untersuchen. Dabei gelten folgende Anhaltswerte:

- Durch unsachgemäße Verarbeitung oder ungeeignete Zusammensetzung des Putzes bedingte Risse sind nach sechs Monaten nicht mehr zu erwarten.
- Risse, die auf Mängel des Untergrunds zurückzuführen sind, treten erfahrungsgemäß frühesten nach einem halben Jahr, spätestens nach fünf Jahren auf.

Natursteinfassaden

Naturstein war früher auch im Wohnungsbau ein verbreiteter Baustoff. Er wurde sowohl bei Sichtmauerwerk als auch bei Putzfassaden vor allem für Sockel, Fenster- und Türgewände, Fensterbänke, Gesimse und Stürze verwendet.

Die Widerstandsfähigkeit von Natursteinen hängt von der Art des Steins, seinen – je nach Lagerstätte unterschiedlichen – Bestandteilen und der Oberflächenbearbeitung ab. Die im Wohnungsbau am häufigsten eingesetzten Kalk- und Sandsteine sind nicht so unverwüstlich, wie man sich dies landläufig vorstellt. Sie wurden deshalb früher üblicherweise durch mineralische Anstriche vor Wasseraufnahme und dadurch ausgelöste Abwitterung geschützt. Die Vorstellung, nach der Naturstein »natürlich« erscheinen muss, trägt dazu bei, dass Natursteinfassaden den Schadstoffen stärker ausgesetzt sind, als das sein müsste.

Die Verwitterung von Natursteinen hat sich früher über Hunderte von Jahren nur wenig bemerkbar gemacht. Der heutige hohe Schadstoffgehalt der Luft hat diesen Prozess teilweise dramatisch beschleunigt. Durch das Regenwasser dringen die Schadstoffe in die porösen Steine ein und lösen chemische Reaktionen aus, die den Stein zerstören. Schmutzablagerungen begünstigen dies. Anzeichen dafür sind Abplatzungen, Absanden und Ausblühungen (siehe Abb. 79).

Reinigung Steinoberflächen

Die Oberfläche der Steine darf dabei nicht zerstört werden (nicht Sandstrahlen, keine Stahlbürste). Durch längere Berieselung wird der Schmutz angeweicht und anschließend durch Dampfstrahlen oder mit heißem Wasser abgelöst. Hartnäckiger Schmutz kann durch Feinsandstrahlen entfernt werden. Dies muss fachgerecht geschehen, damit der Stein nicht angegriffen wird.

Steine ausbessern

Verwitterte und schadhafte Teile abschlagen, mit Steinmehlmörtel (Steinart und Farbe nach Bestand) ergänzen, eventuell durch (rostfreie) Dübel oder Armierung sichern. Kleinere Steinschäden nur an wasserabführenden Bauteilen (zum Beispiel an Gesimsen, Fensterbänken) ausbessern, ansonsten belassen.

Steinergänzung

Stärker geschädigte und fehlende Steine werden durch entsprechend bearbeitete neue Werksteine ersetzt und – falls erforderlich – verdübelt (Messing- oder Edelstahldübel, kein Eisen!). Anschließend wird verfugt (siehe Abb. 80). Die Reparatur bleibt sichtbar, da es praktisch unmöglich ist, Stein der exakt gleichen Färbung zu bekommen.

Energieeinsparverordnung

Bei der Reparatur von Natursteinfassaden sind – unabhängig vom Umfang der bearbeiteten Flächen – keine Anforderungen an die Wärmedämmung zu beachten. Das gilt auch für die teilweise Erneuerung der Fassade. Wird eine Fassade allerdings komplett neu aufgebaut, ist zu prüfen, ob eine Verbesserung der Wärmedämmung (z.B. durch eine vorgesetzte Fassade) technisch möglich und wirtschaftlich akzeptabel ist. Solche Maßnahmen erfordern statische Nachweise und deshalb die Mitwirkung eines Bauingenieurs.

Umwandlung zur Putzfassade

Ist die Natursteinoberflächen bereits in einem sehr schlechten Zustand, kann es sich wegen der hohen Kosten einer Steinsanierung empfehlen, die schadhaften Schichten abzuschlagen und die Fassade zu verputzen. Die Steindicke sollte dann generell um die Putzdicke verringert werden, um saubere Putzanschlüsse an Fenstergewände, Gesimse etc. zu ermöglichen. Schäden, die die Tragfähigkeit der Wand beeinträchtigen, sind vorher zu beheben.

Abb. 79: Abgeplatze, bereits früher unsachgemäß mit Zementmörtel reparierte Sandsteinschicht einer Fensterbank

Abb. 80: Ergänzung einer Natursteinfassade mit neuen Steinen und Werkstücken. Die Farbunterschiede sind unvermeidlich.

Ermittlung der Massen

Ermitteln Sie die Fassadenflächen für jede Himmelsrichtung getrennt. Die Berechnungsansätze sind für Gebäude mit verbreiteten Dachformen in Abbildung 30 zusammengestellt. Die Höhe der Wände können Sie, wenn nicht gemessen werden kann, nach der Geschosszahl wie folgt grob überschlagen: Rechnen Sie je Geschoss mit 3 m, ein Kniestock (Drempel) im Dachgeschoss kann mit 1 m angesetzt werden. Sockel können leicht gemessen oder geschätzt werden. Bei Gebäuden aus der Zeit vor 1920 veranschlagen Sie je Geschoss 3,5 m.

Die Geschosshöhe kann auch aus der lichten Raumhöhe plus Dicke der Decke (0,3 bis 0,4 m) ermittelt werden. Bei Giebelflächen kann die Höhe auch über die Dachneigung berechnet werden (siehe Abb. 30).
Geben Sie zu jeder Fassadenfläche die Anzahl der darin befindlichen Fenster und Türen an (für jede Größe gesondert). Die Flächen von Fenster- und Türöffnungen werden aber nur dann von der Fassadenfläche abgezogen, wenn sie (einzeln) größer sind als 2,5 Quadratmeter.

a Pultdach

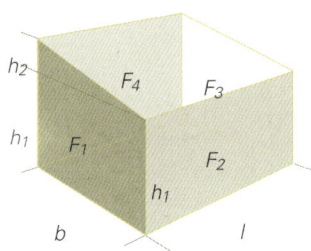

$F_1 = F_3 = b \cdot (h_1 + h_2/2)$
$F_2 = l \cdot h_1$
$F_4 = l \cdot h_2$

b Satteldach

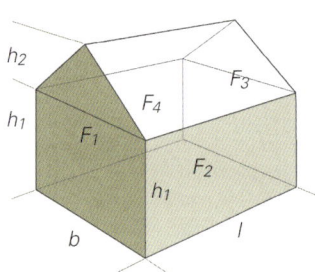

$F_1 = F_3 = b \cdot (h_1 + h_2/2)$
$F_2 = F_4 = l \cdot h_1$

c Walmdach, Flachdach

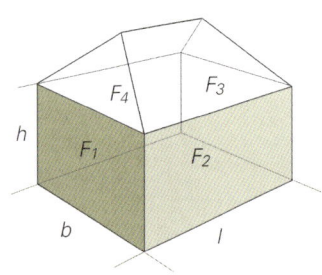

$F_1 = F_3 = b \cdot h$
$F_2 = F_4 = l \cdot h$

d Mansarddach

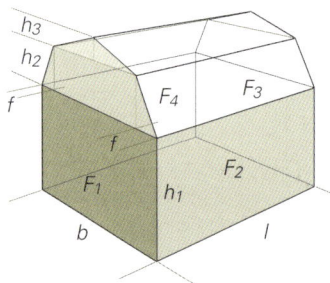

$F_1 = F_3 = b \cdot h_1 + (b - f) \cdot h_2$
            $+ (b - 2f) \cdot h_3/2$
$F_2 = F_4 = l \cdot h_1$

Abb. 81: Ansätze für die Berechnung der Fassadenflächen bei Gebäuden mit verbreiteten Dachformen

Hinweise zu a, b und d:
Die Dachhöhen h_2 und h_3 können nach der Dachneigung wie folgt ermittelt werden:
a $h_2 = b \cdot \tan$ (nach Tabelle)
b $h_2 = b/2 \cdot \tan$ (nach Tabelle)
d $h_2 = f \cdot \tan$ (nach Tabelle)
    $h_3 = (b - f) \cdot \tan$ (nach Tabelle)

Dachneigung	tan
bis 5°	0,05
6° bis 10°	0,14
11° bis 15°	0,23
16° bis 20°	0,32
21° bis 25°	0,42
26° bis 30°	0,53
31° bis 35°	0,65
36° bis 40°	0,78
41° bis 45°	0,93
46° bis 50°	1,11
51° bis 55°	1,33

Außenwände mit Sichtmauerwerk

Für Fassaden in Sichtmauerwerk war bis in die 60er Jahre Ziegel der vorherrschende Wandbaustoff, danach wird hierzu sehr verbreitet auch Kalksandstein verwendet. Dabei besteht die äußere, sichtbare Mauerschicht aus frostfesten Steinen. Es sind einschalige und mehrschalige Konstruktionen zu unterscheiden. Bei einschaligem Wandaufbau sind die frostfesten Steine mit den normalen Steinen im Verband gemauert (Abb. 82 a). Bei mehrschaligen Wänden sind die Schalen durch einen Luftzwischenraum getrennt, seltener durch eine vermörtelte Fuge (Schalenfuge) verbunden (Abb. 82 b).

Vorherrschend sind nach 1950 Konstruktionen mit einer tragenden inneren Schale und einer nicht tragenden Vorsatzschale mit Luftzwischenraum (Abb. 82 c), seit den 70er Jahren zumeist mit zusätzlicher Wärmedämmung. Die Vorsatzschale ist mit Stahlankern befestigt und über Zu- und Abluftöffnungen hinterlüftet.

Eine besonders bei Kalksandstein anzutreffende Variante der zweischaligen Konstruktion ist die mit Kerndämmung (Abb. 82 d), der Zwischenraum der Schalen ist hier voll mit Dämmstoff ausgefüllt.

Intaktes Sichtmauerwerk ist äußerst widerstandsfähig gegen Verwitterung. Das beweisen die vielen, mehr als 100-jährigen Fassaden der innerstädtischen Wohngebiete. Frostfeste Steine verwittern kaum, können aber reißen. In die Risse eindringendes Wasser und Frost, Kalkeinschlüsse oder sonstige Steinmängel führen dann zu Absprengungen. Folgende Erhaltungsmaßnahmen können notwendig werden:

- Steinausbesserungen und Ersatz von einzelnen Steinen
- Ausbesserung der Verfugung oder Neuverfugung
- Fassaden- und Steinreinigung
- Hydrophobierung (bedeutet wasserabweisend Imprägnieren).

Verwitterte Steinoberflächen

Bei altem Sichtmauerwerk wurden oft nicht frostfeste Steine verwendet. Diese wittern an der Oberfläche ab, werden porös und weich. Dies wird durch verschmutzte Luft und saure Niederschläge stark beschleunigt.

Bei Schäden an vereinzelten Steinen sind verwitterte Teile abzuschlagen und mit Gesteinsmehl (für betreffende Steine) zu ergänzen; anschließend ist die Verfugung auszubessern. Sind passende Steine verfügbar (diese können nach Vorgaben gefertigt werden), werden beschädigte Steine ausgewechselt.

Energieeinsparverordnung

Reparaturen an Fassaden in Sichtmauerwerk unterliegen keinen Anforderungen der Energieeinsparverordnung. Es ist aber zu empfehlen, bei zweischaligen Wänden mit Luftzwischenraum diesen mit wasserabweisendem Dämmstoff zu verfüllen, z. B. durch Einblasen von Mineralfaserflocken oder Einfüllen von Granulat. Diese Maßnahme ist kostengünstig und lohnt sich nahezu immer. Ist der Luftzwischenraum voll mit Dämmstoff der WLG 040 ausgefüllt, so gelten die Anforderungen der EnEV unabhängig vom tatsächlichen Dämmwert als erfüllt.

Ausgewaschene Fugen

Hauptschadensursache bei Sichtmauern sind offene Fugen, durch die Wasser zwischen die Steine eindringen und bei Frost zu Absprengungen führen kann. Weiteres Auswaschen der Fugen ist die Folge. Fortschreitend gefährdet dies die Standsicherheit. Die gleiche Wirkung haben Verwitterung und Alterung des Fugenmörtels: Trag- und Haftfähigkeit gehen verloren. Zerstörter Mörtel sandet ab, ist weich und lässt sich auskratzen. Ist der Mangel erkennbar auf einen lokalen Schaden zurückzuführen, kann es genügen, nur diese Stelle auszubessern. Tritt der Mangel verbreitet auf, ist die gesamte Fassade zu überarbeiten.

 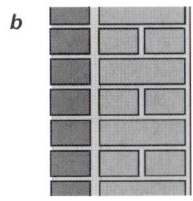 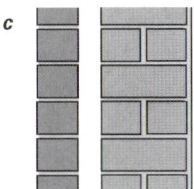 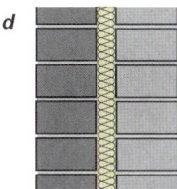

Abb. 82: Sichtmauerwerk – Ausführungsarten
a frostfeste Steine im Verband gemauert
b frostfeste Steine mit Schalenfuge vorgemauert
c mit Luftzwischenraum vorgesetzte frostfeste Schale
d in Kalksandstein mit Kerndämmung

Abb. 83: Sichtmauerwerk mit altem Riss infolge früherer Setzungen im Untergrund

Verfugung ausbessern

Der zerstörte Mörtel wird entfernt (bei Kalkmörtel etwa 2,5 cm, bei Zementmörtel etwa 1,5 cm tief auskratzen). Dabei ist darauf zu achten dass die Kanten der Mauersteine nicht beschädigt werden. Heute verwendete Mörtel haben oft einen höheren Zementanteil (dunkelgrau, relativ glatt) als die früher üblichen Kalkmörtel (hell, sandig). Der Fugenmörtel muss auf das Mauerwerk abgestimmt sein. Vor allem bei zu hohem Zementanteil besteht die Gefahr von Fugen- oder Steinrissen. Auch gehört Erfahrung dazu, mit geeigneten Beimischungen den richtigen Mörtelfarbton zu treffen (Proben fordern) und die Steine nicht zu verschmutzen. Hier kommt es auf handwerkliche Fertigkeit an. Das neue Fugenbild (zum Beispiel konkav) muss dem vorhandenen entsprechen. Man darf allerdings nicht erwarten, dass sich die nachverfugten Bereiche in der Fassade nicht abzeichnen.

Schutzbeschichtung (Hydrophobieren)

Altes Sichtmauerwerk ist häufig nicht ausreichend schlagregenfest. Stark saugendes Steinmaterial nimmt aufgenommene Feuchtigkeit mit in die Frostperiode: Steinschäden sind die Folge. Dem kann mit einer Hydrophobierung begegnet werden. Bereits im Mauerwerk befindliche Feuchtigkeit trocknet nun aber langsamer aus. Ist für dieselbe Wand eine Innendämmung geplant, so ist es ratsam, diese erst einige Zeit (etwa ein Jahr) nach der Hydrophobierung auszuführen. Bei hohem Salzgehalt der Wand ist die Hydrophobierung schädlich, denn Salzkristallisierung bewirkt Absprengungen. Umstritten ist die Maßnahme bei rissigem Mauerwerk. Hier kann die Hydrophobierung zu einem Anstieg der Feuchtigkeit im Mauerwerk führen. Es ist also vor der Entscheidung für solche Maßnahmen der Zustand des Mauerwerks genau zu prüfen, am besten durch einen unabhängigen Fachmann. Im Zweifelsfall sollte die Beschichtung unterbleiben.

Verankerung kontrollieren

Bei älteren Verblendschalen muss die Verankerung kontrolliert werden. Heute dürfen hierfür nur zugelassene Anker aus nicht rostendem Stahl verwendet werden. Bei alten Konstruktionen ist mit Korrosion zu rechnen. Sind dafür Anzeichen vorhanden, muss überprüft werden, ob die Standsicherheit gefährdet ist. Diese regelmäßige Überprüfung ist durch die Bauämter vorgeschrieben. Falls die Verankerung nicht mehr brauchbar ist, käme ihre Erneuerung infrage. Diese ist aber so aufwändig, dass es regelmäßig günstiger ist, die Vorsatzschale abzubrechen und neu aufzubauen. Gleiches gilt bei umfangreichen Steinschäden oder wenn die Verfugung großflächig ausgewaschen ist. Diese Erneuerung der Vorsatzschale wird hier nicht behandelt, da sie der Genehmigung bedarf, somit ein Architekt oder Bauingenieur mitwirken muss. Dabei sind die Anforderungen der Energieeinsparverordnung zu beachten.

Fassade verändern

Ist eine Fassade durchweg unansehnlich oder der Aufwand zum Erhalt des Sichtmauerwerks unverhältnismäßig groß, wie bei großflächigen Steinschäden, dann kann es sich empfehlen, die Fassade im vorhandenen Zustand zu verputzen oder mit einer Bekleidung zu versehen. Die vorhandene Fassade dient hierfür als Untergrund. Ausbesserungen sind in diesem Fall nur erforderlich, wenn stark ausgewaschene Fugen oder Risse die Standsicherheit gefährden oder wenn das vorhandene Mauerwerk für die geplante Maßnahme als Untergrund nicht geeignet ist.

Zur Bekleidung der Fassade bieten sich folgende Möglichkeiten, wobei Anforderungen der Energieeinsparverordnung zu beachten sind:

- Umwandlung in eine Putzfassade mit Wärmedämmputz bei Erhalt von hervortretenden Fassadenteilen (siehe Seite 71)
- Aufbringen eines Wärmedämm-Verbundsystems (siehe Seite 71)
- Anbringen einer Bekleidung auf Unterkonstruktion (Vorhangfassade (siehe Seite 75).

Bei Vorsatzschalen mit Luftzwischenraum sind diese Maßnahmen nicht anwendbar. Der Umfang der Mängel, der solche Maßnahmen rechtfertigt, gefährdet hier stets die Standsicherheit.

Wärmedämmputz

Kann zur Verbesserung der Wärmedämmung nur eine dünne Schicht zusätzlich oder ersatzweise für eine vorhandene Schicht eingebaut werden, so bieten sich Dämmputze an. Das ist beispielsweise der Fall, wenn Sichtmauerwerk nachträglich bekleidet werden soll oder wenn ein vorhandener Putz zu erneuern ist. Wärmedämmputz kann auch auf vorhandenen Putz (bei ausreichender Haftfestigkeit) aufgebracht werden.

Die Mindestdicke des Systems aus Dämmputz und Oberputz liegt bei 3 cm, die maximale Dicke bei 10 cm. Im Bestand wird die mögliche Dicke der Schicht von den Überständen der zu erhaltenden Fassadenteile bestimmt. Dämmputz kann ein- oder mehrlagig aufgebracht werden. Die Dicke einer Lage beträgt mindestens 2 cm, maximal 4 cm. Der Oberputz wird nach dem Austrocknen des Dämmputzes (Trocknungszeit: ein Tag je Zentimeter Dicke) zweilagig aufgetragen, die untere (Zwischen-) Lage faserarmiert oder mit vollflächiger Gewebeeinlage. Wird der Oberputz als Kratzputz ausgeführt, entfällt die Zwischenlage.

Wie Tabelle 84 zeigt, ist die Dämmwirkung beachtlich. Die Mehrkosten je Quadratmeter liegen, verglichen mit den Kosten eines normalen Außenputzes, bei etwa 6 EUR pro Quadratmeter je Zentimeter Dicke und amortisieren sich bei Wänden mit einem U-Wert bis etwa 1,0 W/m²·K.

Wärmedämm-Verbundsysteme

Erste Wärmedämm-Verbundsysteme (WDVS) gab es bereits in den 60er Jahren. Bekannt und weiter verbreitet wurden sie nach der Ölkrise 1973, damals unter der Bezeichnung »Vollwärmeschutz« oder auch »Thermohaut«. Die Systeme wurden im Lauf der Zeit ständig verbessert. Früher verbreitete Mängel können heute bei fachgerechter Verarbeitung weitgehend vermieden werden.

Es gibt eine Vielzahl unterschiedlicher Systeme (siehe Tab. 89), die immer folgende Komponenten umfassen:
- Wärmedämmstoff (in der Regel in Platten)
- Kleber und mechanische Befestigungsmittel (spezielle Dübel, Profile und Schienen)
- Gewebearmierung
- ein- oder mehrschichtiger Unterputz, davon mindestens eine Schicht mit Bewehrung
- Oberputz, Schlussbeschichtung (auch mit keramischer Bekleidung).

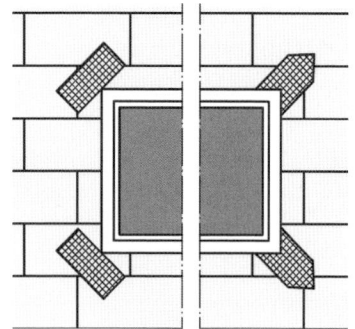

Abb. 85: Zusätzliche Diagonalbewehrung bei Wandöffnungen

Die Systeme dürfen nur in ihrer Gesamtheit verwendet werden. Der Ersatz von Komponenten durch systemfremde Produkte ist unzulässig. Die gebräuchlichsten Dämmstoffe sind Dämmplatten aus expandiertem Polystyrol (EPS) sowie Mineralfaserplatten (diese auch als Lamellenplatten mit der Faser senkrecht zur Plattenebene), alle marktgängig mit einer Wärmeleitfähigkeit der Gruppen (WLG) 040 oder 035. Verwendet werden auch Holzwolleleichtbauplatten, Schaumglas, expandierter Kork und Polyurethan-Hartschaumplatten. Es sind Dämmstoffe der Baustoffklasse B1 (schwer entflammbar) vorgeschrieben. Die Dicke der Dämmschicht beträgt je nach Material zwischen 2 und 20 cm; bei Lamellenplatten liegt die Mindestdicke bei 6 cm.

U-Wert [W/m²·K] vorhanden	mit Dämmputz WLG 070, Dicke [cm]			
	2	3	4	5
2,50	1,45	1,20	1,05	0,90
2,00	1,30	1,10	0,95	0,80
1,50	1,05	0,90	0,80	0,70
1,00	0,80	0,70	*0,65*	*0,60*

Tab. 84: Verbesserung der Wärmedämmung von Außenwänden mit Dämmputz (kursiv: nicht wirtschaftlich)

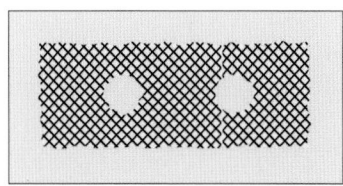

Abb. 86: Verklebung nach Wulst-Punkt-Methode (Beispiel, maßgeblich sind die jeweiligen Herstellervorschriften)

Die Art der Befestigung der Dämmplatten ist abhängig von
- der Art des Dämmmaterials
- der Haftzugfestigkeit des Untergrunds
- der Gebäudehöhe
- der Art des aufgebrachten Witterungsschutzes.

Kleben

Die Verklebung ohne zusätzliche mechanische Befestigung ist üblicherweise zulässig bis zu einer Gebäudehöhe von 22 m:
- teilflächig (mindestens 40 Prozent) für PS-Dämmplatten
- vollflächig (100 Prozent) für Mineralfaserlamellenplatten.

Sonstige Mineralfaserplatten werden teilflächig geklebt und verdübelt. Unverputzte Mauerwerk- und Betonwände sind in der Regel als Untergrund geeignet. Sind solche Wände in schlechtem Zustand, müssen die Haftzugfestigkeit (siehe Tab. 89) und die Verankerungsmöglichkeiten überprüft werden; das gilt auch für Wände aus porösen Baustoffen.

Folgende Vorbehandlungen des Untergrunds können erforderlich sein:
- Staub abkehren
- Ausblühungen abbürsten
- bei (fettiger) Verschmutzung hochdruckstrahlen und nachwaschen
- abblätternde, kreidende Oberflächen hochdruckstrahlen oder mechanisch entfernen
- nicht tragfähigen Putz entfernen
- bei Feuchte austrocknen
- tragfähigen Putz waschen und trocknen.

Unebenheiten der Oberfläche dürfen in gewissem Umfang durch Kleber ausgeglichen werden, je nach Zulassung bis zu 1 cm/m bei PS-Dämmplatten und Lamellenplatten, bis zu 2 cm/m bei Mineralfaserplatten. Bei Befestigung mit Schienen können Unebenheiten bis 3 cm/m ausgeglichen werden. Falls die Anforderungen an die Ebenheit nicht erreicht werden, muss ein Ausgleichsmörtel aufgebracht werden.

Dübeln

Die Art, Anzahl und Anordnung (Dübelbild) der Dübel muss den Angaben des Herstellers folgen. Es werden, abhängig von der Gebäudehöhe, unterschiedliche Anforderungen an Fläche und Randbereich gestellt. Für die Bestimmung des Randbereichs ist die Schmalseite des Gebäudes a maßgeblich. Es gilt

$R = a/8$ und $1 \leq R \leq 2$

Die Randzone ist an jeder Ecke des Gebäudes anzusetzen (siehe Abb. 88).

Kosten Wärmedämm-Verbundsysteme	EUR/m²
Wärmedämm-Verbundsystem (gedübelt) auf geeignetem Untergrund, mineralischer oder Kunstharzputz ohne Anarbeiten von Leibungen, Ecken, Randabschlüssen	
• PS-Hartschaum WLS 040, 8 cm	ab 55
• Mehrdicke je 2 cm	6
• Mineralfaser WLS 040, 8 cm	ab 65
• Mehrdicke je 2 cm	8
• Gerüst inkl. 4 Wochen Standzeit	6–10
	EUR/lfm
Wärmedämm-Verbundsystem	
• Anarbeiten von Leibungen, Ecken, Randabschlüssen inkl. der erforderlichen Materialien	20
• Erneuerung Fensterbänke, Aluminiumprofil	70

Tab. 87: Kosten von Wärmedämm-Verbundsystemen

Verlegung der Dämmplatten

Bei der Verlegung der Dämmplatten sind folgende Regeln zu beachten:
- keine Kreuzfugen
- keine offenen Plattenstöße
- Kleber darf nicht in die Fugen geraten
- Fehlstellen sind mit dem Material der Dämmplatten aufzufüllen
- geeigneter Füllschaum darf nur bis Fugenbreite 0,5 cm verwendet werden
- kein Höhenversatz von Platte zu Platte
- Ecken von Öffnungen durch Ausschnitte herstellen (nicht bündig mit Fugen)
- bei teilflächiger Verklebung ist es erforderlich, die Platten anzupressen

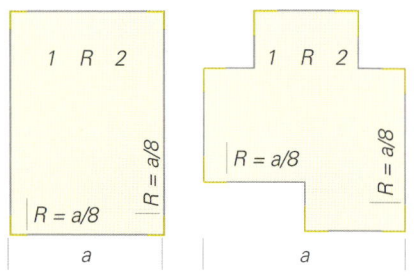

Abb. 88: Bestimmung des Randbereichs beim Verdübeln der Dämmplatten von Wärmedämm-Verbundsystemen (nach DIN 55699)

Gebräuchliche Dämmmaterialien	Baustoffklasse	Wärmeleitfähigkeit [W/m·K]	Schichtdicken [1] [cm]
PS-Dämmplatten (expandiertes Polystyrol EPS) – PS 15 SE, PS 20 SE – Sockelbereich bis 3 m unter Gelände – PS 30 SE [2]	B1 B1	0,035 und 0,040 0,035	2 bis 20 5 bis 12
Mineralfaserplatten Typ WV, WD, HD Mineralfaserlamellenplatten [3]	A2 A2	0,035 und 0,040	2 bis 14 6 bis 20

Dämmmaterial	Untergrund	Befestigung	Haftzugfestigkeit [N/mm²]
PS-Dämmplatten	Mauerwerk und Beton, unverputzt, verputzt oder beschichtet, nicht kreidend, sauber und trocken	teilflächig geklebt (≥ 40 %) [4]	≥ 0,08
Mineralfaserlamellenplatten		vollflächig geklebt (100 %)	≥ 0,03
Mineralfaserplatten		teilflächig geklebt (≥ 40 %) und gedübelt (nach Herstellerangabe)	≥ 0,08
EPS- und Mineralfaserplatten [5]	für Klebung ungeeignet	Schienensystem, zusätzlich geklebt oder gedübelt (nach Herstellerangabe)	–

[1] Es werden teilweise auch größere Schichtdicken angeboten. – [2] Nach DIN 55699 ist unter Gelände bis 30 cm über Gelände extrudiertes Polystyrol (XPS) oder entsprechendes Material zu verwenden. – [3] Fasern senkrecht zur Plattenebene – [4] Wert variiert nach Plattenformat – [5] speziell dafür geeignete Materialien

Tab. 89: Merkmale und Anforderungen gebräuchlicher Wärmedämm-Verbundsysteme (Übersicht)

- Dübel dürfen bei Mineralfaser keine »Matratze« bilden (zugelassene Schraubdübel verwenden).
- frische PS-Platten schwinden, deshalb dürfen nur (ca. 2 Monate) abgelagerte Platten verbaut werden
- Armierungsgewebe muss mindestens 10 cm überlappen
- Leibungsecken diagonal bewehren, Zuschnitte mindestens 30 × 20 cm (siehe Abb. 85).

Zu beachtende Vorschriften

Für die Ausführung von Wärmedämmputz gelten die Normen DIN 18550 und DIN EN 13914, jeweils in Verbindung mit DIN EN 998-1.
Die Ausführung von Wärmedämm-Verbundsystemen regeln die DIN 55699 »Verarbeitung von WDVS« sowie die jeweiligen Herstellervorschriften. Ist VOB vereinbart, gilt zusätzlich DIN 18345.

Zur Ausschreibung von Wärmedämm-Verbundsystemen

Die Leistungsbeschreibung muss unter anderem folgende Angaben beinhalten:
- Art, Beschaffenheit und Festigkeit des Untergrunds
- Lage, Maße und Ausbildung von Bewegungsfugen
- besondere Beanspruchungen (wie zum Beispiel Stoßfestigkeit)
- Oberflächengestaltung (Farbe, Struktur, Dekorelemente)
- Art und Lage von Installations- und Einbaubauteilen
- Sockelausbildung.

Die Art der Vorbehandlung des Untergrunds soll nach Erfordernis vom Anbieter (nach Besichtigung und Prüfung des Untergrunds) ausgewählt und angeboten werden. Das gilt auch für eine gegebenenfalls nötige Einstellung des Putzes oder einer Beschichtung gegen Algenbewuchs oder Pilzbefall.

Wärmedämm-Verbundsysteme werden nach der fertigen Fläche, getrennt nach den einzelnen, bearbeiteten Wänden aufgemessen. Ebenso wird bei Perimeterdämmungen (Außendämmungen gegen das Erdreich) mit einer Höhe von über 1 m sowie bei Vorbehandlungen und flächigen Bewehrungen verfahren. Bis zu einer Einzelgröße von 2,5 m² werden die vorgenannten Leistungen nach Stück abgerechnet.

Nach der Länge werden Leibungen, Perimeterdämmung bis zu 1 m Höhe, Fensterbänke und Umrahmungen von Öffnungen, Kanten, Bewegungsfugen und Anschlüsse an andere Bauteile erfasst.

Aussparungen, Diagonalbewehrungen und die Ausbildung von Ecken sind unter anderem nach der Anzahl, getrennt nach Bauart und Maßen zu verrechnen.

Worauf ist besonders zu achten?

Nach den Herstellervorschriften ist die Armierung von Wärmedämm-Verbundsystemen im äußeren Drittel der Armierungsschicht einzubetten. Die Mindestdicke der Armierungsschicht ist systemabhängig und wird vom Hersteller vorgegeben. Wird diese unterschritten, so ist das als Mangel anzusehen.

Die Armierung der Putzschicht ist im Bereich der Ecken von Fenster- und Türöffnungen durch so genannte »Diagonalpflaster« zu verstärken (siehe Abb. 85).

Bei gedübelten Systemen mit Mineralfaserplatten dürfen nur die jeweils bauaufsichtlich zugelassenen Schraubdübel verwendet werden, mit denen zu tief gesetzte Dübel und der damit sich einstellende »Matratzeneffekt« vermieden werden. Dieser Effekt entsteht durch die geringere Wärmedämmung in den abgesenkten und dann ausgespachtelten Dübelbereichen, die sich dann häufig durch Algenbewuchs abzeichnen.

Da bei hoch wärmegedämmten Fassaden in verschatteten Lagen ein hohes Risiko der Algenbildung besteht, müssen gefährdete Oberputze und Anstriche fungizid und algizid eingestellt sein.

Bewegungsfugen des Bauwerks müssen konstruktiv im WDVS übernommen werden. Die Bewegungsmöglichkeiten dürfen nicht eingeschränkt werden.

Für WDVS gelten hinsichtlich der optischen Qualitäten die gleichen Anforderungen wie bei anderen Putzsystemen. Auch hier dürfen (nach Abbau des Gerüsts) die Gerüstlagen nicht durch Arbeitsansätze abzulesen sein. Das gilt auch für Abweichungen der Oberflächenstruktur bei Teilbereichen innerhalb ein und derselben Fassadenfläche.

Nur bei Streiflicht sichtbar werdende Unebenheiten sind im Rahmen der Toleranzen (siehe Seite 136) zulässig. Werden höhere Anforderungen gestellt, so muss das bei der Ausschreibung oder Beauftragung erklärt werden. Dies ist dann besonders zu vergüten.

Aufgemessen und vergütet wird die fertige Oberfläche, wobei jeweils das größte Bauteilmaß zugrunde gelegt wird. Fugen werden übermessen.

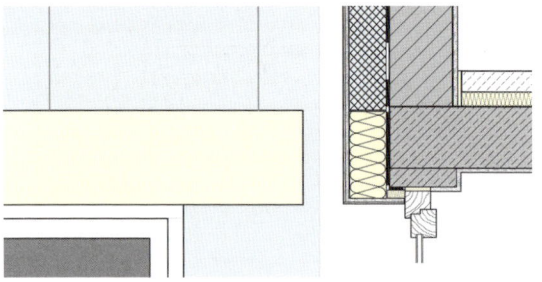

Abb. 90: Wärmedämm-Verbundsystem – Ausbildung im Bereich des Fenstersturzes

FASSADENBEKLEIDUNGEN

Vorgehängte hinterlüftete Fassaden

Hinterlüftete Außenwandbekleidungen auf Unterkonstruktion sind der klassische Witterungsschutz überall dort, wo besonders hohe Anforderungen gestellt werden. Sie werden auch als Gestaltungsmittel gewählt. Heute werden diese Bekleidungen offiziell »vorgehängte hinterlüftete Fassaden (VHF)« genannt, wobei auch andere Begriffe verwendet werden, so zum Beispiel »Außenwandverkleidung«. Der prinzipielle Aufbau dieser Konstruktion besteht aus folgenden Komponenten (siehe Abb. 91):
- Unterkonstruktion aus Holz oder Metall (überwiegend Aluminium)
- Wärmedämmschicht, zumeist verdübelt, seltener geklebt (vorwiegend aus Mineralfaser)
- Wetterschale aus Bekleidungselementen als Tafeln, Platten, Schindeln, Paneele oder Profilbänder

Abb. 93: Brettschalung als Bekleidung einer vorgehängten, hinterlüfteten Fassade

- Befestigungssystem (für die jeweiligen Komponenten zugelassen).

Die Ausführungsmöglichkeiten sind äußerst vielfältig. Das gilt sowohl für handwerklich gefertigte Bekleidungen als auch für industrielle Komplettsysteme. Für die Komponenten der Konstruktionen gelten die Brandschutzanforderungen nach Tabelle 94.

Man unterscheidet Bekleidungselemente nach dem Format:
- kleinformatig – bis zu 0,4 m² Fläche und bis zu 5 kg Eigenlast
- brettformatig – bis 0,3 m Breite und bis 5 kg Eigenlast mit Unterstützungsabständen bis 0,8 m
- großformatig – erfüllen keine der vorstehenden Bedingungen.

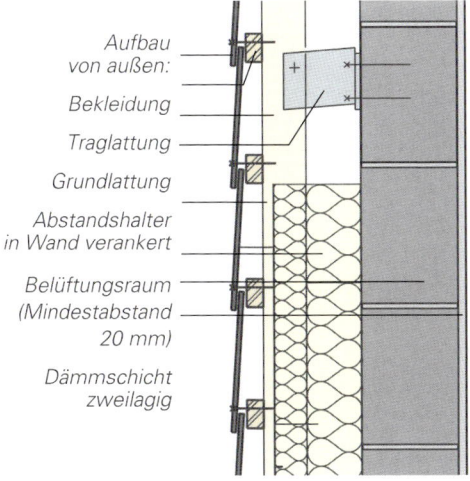

Aufbau von außen:
Bekleidung
Traglattung
Grundlattung
Abstandshalter in Wand verankert
Belüftungsraum (Mindestabstand 20 mm)
Dämmschicht zweilagig

◀ Abb. 91: Vorgehängte, hinterlüftete Fassade – Konstruktionsbeispiel mit 2-lagiger Wärmedämmung

▶ Abb. 92: Aluminium-Unterkonstruktion für sichtbare Montage großformatiger Faserzementplatten

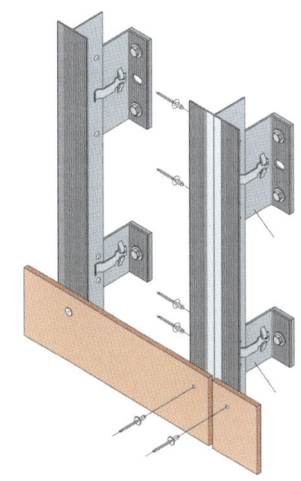

Unterkonstruktion

Hölzerne Unterkonstruktionen bestehen in der Regel aus Grund- und Traglattung (siehe Abb. 91 und 92), wobei die Traglattung der Befestigung der Bekleidungselemente dient. Bei bestimmten Konstruktionen kann die Grundlattung entfallen; entsprechend werden auch Metallunterkonstruktionen angeboten, bei denen die Tragprofile direkt im Untergrund verankert werden.

Es gibt auch Plattentragprofile, die zusammen mit einem Verkleidungselement montiert werden. Wegen der hohen Anforderungen an die Wärmedämmung überwiegen heute Konstruktionen, die eine weitgehend durchgängige Dämmschicht ermöglichen. Die direkte Verbindung zwischen Untergrund und Bekleidung wird dabei durch Metallabstandshalter (verbreitet Aluminium) hergestellt, deren wärmeübertragender Querschnitt minimiert ist. Das gilt auch für Holzunterkonstruktionen.

Bei Metallunterkonstruktionen muss eine zwängungsfreie Verformung (Wärmeausdehnung!) gewährleistet sein. Hierzu werden Fest- und Gleitpunkte (zum Beispiel durch Dübel im Langloch) vorgesehen.

Für die Unterkonstruktion ist in der Regel ein Standsicherheitsnachweis erforderlich. Für die zur Befestigung der Bekleidungen verwendeten Nieten oder Schrauben müssen allgemeine bauaufsichtliche Prüfzeugnisse, für die Verankerungselemente (Dübel) allgemeine bauaufsichtliche Zulassungen vorliegen.

Befestigung

Die Art der Befestigung der Bekleidung richtet sich nach der Unterkonstruktion sowie nach Material und Format der Elemente. Sichtbare, also der Witterung ausgesetzte Verbindungsmittel müssen aus nicht rostendem Stahl bestehen.

- Holzbekleidungen, vorwiegend als Profilbrettschalungen: sichtbar mit Schrauben oder Schraubnägeln
- kleinformatige Platten aus Schiefer und Faserzement: sichtbar mit Schrauben oder Schraubnägeln (bei traditionellen Deckungen) oder mit Haken oder Klammern
- großformatige Platten oder Tafeln (zum Beispiel aus Faserzement): sichtbar mit Schrauben oder Nieten, für zwängungsfreie Verformung vorgebohrt, nicht sichtbar mit so genannten Hinterschnittdübeln
- großformatige Welltafeln auf Holzkonstruktion: Holzschrauben mit Pilzdichtung (auch: Hutdichtung)
- großformatige metallische Bekleidungen: sichtbar mit Nieten oder sichtbar/unsichtbar eingehängt (unten gegen Wind gesichert); hierbei müssen Vorkehrungen gegen Reibungsgeräusche getroffen werden (etwa durch Kunststoffbeschichtung der Einhängebolzen)
- Werksteinplatten: eingemörtelte Traganker, direkt im Untergrund stehend verankert, Gleithülsen gewährleisten eine zwängungsfreie Verformung; alternativ sichtbare oder unsichtbare Befestigung mit Profilstegen oder Dübeln
- keramische Platten: ähnliche Befestigungssysteme wie bei Werksteinplatten; Platten sind mit entsprechenden Haltevorrichtungen versehen
- Tonstrangplatten: spezielle Befestigungssysteme, bestehend aus Unterkonstruktion und Plattenhaltern.

Hinterlüftung

Die Wetterschale sitzt mit Abstand vor der Wärmedämmung, sodass eine Luftschicht gebildet wird, die

---

Tab. 94: Brandschutzanforderungen an die Komponenten vorgehängter hinterlüfteter Fassaden

Erläuterung:
A nicht brennbar
B1 schwer entflammbar
B2 normal entflammbar

Bauteil	geforderte Baustoffklasse (nach DIN 4102)		
	bis zweigeschossig	bis 22 m Höhe	über 22 m Höhe
Bekleidung	B2	B1	A
Unterkonstruktion	B2	B1[1]	A
Verankerung	A[2]	A[2]	A[2]
Wärmedämmung	B2	B2	A[3]

[1] B2 ist zulässig, wenn der Abstand zwischen Bekleidung und Dämmung mindestens 4 cm beträgt, nach einzelnen Bauordnungen darf Holz bis zu 30 m Gebäudehöhe verwendet werden
[2] ausgenommen bauaufsichtlich zugelassene Dübelsysteme
[3] gilt nicht für Halteelemente von Dämmschichten

durch Öffnungen am unteren und oberen Rand oder durch offene Fugen zwischen den Elementen mit der Außenluft verbunden ist. Diese Hinterlüftung sorgt dafür, dass Kondensat und Tauwasser abgeführt werden. Gefordert sind:
- Luftzwischenraum mindestens 20 mm (stellenweise 5 mm)
- bei vertikalen Trapez- und Wellprofiltafeln freier Lüftungsquerschnitt mindestens 200 cm^2/m
- Be-/Entlüftungsöffnungen mit je 50 cm^2/m mindestens am unteren und oberen Abschluss.

Es können systemabhängig größere Abstände und Querschnitte erforderlich sein.

Zur Massenermittlung

Für die Ausschreibung können die Fassadenflächen wie auf Seite 68 behandelt ermittelt werden. Für die Abrechnung werden die Außenmaße der fertigen Bekleidung angesetzt. Diese Maße gelten auch für die Abrechnung von Unterkonstruktionen, Vorbehandlungen und Dämmstoffschichten. Fugen werden hierbei übermessen, desgleichen Unterbrechungen der Fassade durch andere Bauteile bis zu einer Breite von 0,30 m. Bei nichtrechteckigen Fassadenteilen wird das kleinste, die Fläche umschreibende Rechteck zugrunde gelegt. Öffnungen werden nur dann abgezogen, wenn ihre Einzelgröße 2,5 m^2 überschreitet.

Leibungen, Blenden, streifenförmige Bekleidungen sowie Sockel- und Sturzausbildungen werden nach ihrer Länge berechnet, ebenso Anschlüsse und Eckausbildungen.

Zur Ausschreibung

Vorgehängte Fassaden sind speziell für kleine Wohngebäude in der Regel genehmigungsfrei. Das entbindet aber nicht von der Verpflichtung des Auftraggebers, für die Einhaltung der die Sicherheit und Standsicherheit betreffenden Vorschriften zu sorgen. Diese unterscheiden sich von Bundesland zu Bundesland. Deshalb ist Folgendes besonders zu beachten: Wenn für die Erneuerung einer vorgehängten Fassade kein planender Fachmann beteiligt ist, muss das ausführende Unternehmen den Auftraggeber (als Laien) auf die etwa erforderlichen Nachweise oder Prüfpflichten hinweisen. Vorsorglich sollte in der Ausschreibung (oder im Auftrag) vermerkt werden, dass alle erforderlichen Nachweise, Zulassungen und Prüfungen vom Auftragnehmer zu beschaffen, bereitzustellen beziehungsweise zu veranlassen sind. Die Kosten dafür sind als gesonderte Position anzubieten, soweit sie nicht Nebenleistungen nach VOB sind.

Zu beachtende Vorschriften

Für Herstellung und Ausführung der vorgehängten hinterlüfteten Fassaden gelten die allgemeinen Regelungen der DIN 18516 »Außenwandbekleidungen, hinterlüftet«, Teil 1. Die Teile 3 bis 5 gelten zusätzlich für Naturstein-, Glas- und Betonwerksteinfassaden. Für Trapezblechbekleidungen gilt DIN 18807 »Trapezprofile im Hochbau«.
Ist VOB vereinbart, gilt zusätzlich DIN 18351 »Vorgehängte hinterlüftete Fassaden«.
Werden Dachdeckungsmaterialen verwendet, gilt stattdessen DIN 18338, für Holzbekleidung DIN 18334 »Zimmer- und Holzbauarbeiten« sowie für am Bau zu fälzende Bleche DIN 18339 »Klempnerarbeiten«.

Kosten vorgehängter Fassaden	EUR/m^2
Vorhangfassade hinterlüftet, komplett montiert auf massiven, als Untergrund geeigneten Außenwänden, Mineralfaser 10 cm, ohne Vorarbeiten und Gerüst	
auf Holz-Unterkonstruktion	
• Profilholzschalung	80 – 95
• Holzschindeln	105 – 135
• Schiefer	120 – 140
• Faserzementplatten, kleinformatig	100 – 120
• Faserzementplatten, großformatig	85 – 105
auf Aluminium-Unterkonstruktion	
• keramische Platten	140 – 240
• Naturwerksteinplatten	150 – 300
• Aluminium-/Kupferplatten	130 – 180
Mehrdicke Wärmedämmung je 2 cm	5 – 10
Unterkonstruktion, Holz, 2-lagig	ab 25
Holzschalung	ab 40
Zulage für Fensterleibungen, Sockel, Außen-/Innenecken, Anschlüsse Traufe, Ortgang usw. (lfm)	18 EUR/lfm

Tab. 95: Kosten von Leistungen für vorgehängte hinterlüftete Fassaden

Abb. 96: Die Paneele dieser Fassadenbekleidung bestehen aus Faserzement in Holzstruktur. Mit solchen Produkten wird der Eindruck von »Holz« vermittelt, dabei aber der Pflege- und Unterhaltungsaufwand von Holz vermieden.

Worauf ist besonders zu achten?

Bei hinterlüfteten Bekleidungen ist der Luftzwischenraum zur Dämmschicht zu kontrollieren (siehe Hinterlüftung, Seite 76), ebenso die erforderlichen Querschnitte der Zu- und Abluftöffnungen. Sind Be- und Entlüftungsöffnungen im Sockelbereich größer als 20 mm, so müssen sie durch Lüftunsgitter abgedeckt sein (Kleintiere).

Auf die Hinterlüftung kann verzichtet werden, wenn das Eindringen von Wasserdampf in die Dämmschicht verhindert wird, unter anderem durch den Einbau von Dampfsperren.

Häufig sind Beschädigungen an Platten, verursacht durch zu enge Bohrlöcher und zu hohen Anpressdruck der Verschraubungen. Der Randabstand der Befestigung der Bekleidungselemente darf 10 mm nicht unterschreiten.

Bei keramischen Bekleidungen ist zwischen den Elementen eine Fugenbreite von mindestens 8 mm einzuhalten. Freiliegende Ränder dürfen nicht scharfkantig sein.

Bei Fassadenelementen aus Schichtpressstoffen oder aus faserbewehrten Stoffen wie Faserzementplatten muss eine Fugenbreite von 10 mm eingehalten werden. Der Abstand der Befestigungen zum Plattenrand darf hier 20 mm nicht unterschreiten, aber höchstens das 10-fache der Plattendicke betragen.

Die verwendeten Dämmstoffe müssen für Fassadendämmung zugelassen sein. Bevorzugt werden Mineralfaserplatten verwendet. Diese sind mit fünf Dämmstoffhaltern je Quadratmeter (im Mittel) zu befestigen. Wird geklebt, so ist eine Abreißfestigkeit von mindestens 0,01 N/mm^2 gefordert.

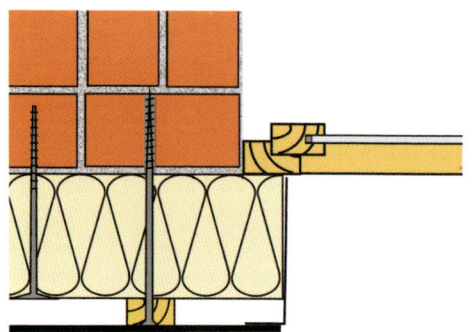

Abb. 97: Detail – Anschluss der vorgehängten Fassade an den Blendrahmen des Fensters (30 mm Überdeckung).

FENSTER

Die Erneuerung der Fenster gehört zu den häufigsten Modernisierungsmaßnahmen. Die Entwicklung hoch wärmedämmender Verglasungen hat in dieser Zeit jedoch so große Fortschritte gemacht, dass der Großteil der eingebauten Fenster (auch der zwischenzeitlich erneuerten) wärmetechnisch veraltet ist. Während noch vor etwa 10 Jahren ein U-Wert neuer Fenster von 2,6 bis 3 (W/m²·K) akzeptabel war, sind heute Fenster mit U-Werten um 1,3 (W/m²·K) Standard. Verbesserung der Wärmedämmung ist deshalb auch das Hauptmotiv zur Erneuerung von Fenstern. Neue Fenster sind kostspielig, und entgegen den üblichen Versprechungen ist es nicht selbstverständlich, dass sich die Maßnahme durch Energieeinsparungen sozusagen selbst bezahlt. Im Gegenteil, die Amortisationsdauer liegt bei 20 Jahren und darüber.

Dazu ein paar Zahlen: Die Verbesserung des U-Werts der Fenster von 3 auf 1,5 (W/m²·K) kostet beim Austausch der Fenster mindestens 300 EUR pro Quadratmeter. Deshalb sollten Fenster, die technisch intakt und fugendicht sind, nicht allein deshalb erneuert werden, weil sie nicht die heute üblichen Dämmwerte aufweisen.

Für die Beurteilung der vorhandenen Fenster sind folgende Gesichtspunkte von Bedeutung:
- die Wärmedämmung, gemessen mit dem U-Wert (siehe Tabelle)
- die Fugendichtigkeit
- der Pflege- und Unterhaltungsaufwand (Reinigung, Anstriche usw.)
- der Gebrauchswert des Fensters (Fensterteilung, Öffnungsmöglichkeiten, Bedienung)
- der ästhetische Wert für den Innenraum und die Fassade.

Eine grobe Beurteilung der vorhandenen Fenster können Sie anhand der Tabelle 98 vornehmen. Generell sollte gelten: Erhalt vor Erneuerung.

Abb. 99: Fenster bestimmen das Bild der Fassade. Werden sie gegen andere ersetzt, so kann dies das Erscheinungsbild des Hauses völlig verändern. Neue Fenster sollten deshalb formal, vor allem in der Teilung, den alten entsprechen. Mancher Flügel kann dabei zur Festverglasung werden, das senkt die Kosten.

Tab. 98: Bauarten und Wärmedämmung vorhandener Fenster

Fensterbauart	Merkmale	U-Wert [W/m²K]*
Kastenfenster	2-Scheiben-Einfachglas Abstand 70–100 mm	2,5–2,1
Verbundfenster	2-Scheiben-Einfachglas Abstand ca. 20–30 mm	2,5–2,2
Einfachfenster	Einfachverglasung	5,2–5,0
	2-Scheiben-Isolierglas Abstand 11–16 mm	3,0–2,6
	3-Scheiben-Isolierglas Abstand 7–16 mm	2,2–2,0
	2-Scheiben-Wärmeschutzverglasung ab	1,6–1,5

* Die Werte gelten für Fenster und Fenstertüren mit Holz- und Kunststoffrahmen.

Abb. 100: Kastenfenster, die schon mehr als 60 Jahre »ihren Dienst tun«. Voraussetzung für die lange Lebensdauer ist die regelmäßige Erneuerung des Anstrichs.

Abb. 101: Hier wurde der regelmäßige Anstrich versäumt. Doch ist der Schaden reparabel. Nach fachgerechter Instandsetzung und einem Neuanstrich werden diese Fenster wieder so aussehen, wie die daneben abgebildeten.

Wie lange dauert es bis sich neue Fenster bezahlt gemacht haben?

Die Verbesserung des U-Wertes der Fenster von 3 auf 1,5 (W/m²·K) kostet beim Austausch der Fenster mindestens 450 EUR pro m². Für die Verbesserung des U-Werts um 1 (W/m²·K) sind das 300 EUR pro m². Bei der Außenwand kostet die gleiche Verbesserung nur ca. 60 EUR pro qm. Mit dem Betrag, der für den Austausch der Fenster aufzubringen ist, können Sie an der Außenwand oder beim Dach die 3- bis 5fache Menge Heizenergie sparen. Werden Verbundfenster gegen neue Fenster mit einem k-Wert von 1,6 (W/m²·K) ausgetauscht, so vermindert das den Heizenergieverbrauch um 70 bis 100 kWh je m² Fensterfläche. Das entspricht etwa 7 bis 10 l Heizöl im Jahr. Rein wirtschaftlich betrachtet bedeutet das eine Amortisationsdauer von mindestens 30 Jahren.
Anders sieht es aus, wenn Fenster mit Einfachverglasung erneuert werden. Hier wird eine Verbesserung von 3,5 (W/m²·K) und eine jährliche Ersparnis von 25 bis 35 l Heizöl erzielt. Diese Investition amortisiert sich in etwa 12 Jahren.

Die Erneuerung alter Fenster ist nur dann die kostengünstigere Lösung, wenn der Gebrauchswert der Fenster außer Acht bleibt: Großflächige, einflüglige Fenster treten an die Stelle von Mehrflügelfenstern mit Oberlicht und Sprossenteilung. Werden die alten Teilungen und Funktionen wieder hergestellt, so verdoppeln sich die Kosten der neuen Fenster leicht. Bei der Entscheidung »Reparieren oder Erneuern« sollten deshalb die Kosten gleichwertiger Fenster angesetzt werden. Reparieren ist dann oft die preiswertere Lösung.
Bedenken Sie auch, dass für neue Fenster erheblich dickere Rahmenhölzer verwendet werden als früher. Bei kleineren und kleinteiligen Fenstern kann das den Lichteinfall spürbar verringern. Konstruktionsbedingt fällt der Verlust an Glasfläche bei Kunststoffprofilen oft noch größer aus.

Überprüfung der Fenster

Ob die Flügel fest sitzen, können Sie überprüfen, indem Sie am geschlossenen Fenster rütteln. Oft können die Befestigungen und Beschläge nachgezogen werden. Achten Sie auf zerstörte Wetterschenkel, auf angefaulte oder von Pilz befallene Rahmen- oder Flügelhölzer (vor allem im Bereich der Fensterbänke und der dem Wetter ausgesetzten Stellen), auf verzogene und in den Eckverbindungen gelöste Flügel sowie auf fehlende oder schadhafte Verkittung.

Fenster instandsetzen

Ist das Rahmenmaterial noch in Ordnung, lohnt es sich fast immer, Fenster wieder herzurichten. Bei Fenstern, die 70 Jahre oder älter sind, wurden überwiegend Hölzer (oft Eiche) verarbeitet, die heute in dieser Qualität kaum zu bekommen sind. Werden solche Fenster instandgesetzt, so stehen sie neuen auch hinsichtlich der zu erwartenden Lebensdauer kaum nach. Auch intakte Verbundfenster der Nachkriegszeit sind bei etwas schlechterer Wärmedämmung durchaus weiterhin brauchbar.

Beschläge reparieren

Einfache und aufliegende Beschläge sind nach wie vor brauchbar und leicht zu reparieren oder auszutauschen. Unbrauchbare Beschläge sollte man durch gleichartige ersetzen. Es kann etwas Mühe machen, diese aufzutreiben. Lockere Bänder, oft Ursache hängender und klemmender Flügel, werden neu befestigt oder erneuert.

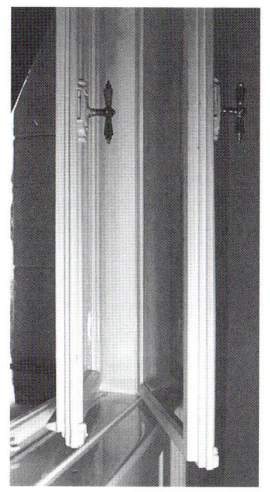 

Abb. 102: Kasten- oder Doppelfenster (links) und Verbundfenster (rechts) zeichnen sich durch schlanke Rahmenprofile aus. Werden sie gegen neue Fenster ausgetauscht, so kann der Lichteinfall durch die erheblich massiveren Rahmenprofile merklich geringer werden. Dass sich dies auch auf die Ansicht der Fassade auswirkt, versteht sich von selbst. Es spricht also einiges dafür, solche Fenster zu erhalten. Vermutlich werden Sie dadurch auch noch kräftig sparen.

Rahmen überarbeiten

Zerstörte Holzteile müssen ausgebaut und erneuert werden. Das betrifft häufig die dem Schlagregen ausgesetzten, waagrechten Hölzer. Ist die Verleimung gelöst, so kann es erforderlich sein, die betreffenden Flügel zu zerlegen und neu zusammenzubauen. Zur Instandsetzung der Holzrahmen gehört auch das Wiedereinleimen gelöster Äste oder das Auffüllen von Astlöchern.

Fälze überarbeiten

Zu enge klemmende Fälze sind Folge verzogener oder schlecht befestigter Flügel. Zu wenig dichte Fälze sind durch das Einleimen dünner Leisten zu reparieren. Es ist falsch, solche Mängel durch Dichtungsprofile zu beheben, da dies zwangsläufig zu sehr unterschiedlichen Anpressdrücken führt, die ihrerseits den Flügel verformen und die Beschläge überlasten können.

Energieeinsparverordnung

Anforderungen der Verordnung sind zu beachten, wenn 20 Prozent der Fensterfläche gleicher Orientierung (das heißt gleicher Himmelsrichtung) erneuert oder neu verglast werden. Dasselbe gilt, wenn zusätzliche Fenster vor die vorhandenen eingebaut werden (Vorsatzfenster).

Bauteile / Worauf besonders zu achten ist	bei Gebäuden mit Baujahr um
Fenster, Außentüren	bis 1920 – 1990
Holzrahmen undicht, verzogen	bis 1920 – ca. 1970
Holzschäden (Blendrahmen zur Wand)	bis 1920 – ca. 1960
fehlende bzw. verbrauchte Wetterschenkel	bis 1920 – ca. 1950
lose, defekte, fehlende Beschläge	bis 1920 – ca. 1960
unzureichende Verglasung (Einfachglas)	bis 1920 – ca. 1970
Isolierverglasung angelaufen	ca. 1970 – 1990
versprödete Fugendichtungen	ca. 1970 – 1990
ungedämmte Metallrahmen	ca. 1960 – 1980
Kunststoffrahmen undicht, verzogen	ca. 1980 – 1990
schadhafte Klappläden	bis 1920 – ca. 1950
schadhafte Rollläden und -kästen	bis 1920 – ca. 1970
Außentüren undicht, Beschläge defekt	bis 1920 – ca. 1970

Tab. 103: Häufige Gebäudemängel im Bestand nach Bauteilen und Baujahren

Wetterschenkel erneuern

Wetterschenkel – an modernen Fenstern meistens durch Regenschienen aus Aluminium ersetzt – verhindern das Eindringen von Schlagregen in die unteren Fälze des Fensters. Fehlen sie oder sind sie stark verwittert, dann müssen sie repariert beziehungsweise erneuert werden (siehe Abb. 89).

Dichtprofile erneuern

Fehlen bei neueren Fenstern die umlaufenden Dichtprofile (erkennbar an der eingefrästen Nut) oder sind diese durch Alterung versprödet, so müssen neue Dichtprofile eingebaut werden. Mit etwas Fingerfertigkeit können Sie das auch selbst machen.

Fenster verbessern

Falls mehr als 20 Prozent der Fensterfläche gleicher Orientierung wärmetechnisch verbessert oder erneuert werden, fordert die Energieeinsparverordnung, dass die neuen beziehungsweise verbesserten Fenster einen U-Wert von max. 1,7 W/m²K aufweisen müssen; wird eine neue Verglasung eingebaut, darf deren U-Wert 1,5 W/m²K nicht überschreiten, es sei denn, der Rahmen ist für eine solche Verglasung ungeeignet. Es bleibt also Ihnen überlassen, ob Sie erneuern, reparieren oder alles beim Alten lassen.

Drei Fälle sind zu unterscheiden:
- Fenster mit Einfachverglasung sollten erneuert werden (Verbesserung um ca. 3,5 (W/m²K)), soweit sie nicht erhaltenswert sind oder mit geringerem Aufwand verbessert werden können.
- Verbund- und Doppel- oder Kastenfenster sind wärmetechnisch zwar um 0,5 bis 1 (W/m²·K) schlechter als neue Fenster mit Wärmeschutzverglasung. Der Austausch ist jedoch unwirtschaftlich (siehe Kasten Seite 80), mit dem Geld ist an anderer Stelle deutlich mehr Energie zu sparen.
- Ältere Fenster mit Isolierverglasungen aus der Zeit bis etwa 1985 können, soweit die Rahmen intakt sind, durch neue Verglasungen verbessert werden und zwar um 1 bis 1,5 (W/m²·K). Das ist viel billiger, als die Erneuerung der Fenster. Ebenso sieht es bei Kastenfenstern aus, die oft wegen der umständlicheren Handhabung erneuert werden. Soweit die Fenster in Ordnung sind, ist ein Austausch aus Gründen der Energieeinsparung allenfalls langfristig eine lohnende Maßnahme. Mit der Amortisation sieht es eher schlecht aus: Bei den derzeitigen Energiepreisen liegen die Amortisationszeiten (mit Ausnahme der Verbesserung von Einfachverglasungen) beim Ersatz alter Verbund- oder Kastenfenster durch Einfachfenster mit Wärmeschutzverglasungen bei etwa 30 Jahren, eher noch darüber.

Einfach verglaste Fenster aufdoppeln

Sind die vorhandenen Rahmen und Bänder in Ordnung oder mit geringem Aufwand instandzusetzen, kann eine zusätzliche Glasscheibe nach dem Prinzip eines Verbundfensters (innen) vorgesetzt werden. Hierzu muss ein möglichst leichter Rahmen verwendet werden, der zur Reinigung geöffnet werden kann. Auch

Bauart der Fenster	Mangel, Schaden	erforderliche Maßnahmen	Kosten EUR/m²
Einfachfenster	Einfachverglasung	Vorsatzverglasung	ab 300
• hochwertig oder Denkmalschutz		Einbau von Isolierglas	ab 180
	Holzrahmen mit einzelnen Mängeln	Rahmen überarbeiten	85
		Fälze überarbeiten	70
	undichte Fälze	Dichtprofile einbauen	70
	Holzrahmen nicht mehr brauchbar	Erneuerung des Fensters (Nachbau)	ab 400
• einfache Ausführung	Einfachverglasung	Erneuerung	ab 300
Verbund- und Kastenfenster	Holzrahmen mit einzelnen Mängeln	Rahmen überarbeiten	140
• hochwertig oder Denkmalschutz		Fälze überarbeiten	100
	undichte Fälze	Dichtprofile einbauen	70
	Holzrahmen nicht mehr brauchbar	Erneuerung des Fensters (Nachbau)	ab 400
• einfache Ausführung	undichte Fälze	Dichtprofile einbauen	70
	umfangreiche Mängel	Erneuerung	ab 300
Einfachfenster mit Isolierglas	Holzrahmen mit einzelnen Mängeln	Rahmen überarbeiten	85
		Fälze überarbeiten	70
	Dichtung versprödet	Dichtprofile erneuern	50
	Verglasung defekt oder unzureichende Dämmung	Verglasung erneuern	150
	Holzrahmen nicht mehr brauchbar	Erneuerung	ab 300

Tab. 104: Schäden an Fenstern und erforderliche Maßnahmen

Schraubverbindungen sind möglich, wenn sie leicht zu lösen sind. Auf Teilungen kann hier verzichtet werden. Damit erhält man die alten aufwändigen Fenster und bekommt dennoch eine zeitgemäße Wärmedämmung zu günstigem Preis (siehe Abb. 106).

Vorfenster
Die früher üblichen Vorfenster wurden im Sommerhalbjahr im Dachboden aufbewahrt und im Herbst wieder montiert. Nach diesem Prinzip können Zweitfenster außen oder innen vor die vorhandenen Einfachfenster gesetzt werden, sodass eine Art Kastenfenster entsteht. Innen vorgesetzte Fenster sind einfacher und damit kostengünstiger. Da sie mit den Hauptfenstern nach innen aufschlagen, können nur sehr schlanke Profile verwendet werden. Äußere Vorfenster können nach außen aufschlagen, erfordern dafür aber höheren technischen und formalen Aufwand hinsichtlich ihrer Wirkung in der Fassade.

Isolierverglasung einbauen
Bei technisch guten und nicht zu schmal dimensionierten Rahmen ist es unter Umständen möglich, die Einscheibenverglasung gegen eine Isolierverglasung auszutauschen. Die erheblich größere Glasdicke lässt das nicht immer zu. Bei größeren Flügeln ist zu prüfen, ob die Bänder das mindestens doppelte Glasgewicht verkraften. Wegen dieser Probleme wird man dieses Verfahren nur selten einsetzen können.

Fenster abdichten
Neue Fenster werden mit umlaufenden Dichtprofilen ausgestattet, um unkontrollierte Lüftungswärmeverluste zu vermeiden. Alte Fenster sind dagegen nie völlig dicht: So besteht eine kontinuierliche Lüftung, die »Fugenlüftung«. Sie erspart die Stoßlüftung, die bei neuen Fenstern erforderlich ist, um frische Luft in den Raum zu bekommen. Ist die Fugenlüftung zu groß, dann »zieht« es. Das kann an lockeren oder schadhaften Beschlägen, an schlechtsitzenden oder verzogenen Flügeln oder an abgenutzten oder beschädigten Falzen liegen. Sind diese Ursachen nicht durch Ausbesserungen zu beheben, so müssen – will man nicht »zum Fenster hinaus« heizen – die Fenster erneuert werden.

Abb. 106: Dieses Jugendstilfenster wurde mit einer innen vorgesetzten, kaum sichtbar gefassten Scheibe wärmetechnisch verbessert.

Voraussetzung für den Einbau von Dichtprofilen (Quetschdichtungen) ist ein sonst guter Zustand des Fensters (nach Instandsetzung). Allerdings dürfen die Beschläge dabei nicht »überfordert« werden. Sitzen die Flügel passgenau und sind die Falzabstände

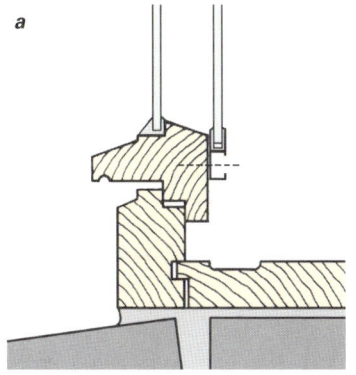

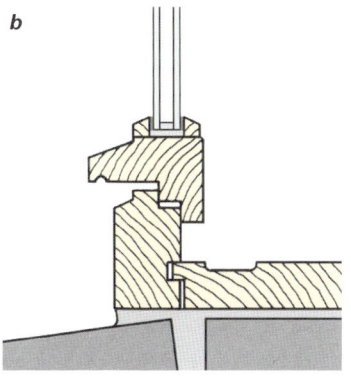

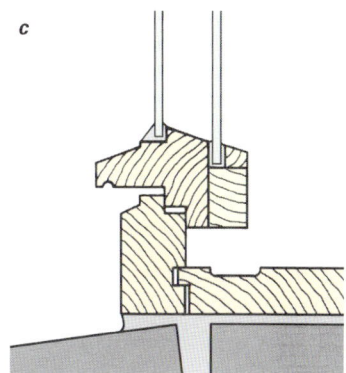

Abb. 105: Drei Verfahren, einfach verglaste Fenster zu verbessern: Mit Stahl- oder Alu-Profil vorgesetzte Glasscheibe (a), Rahmen ausgefräst und Isolierverglasung eingebaut (b) und mit ausgedoppeltem Holzrahmen vorgesetzte Verglasung (c)

FENSTER | 83

Abb. 107: Hier wurden alte Verbundfenster durch Einfachfenster mit Isolierverglasung ersetzt. Die alte Teilung wurde beibehalten, ebenfalls die Ausformung des Oberlichts. Die glasteilenden Sprossen wurden durch in die Verglasung eingelegte Sprossen ersetzt. Es ist erkennbar, dass die Glasfelder kleiner geworden sind.

Fenster erneuern

Neue Fenster sollen in der Teilung und den Proportionen den alten Fenstern entsprechen. Wollen Sie vorhandene, großflächig verglaste Fenster aus praktischen Erwägungen im Einzelfall anders teilen, so lassen Sie sich die Fassade Ihres Hauses mit den geplanten neuen Fensterteilungen aufzeichnen, um so die Wirkung überprüfen zu können. Hierzu kann auch eine Fotografie verwendet werden. Werden mehr als 20 Prozent der Fensterfläche mit gleicher Orientierung (Himmelsrichtung) erneuert, so gelten die Anforderungen der Energieeinsparverordnung (siehe Seite 22). Doch auch dann, wenn es nur um einzelne Fenster geht und nichts dagegen spricht, sollten die dort gestellten Anforderungen erfüllt werden.

gering, so ist vom Einbau von Dichtungen abzuraten. In der Werkstatt oder an Ort und Stelle werden umlaufende Nute eingefräst, in die Kunststoffdichtprofile eingedrückt werden.

Vorhandene Blendrahmen weiter verwenden

Sind die vorhandenen Holzblendrahmen in gutem Zustand, so können neue Fenster in die alten Blendrahmen eingesetzt werden. Hierbei entfallen die Arbeiten, die eine Wohnung zur Baustelle machen, nämlich die Abbruch- und Beiputzarbeiten beim Austausch des Rahmens. Auch vermeidet man damit die Beschädigung oder Zerstörung von Fensterbänken und Holzbekleidungen in den Leibungen. Dieses Verfahren empfiehlt sich vor allem in bewohnten Räumen.

Fenster komplett erneuern

Beim Austausch der Blendrahmen müssen auch die inneren Fensterbänke und Bekleidungen der Leibung ausgebaut werden. Bei Holzfensterbänken geht das meistens nicht ohne Schäden ab. Kalkulieren Sie deshalb vorsorglich neue Fensterbänke ein. Neue Fensterprofile sind breiter als die alten. Um die Glasflächen möglichst groß zu halten, ist es sinnvoll, das Rohbaumaß der Fensteröffnungen voll zu nutzen. Hierzu sollte für das Aufmaß der neuen Fenster die Dicke des Leibungsputzes festgestellt werden.

Wählen Sie Holzfenster, so lassen Sie die Profile so schlank wie möglich bemessen. Das gilt vor allem beim Ersatz von Verbundfenstern. Es gibt hier Spielraum, doch nicht jede Firma ist bereit darauf einzugehen.

Sprossenteilung

Sprossen wurden früher immer glasteilend verwendet. Das erhöht bei Isolierverglasungen den Aufwand beträchtlich. Deshalb werden Sprossen heute häufig innen oder außen aufgesetzt oder in das Isolierglas eingebaut. Für das Bild der Fassade sind außen aufgesetzte Sprossen zu bevorzugen. Glasteilende Sprossen können sehr schmal ausgeführt werden, wenn sie durch Metallprofile verstärkt werden.

Ermittlung der Massen

Fenster werden nach ihrer Anzahl je gleicher Größen ausgeschrieben. Es wird das Rohbaumaß angegeben. Das ist bei eingebauten Fenstern nicht genau zu ermitteln, deshalb genügt es auch, das sichtbare Maß zu verwenden. Für die Ausführung der Arbeiten müssen die Fenster vom Auftragnehmer ausgemessen werden. Eine Fertigung nach Ihren Maßangaben ist ausgeschlossen.

Zur Kalkulation muss die Teilung der neuen Fenster bekannt sein. Es genügt zwar, diese zu beschreiben, besser ist es aber, eine Skizze anzufertigen. Diese sollte die Öffnungsart der einzelnen Flügel darstellen (siehe Abb. 108) Sollen die vorhandenen Fenster nach der alten Teilung nachgebaut werden, können Fotos der Fenster beigefügt werden.

Worauf ist besonders zu achten?

Für die Ausführung der Fensterbauarbeiten und die Montage der Fenster gelten, wenn VOB vereinbart ist, die Norm DIN 18355 »Tischlerarbeiten« und die Norm DIN 18361 »Verglasungsarbeiten«.

Neue Fenster sind mit der Außenwand fachgerecht zu verankern. Bloßes Ausschäumen der Fugen ist nicht akzeptabel. Der Ankerabstand darf bei Holzfenstern 80 cm, bei Kunststofffenstern 70 cm, der Abstand zu den Ecken 15 cm nicht überschreiten. Besondere Beachtung verdient die Ausbildung der Fugen. Diese müssen ausreichend breit sein, um eine korrekte Abdichtung und Abfugung zu ermöglichen (Breite bei Holzfenstern mind. 10 mm, bei Kunststofffenstern bis zu 25 mm). Zur Abdichtung der Fuge müssen vorkomprimierte Dichtbänder verwendet werden.

Auf der Rauminnenseite verbleibende Fugen müssen vollständig mit Dämmstoff ausgefüllt sein. Die Wahl des Dämmstoffs ist dem Ausführenden freigestellt. Falls bestimmte Dämmstoffe verwendet oder andere ausgeschlossen werden sollen, ist das bei der Beauftragung zu klären. Kontrollieren Sie die Verglasung auf visuelle Beeinträchtigungen durch Kratzer und Einschlüsse. Was hinzunehmen und was zu bemängeln ist, kann anhand einer Tabelle des Merkblatts zur visuellen Qualität von Isolierglas entschieden werden. Lassen Sie sich diese Tabelle ggf. vorlegen. Bei nichtdeckenden Anstrichen dürfen keilgezinkte Hölzer nur nach Zustimmung des Auftraggebers verwendet werden.

An beschichteten (gestrichenen) Rahmenhölzern dürfen sich Fugen und Unebenheiten des Untergrunds nicht abzeichnen.

Nadelhölzer sind wegen ihrer Empfindlichkeit gegen Temperaturänderungen (Längenausdehnung) für Fenster mit dunklen Anstrichen nicht geeignet (Abrisse im Stoßbereich). Bei stark harzenden Hölzern wie Kiefer führt die starke Aufheizung dunkler Oberflächen zu Harzaustritt.

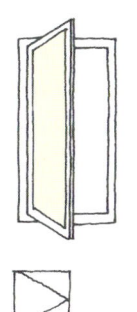 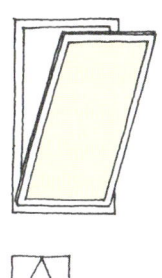 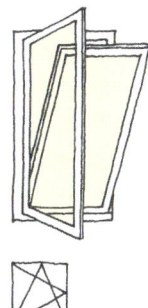

Abb. 108: Skizzenhafte Darstellung der Öffnungsarten von Fenstern

Zur Leistungsbeschreibung für Holzfenster (Muster)

Vorbemerkungen Holz-Fenstern

Ausführungs- und Gütebestimmungen
- Fenster müssen das RAL-Gütezeichen für Holzfenster tragen
- Prüfzeugnisse werden mit dem Angebot vorgelegt. Die ausgewiesenen Ergebnisse werden Leistungs- und Vertragsbestandteil
- DIN 18361 Verglasungsarbeiten
- DIN 18355 Tischlerarbeiten
- Verarbeitungs- und Montagerichtlinien der Zulieferfirmen

Holzart und Holzqualtät
- Holzqualität nach DIN 68360 Holz für Tischlerarbeiten
- geradfaseriges Holz mit einer Jahresringbreite bis ca. 3 mm
- Streubereich Feuchtigkeitsgehalt des Holzes: maximal 2 Prozent
- Feuchtigkeitsgehalt der Einzelteile maximal 15 Prozent (Messung vor der formgebenden Bearbeitung)
- Verleimung mit Klebstoffen nach DIN 68602 B4; andere Klebstoffe dürfen nur eingesetzt werden, wenn ihre Eignung von einem neutralen Institut bestätigt wurde

Konstruktion – Profilausbildung
Für die Beanspruchung und Anforderungen sind maßgebend:
- DIN 1055 Teil 4 Windlasten
- DIN 1055 Teil 3 Horizontallasten an Verglasung und Riegeln bis Brüstungshöhe
- DIN 18055 und DIN 18056
- Profilausbildung in Anlehnung an DIN 68121 Holzfensterprofile und DIN 18361
- Tabelle zur Ermittlung von Querschnitten für Holzfenster (Institut für Fenstertechnik e.V.)
- bei Elementen über 9 m² ist ein statischer Nachweis vorzulegen.

Unter Berücksichtigung aller Lasten dürfen sich Rahmen und Scheibenrand zwischen zwei Auflagern um nicht mehr als 1/300 der Länge durchbiegen.

Fortsetzung siehe folgende Seite

Dichtprofile

Die Dichtungen müssen außerhalb der Bewitterungszone liegen (zwei Dichtungsebenen), rundumlaufend, in einer Ebene, nicht durch Beschläge o.a. unterbrochen. Die Dichtprofile müssen auswechselbar, dicht in den Ecken und nichthärtend sein und ihre Elastizität im vorkommenden Temperaturbereich beibehalten. Die Shorehärte muss mit geringen Toleranzen gleich bleiben. Es sind Lippen-Profile zu verwenden, die gegen die atmosphärischen Einflüsse, denen sie ausgesetzt sind, beständig sind. Schlagregensicherheit und Fugendurchlässigkeit nach DIN 18055 Teil 2. Nachzuweisen ist eine maximale Fugendurchlässigkeit

$a = 1,0$ Nm³/hm mm WSb.

Wetterschenkel und Regenschutzschienen auf Flügelrahmen

Die eingesetzten Schienen müssen die Wasseraustrittsöffnung durch eine Tropfnase vor direktem Windanfall schützen. Der Blendrahmen ist so auszunehmen, dass der Abstand der Unterkante der Tropfnase bis zur Wasserablauffläche des Blendrahmens mindestens 10 mm beträgt. Der seitliche Anschluss zum Blendrahmen und Flügelrahmen ist so zu dichten, dass ein Eindringen von Wasser verhindert wird. Alle stehendem Niederschlagswasser ausgesetzten Holzteile werden mit Alu-Profile abgedeckt.

Holzschutz

Die Holzschutzbehandlung (auch Leistenmaterial) hat allseitig im Tauchverfahren zu erfolgen. Das Holzschutzmittel muss (vom Hersteller nachgewiesen) anstrichverträglich sein und die Wirksamkeit gegen Insekten und holzzerstörende Pilze nach DIN 68800 gewährleisten. Bei bläueempfindlichen Hölzern ist der Bläueschutz ebenfalls allseitig (auch Leistenmaterial) auszuführen (Nachweis der spezifischen Bläuewidrigkeit nach der verschärften Hannoverisch-Mündener Streifenmethode).

Anstrich

Der Anstrich ist in Anlehnung an die Technischen Richtlinien für Fensteranstriche (Hauptverband des deutschen Malerhandwerks) auszuführen. Wetterschutzschienen, Beschläge und sonstige Metallteile sind frühestens nach dem ersten Anstrich anzubringen. Die Vor- und Weiterbehandlung der Holzfenster erfolgt in Teilung der Arbeitsgänge mit dem Maler; dabei ist folgende Trennung durchzuführen:
Oberflächenbehandlungen, die der Glaser auszuführen und in die Einheitspreise einzukalkulieren hat:
- Abwaschen harz- und inhaltsstoffreicher Bauhölzer mit gesundheitsunbedenklichen Mitteln
- Holzschutzgrundierung, allseitig durch Kurztauchen
- Risse und Nagellöcher auskitten, evtl. Spachteln und Schleifen
- Vorlackierung (Zwischenanstrich)
- Schlussanstrich und evtl. weitere Sicherheitsanstriche
- Dichtung nach guter Trocknung des Schlussanstrichs einbauen
- Anlieferung der Fenster mit komplettem Anstrich.

Verglasung

Die Verglasung ist als 2-Scheiben-Isolierverglasung entsprechend der Tabelle des Instituts für Fenstertechnik e.V. Rosenheim nach der zutreffenden Beanspruchungsgruppe auszuführen. Zusätzliche, regelmäßig nicht zu berücksichtigende Belastungen sind in den Positionen aufgeführt.
- Glasdicken gemäß Festlegung der Glashersteller (Mindestglasdicken nach DIN 18056)
- sorgfältige Verklotzung mit gegen Verrutschen gesicherten Kunststoff-Klötzchen
- Verglasung trocken mit ATPK-Dichtprofilen gemäß DIN 7863
- Andruck muss Dichtheit gewährleisten, darf aber zulässigen Druck (nach Glashersteller) nicht überschreiten
- Glashalteleisten sind raumseitig anzubringen und linear zu halten
- Falzgrund dichtstofffrei und ausreichend belüftet.
- U_g-Wert Verglasung 1,1 (W/m²·K)
- Anforderung an gesamtes Fensterelement: U_W-Wert 1,3 (W/m²·K)

Nachgewiesener U_W-Wert des angebotenen Fensterelements: _____

Beschläge

(Fabrikat) oder gleichwertig für 16-mm. Beschlagsfalz. Sichtbare Beschlagteile oberflächenvergütet (verzinkt). Bedienungshebel und Oliven aus Leichtmetall oder wie beschrieben. Befestigungsmittel nicht rostend, soweit sichtbar verchromt mit ausreichendem Schutz gegen Fehlbedienung. Bei allen Fensterflügeln ist zu gewährleisten, dass es möglich ist, eine Drehsperre anzubringen. Einschließlich Einbruchschutz mit einbruchhemmenden Beschlägen der Stufe 1.

Anzubietender Fenstergriff

Fenstergriffolive mit Griffdurchmesser durchgehend 18 mm mit Stahlstift 7 mm, Länge 32 mm, Rastung 90° durch 4 einrastbare Kugeln. Rosettenunterteil mit 10 oder 12 Nocken, Rosette mit Clipsdeckel für nicht sichtbare Befestigung, inkl. Befestigungsmaterial, Oberfläche Leichtmetall, messing-farbig eloxiert.

Angebotenes Fabrikat: _____

Abdichtung zum Bauwerk

Äußere schlagregen- und luftdichte Abdichtung zum Außenputz oder Mauerwerk mit wärmedämmendem Dichtungsband.

Angebotenes Abdichtungssystem:

Ausbau und Entsorgung der alten Fenster

Die vorhandenen Fenster sind mit allen Zubehörteilen vorsichtig auszubauen und vorschriftsmäßig zu entsorgen. Die Kosten dafür sind in die Preise der neuen Fenster einzukalkulieren.

FENSTERBÄNKE UND SOHLBLECHE

Die äußeren Fensterbänke (oder Sohlbleche) werden zumeist in Verbindung mit anderen Arbeiten an der Fassade instand gesetzt oder erneuert. Eine Erneuerung ist fast immer erforderlich, wenn ein Wärmedämm-Verbundsystem aufgebracht wird und sich damit die Tiefe der Fensterleibungen vergrößert. Wird lediglich der Putz oder eine Bekleidung erneuert, so können die vorhandenen Fensterbänke – soweit erforderlich repariert – weiterverwendet werden.

Während Fensterbänke aus verwitterungsfestem Naturstein (wie Granit) und aus Betonwerkstein nahezu unverwüstlich sind (siehe Abb. 110), treten an Fensterbänken aus »weichem« Naturstein (wie Sandstein) oder aus Klinkern dieselben Verwitterungschäden auf wie an den entsprechenden Fassaden. Welche Maßnahmen hier infrage kommen, ist den betreffenden Kapiteln zu entnehmen (siehe Seite 67 und Seite 69).

Mögliche Schäden an Fensterbänken aus Kupfer, Zink und verzinktem Stahl sind Korrosion, gerissene Lötnähte, seitliches Ausreißen aus dem Leibungsputz, gelöste Befestigungen. Diese Schäden können repariert werden, das lohnt sich aber nur, wenn es sich nur um vereinzelte Schäden handelt. Anderenfalls ist die Erneuerung kostengünstiger. Immer lohnt sich die Erneuerung des Anstrichs von ansonsten intakten Fensterbänken aus Stahlblech.

Zur Massenermittlung

Ermittelt wird die Anzahl der Fensterbänke mit gleicher Länge und Tiefe. Es genügt, wenn das lichte Maß zwischen der Leibung sowie die Leibungstiefe angegeben und so bezeichnet wird. Der beauftragte Handwerker muss die Maße vor Ort selbst aufnehmen oder überprüfen und danach die erforderliche Fensterbankgröße bestimmen. Weisen Sie aber darauf hin, dass der seitliche Einstand nach den technischen Regeln auszuführen ist.

Abb. 110: Werksteinfensterbank mit tiefer seitlicher Einbindung in Mauerwerk und Putz – mehr als 70 Jahre intakt

Abb. 109: Sohlblecheinbau mit Mängeln: hier fehlt der nötige Abstand der Abtropfkante vom Außenputz sowie die seitliche Einbindung in den Leibungsputz.

Abb. 111: Infolge der fehlenden seitlichen Einbindung wird zwischen Putz und Blech Wasser eindringen und zu Durchfeuchtung und Absprengung des Putzes führen.

Worauf ist besonders zu achten?

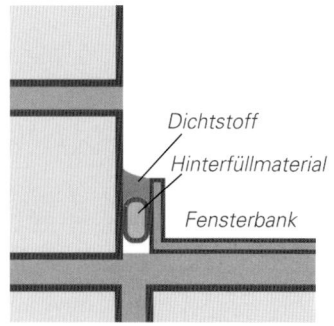

Abb. 112: Fugenausbildung des seitlichen Anschlusses der Fensterbank an Sichtmauerwerk

Abb. 113: Um laute Regengeräusche zu vermeiden, empfiehlt es sich bei Fensterbänken aus Metall, die Blechunterseite über etwa 60 Prozent der Fläche mit selbstklebenden Antidröhnstreifen zu versehen.

Fensterbänke sollen Niederschläge ableiten. Liegt ihre Tropfkante zu nahe an der Fassadenoberfläche, so läuft ein Großteil des Wassers über die Fassade ab. Das bewirkt Durchfeuchtung und Schmutzfahnen. Als Mindestüberstand sind 2 cm vorgeschrieben (DIN 18339 »Klempnerarbeiten«, besser sind etwa 4 cm. Fensterbänke müssen zudem zur Tropfkante ein Gefälle von 5 Prozent aufweisen.

Ein besonders häufiger Mangel ist der fehlende seitliche Einstand der Fensterbänke in den Putz oder die Außenwandbekleidung. Dadurch kann das von der Leibungsfläche ablaufende Wasser in die Fuge eindringen und zu Putzschäden oder Durchfeuchtung der Bekleidung führen. Richtig ist es, wenn die Leibungsoberfläche über die Fensterbank übersteht, sodass das Wasser abtropfen kann.

Ein mit der Leibung bündiger Einbau der Fensterbank ist nur bei Sichtmauerwerk erforderlich. Dann muss eine ausreichend breite Fuge (10 mm) verbleiben, die fachgerecht dauerelastisch abgedichtet werden kann. Diese Fuge muss von Zeit zu Zeit kontrolliert werden. Deshalb sind solche Lösungen wo möglich zu vermeiden.

Entsprechendes gilt auch für den rückwärtigen Anschluss der Fensterbank an das Rahmenholz des Fensters. Hier muss die Fensterbank in eine speziell dafür vorgesehene Nut laufen, sodass das vom Fenster ablaufende Wasser direkt auf die Fensterbank abgeleitet wird.

Fensterbänke aus Metall verändern ihre Länge mit der Temperatur. Deshalb werden industriell hergestellte Fensterbankprofile (zum Beispiel aus Aluminium) mit aufgesteckten Enden versehen, die zugleich als Dehnungsausgleich dienen. Bei handwerklich gefertigten Fensterbänken aus Blechen wird auf die Ausbildung eines entsprechenden Details nicht selten verzichtet, was bei Putzfassaden fast immer zum Ausreißen des seitlichen Einstands führt.

Abb. 114: Aluminiumfensterbank mit einseitigem Anschluss für Putzleibungen

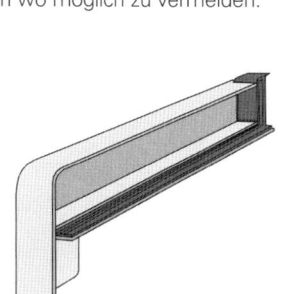

Abb. 115: Gleitstück aus Aluminium für den Anschluss der Fensterbank an Putzleibungen

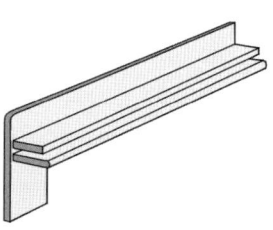

Abb. 116: Gleitstück aus Aluminium für den Anschluss der Fensterbank an Sichtmauerwerk oder Sichtbeton

ROLL- UND KLAPPLÄDEN

Klappläden und Rollladen sichern das Haus und schützen die Fenster vor Wind, Niederschlag und Kälte. Klappläden sind die ältere Form des Ladens. Sie waren bis in die 30er Jahre weit verbreitet. Regional bestimmen sie auch heute noch das Erscheinungsbild der Häuser. Klappläden wie Rollläden waren früher fast ausschließlich aus Holz gefertigt.

Sind Klappläden vorhanden, sollte man sie erhalten. Der Austausch gegen Rollläden verändert die Fassade des Hauses fast immer sehr zu ihrem Nachteil. Rollläden gelten als praktischer, auch wirken sie – im Vergleich zu Klappläden mit Lamellen – besser als zusätzlicher Wärmeschutz. Geschlossene Klappläden ohne Lamellen sind in dieser Hinsicht allerdings noch besser.

Holzrollläden instandhalten

Bei alten Holz-Rollläden – sie können 80 Jahre und älter sein – sind die Holzprofile mit Drahtbügeln verbunden oder auf einen Gurt aufgezogen. Verschlissene oder gerissene Gurte erfordern es, die Profile komplett auf neue Gurte aufzufädeln. Erheblich einfacher ist die Reparatur, wenn die Stäbe mit dem Gurt verschraubt sind. Gebrochene Drahtbügel können ersetzt werden, ebenso einzelne Holzstäbe. Ist das Holz insgesamt geschädigt, muss ein neuer Rollpanzer eingebaut werden. Dabei wird man sehen, ob der Antrieb weiterverwendet werden kann. Der Einbau einer neuen Welle (Achse) ist unproblematisch. Will man größeren Komfort, kann eine Hohlwelle mit elektrischem Rohrmotor eingesetzt werden.

Rollladenkästen dämmen

Alte Rollladenkästen sind fast immer ungedämmt und wirken als »Wärmebrücke«. Eine nachträgliche Dämmung ist meistens möglich, wobei bereits 1 cm Hartschaum eine lohnende Verbesserung bewirkt. Hier empfiehlt es sich, bestes Dämmmaterial mit geringer Wärmeleitfähigkeit zu verwenden (wie PUR-Hartschaum mit 0,022 (W/m·K*)). Dickere Dämmschichten können eingebaut werden, wenn das Material des Rollpanzers gewechselt wird und sich damit der Ballendurchmesser reduziert. Werden alte Rollladenkästen geöffnet, treten nicht selten Feuchteschäden zutage, die es erforderlich machen, Teile der hölzernen Kästen zu ersetzen. Die Erneuerung kann aufwändig sein, da meistens Wand und Decke in Mitleidenschaft gezogen werden. Beiputz- und Malerarbeiten müssen Sie einkalkulieren.

Rollläden nachträglich einbauen

Am einfachsten ist ein nachträglicher Einbau im Zusammenhang mit der Erneuerung der Fenster. Alle Hersteller bieten heute Rollläden mit außen vorgesetzten Kästen an. Das Fenster wird entsprechend niedriger. Um die Kästen möglichst klein zu halten, werden dazu Panzer mit sehr flachen Profilen angeboten. Geht es sehr knapp zu, kommt man mit Aluminium am besten zurecht.

Holz-Rollläden Mangel, Schaden	erforderliche Maßnahmen	EUR je Einheit
Zuggurt verschlissen	Gurt erneuern	15 je St
einzelne Stäbe lose	Durchreparieren	35 je m^2
Tragegurte zerschlissen	Rollpanzer neu gurten	45 je m^2
vereinzelte Holzschäden	Stäbe ersetzen	25 je St
umfangreiche Holzschäden	Rollladen erneuern – Holz – Kunststoff – Aluminium	200 je m^2 100 je m^2 150 je m^2
verwitterter Anstrich	Anstrich erneuern 　Lasur 　deckend	25 je m^2 35 je m^2
Rollladenkasten ungedämmt	Wärmedämmung einbauen (2 cm PUR-Hartschaum)	40 je St
mangelnder Komfort durch manuellen Antrieb	Zuggurt durch Motorantrieb ersetzen	ab 350 je St
keine Rollläden vorhanden	nachträglicher Einbau von vorgesetzten Rollläden	ab 350 je m^2

Tab. 117: Schäden an Holzrollläden, erforderliche Maßnahmen und Preise

* Wärmeleitfähigkeit λ = 0,022 W/mK (Watt/Meter · Kelvin)

Abb. 118: Holzklappläden mit ausstellbarer Jalousie aus der Zeit um 1930

Klappläden instandhalten

Sind Beschläge und Holz in Ordnung, genügt es, die Läden etwa alle 10 bis 15 Jahre zu streichen, bei ausgesetzter Lage auch früher. Außer gelockerten Haltekloben (in den Außenwänden) gibt es kaum Verschleißmängel. Bei Klappläden mit ausstellbaren (und eventuell verstellbaren) Jalousien können einzelne Lamellen defekt sein oder fehlen. Reparaturen sind einfach, der Neuanstrich solcher Läden allerdings recht aufwändig.

Sind neue Klappläden erforderlich, sollten die vorhandenen nachgebaut werden, denn häufig sind diese auf die Fensterteilung abgestimmt (siehe Abb. 118). Als Holzarten kommen vor allem Kiefer und Fichte infrage, bei dunklen Anstrichen ist Fichte zu bevorzugen, weil diese weniger ausharzt als Kiefer.

Ermittlung der Massen

Reparaturen wie das Einziehen neuer Gurte, die Befestigung von Haltekloben oder die Erneuerung der Rollladenwalze werden stückweise abgerechnet. Ebenso das Durchreparieren, wenn die erforderlichen Leistungen überschaubar sind (Besichtigung erforderlich).

Die Erneuerung von Klappläden wird nach der Ansichtsfläche ausgeschrieben. Für Rollläden ist das Rohbaumaß der Fenster- oder Türöffnung anzusetzen. Anstriche werden nach der doppelten Ansichtsfläche (Vorder- und Rückseite) abgerechnet.

Zur Ausschreibung

Reparatur und Erneuerung von Roll- und Klappläden werden hauptsächlich von darauf spezialisierten Fachbetrieben ausgeführt.
Die Arbeiten sind nach DIN 18355 »Tischlerarbeiten« bzw. nach DIN 18358 »Rollladenarbeiten« auszuführen. Damit sind folgende Nebenleistungen in den Angebotspreisen enthalten:

- Auf- und Abbauen von Gerüsten, deren Arbeitsebenen maximal 2 m über dem Fußboden liegen.
- Herstellen von Löchern in Mauerwerk und Leichtbeton
- Anbringen und Einlassen von Befestigungen in Holzteilen
- Berücksichtigen von gewissen Abweichungen der Fertigmaße von den in der Leistungsbeschreibung angegebenen Maßen.

Die Holzqualität muss den Anforderungen der DIN EN 942 genügen. Anstrichsysteme sind nach den Bestimmungen der DIN 68800 auszuführen.

Die Leistungsbeschreibung der Rollladenarbeiten muss folgende Angaben enthalten:

- Hauptwindrichtung am Bauort
- Beschaffenheit des Befestigungsuntergrunds
- Angaben zu Führungsschienen
- Art, Maße und Form der Rollladenstäbe
- Hinweis auf ungewöhnliche Belastungen und Einbruchsicherung
- Maße des Rollraums
- Maße der durch die Rollläden zu schließenden Öffnungen.

Holz-Klappläden Mangel, Schaden	erforderliche Maßnahmen	EUR je Einheit
gelockerte Haltekloben	neu versetzen	15 je St
lockere, defekte Beschläge	Beschläge erneuern	35 je m^2
vereinzelte Holzschäden	Durchreparieren	30 je m^2
umfangreiche Holzschäden	Laden erneuern – einfache Ausführung – ausstellbar	 150 je m^2 200 je m^2
verwitterter Anstrich	Anstrich erneuern – Lasur – deckend	 25 je m^2 35 je m^2

Tab. 119: Schäden an Holzklappläden, erforderliche Maßnahmen und Preise

KELLERWÄNDE – FEUCHTESCHÄDEN

Keller sind Wasser und Feuchtigkeit besonders ausgesetzt. Die Abdichtungen (Pappen, Anstriche) gegen aufsteigende Feuchtigkeit und seitlich eindringendes Wasser sind – soweit überhaupt ausgeführt – bei alten Gebäuden häufig nicht mehr intakt. Die Sickerfähigkeit des umgebenden Erdreichs ist oft durch Einschwemmungen und zunehmende Verdichtung stark eingeschränkt. Durchfeuchtung der Fundamente und des Mauerwerks (oder des Betons) lösen langfristig die Bindemittel auf. Steinzerfall und Beeinträchtigung der Standfestigkeit des Bauwerks können die Folge sein.

Feuchteschäden erkennen

Oft sind Feuchteschäden bereits an dunklen Flecken oder nassen Oberflächen zu erkennen. Offene, aussandende Mörtelfugen, absandender oder in Platten sich ablösender Putz, Salzbildung und abblätternde Anstriche sind Anzeichen von Feuchtigkeit in Mauerwerk oder Beton.

Ursachenforschung

Maßnahmen zur Bauentfeuchtung sollten nicht ohne Diagnose »verordnet« werden. Zuerst müssen mit systematischer Analyse die tatsächlichen Ursachen der Durchfeuchtung gefunden werden. Nur dann können mit den richtigen Maßnahmen die Schadensursachen und nicht nur die Symptome beseitigt werden. Diese Analysen sind von neutralen Sachverständigen durchzuführen. Wer dies zum Nulltarif den Herstellern einschlägiger Produkte oder den ausführenden Firmen überlässt, macht leicht »den Bock zum Gärtner«.

Die hauptsächlichen Ursachen sind:
- Oberflächenwasser infolge fehlender oder defekter äußerer Abdichtung und/oder Dränage
- durch schadhafte Sockel oder zerstörten Sockelputz eingedrungenes Spritzwasser
- Leckwasser bei Leitungsschäden
- Kondensat (Tauwasser) durch unzureichende Belüftung
- Bodenfeuchtigkeit infolge fehlender oder defekter horizontaler Abdichtung
- Grundwasser oder Hochwasser
- Salzbelastung (Versalzung).

Welche Maßnahmen kommen infrage?

Austrocknen durch Belüftung

In vielen Fällen geht Durchfeuchtung auf mangelhafte Belüftung zurück. Über das Jahr gibt es eine Phase der Feuchtigkeitsaufnahme und eine Phase der Austrocknung. Dieser Wechsel schadet nicht, wenn es immer wieder zu einer völligen Austrocknung kommt. Gute Belüftung im Winter sorgt dafür. Wird dieser Wechsel gestört, trocknet die Wand bis zur nächsten Phase der Feuchtigkeitsaufnahme nicht völlig aus, so erhöht sich der Wassergehalt von Jahr zu Jahr. Das ist häufig der Fall, weil irrtümlicherweise die Kellerfenster im Winter geschlossen, im Sommer dagegen geöffnet werden. Umgekehrt ist es aber richtig.

Falls keine anderen Ursachen der Durchfeuchtung erkennbar sind, sollten Sie deshalb zunächst einen Winter für gute Belüftung sorgen. Sind die Wände jahrelang durchnässt, so kann die Austrocknung auch länger dauern.

Durch Beheizen wird die Trocknung beschleunigt. Zudem müssen dichte Anstriche und Zementputze entfernt werden. Bei Salzbelastung sollte der Innenputz (gleich welcher Art) entfernt werden.

Für eine Diagnose genügt es in vielen Fällen auch nicht, ein paar Feuchtigkeitsmessungen vorzunehmen. Notwendig sind vertikale und horizontale Feuchtigkeitsprofile der betroffenen Bauteile, dann kann aus der Richtung des Feuchtigkeitsgefälles auf die Ursache geschlossen werden. Eine gute Diagnosegrundlage bietet die Feuchtigkeitstomografie, die ein grafisches Abbild der Feuchteverteilung im Bauteil liefert. Danach kann der Eintritt der Feuchtigkeit in das Bauteil lokalisiert und so die Suche nach der Ursache eingeschränkt werden.

Zur richtigen Zeit lüften

Außenluft enthält bei 20 °C 12 bis 15 Gramm Wasser je Kubikmeter, bei einer Temperatur von −10 °C nur noch etwa 2 Gramm. Eine Kellerwand (unbeheizt), die 1 m tief im Erdreich liegt, hat eine Temperatur von ca. 15 °C, bei dieser Temperatur enthält die Luft um 10 Gramm Wasser. Das heißt, Sommerluft gibt beim Abkühlen an der Wand Wasser ab, während Winterluft beim Erwärmen große Mengen Wasser aufnehmen kann. Deshalb muss bei feuchten Kellerwänden im Winter gelüftet werden.

Bauwerkstrocknung nicht ohne fachlichen Beistand

Mit Ausnahme der Belüftung erfordern alle hier behandelten Verfahren zur Entfeuchtung von Bauwerken sorgfältige Untersuchungen und einschlägige Kenntnisse der Bauphysik und der Bauchemie. Eine zutreffende Diagnose und die Wahl der richtigen Maßnahmen kann man nur von darauf spezialisierten Unternehmen erwarten, die mehrere der geeigneten Verfahren beherrschen. Besser aber ist die Beratung und Planung durch einen unabhängigen, nicht an eine ausführende Firma gebundenen Sachverständigen.

Ursachen der Durchfeuchtung beseitigen

Wird der Keller auch nach guter Belüftung nicht trocken, so sollten Sie einen Fachmann hinzuziehen (siehe Kasten). Denn erst wenn die Ursache klar ist, ist es sinnvoll, über Maßnahmen zu sprechen. Es geht dabei vorrangig darum, das Wasser vom Gebäude fernzuhalten. Nur wenn das nicht oder nur mit unangemessen hohem Aufwand zu erreichen ist, kommen Maßnahmen infrage, durch die Boden und Wände gegen das Eindringen von Feuchtigkeit behandelt werden. Erfolgversprechende Verfahren sind aufwändig und unter Umständen sehr teuer. Sie sollten sich deshalb eingehend von einem kompetenten Fachmann beraten lassen.

Horizontale Abdichtung einbauen

Zieht Feuchtigkeit von unten her in die Wände, so können horizontale Sperren in die Wände eingebracht werden. Ein aufwändiges, aber sicheres Verfahren besteht darin, Edelstahlbleche abschnittsweise in die Wände einzuschlagen. Die bauphysikalischen Eigenschaften der Wände werden dabei nicht verändert. Die Bleche unterbinden die Feuchtezufuhr von unten, das darüber befindliche Mauerwerk kann dann beispielsweise durch Belüftung trocknen. Dabei ist Folgendes zu beachten:

- Blecheintreibverfahren verursachen erhebliche Erschütterungen im Bauwerk und möglicherweise Folgeschäden.
- Bleche können nur bei Mauerwerk mit durchgehenden Lagerfugen eingesetzt werden.
- Um größere Setzungen und Rissbildung zu vermeiden, können alle Verfahren nur in kleinen Arbeitsabschnitten (bis etwa 1 m Länge) ausgeführt werden; geringe Setzungen sind unvermeidlich.
- Die abzudichtenden Wände müssen von außen und innen zugänglich sein.
- Störende Bauteile wie Elektroleitungen, Wasser- und Abwasserfallleitungen oder Stützen müssen demontiert werden.
- Das Mauerwerk muss hohlraumfrei und fest sein. Notfalls ist vorher eine Mauerwerksverfestigung mit Verpressmörtel durchzuführen.

Vertikale Abdichtung und Dränage erneuern

Gegen seitlich in die Wände eindringende Wasser hilft eine äußere vertikale Abdichtung der Wände, am besten in Verbindung mit einer funktionierenden Dränage. Dabei ist es unerheb-

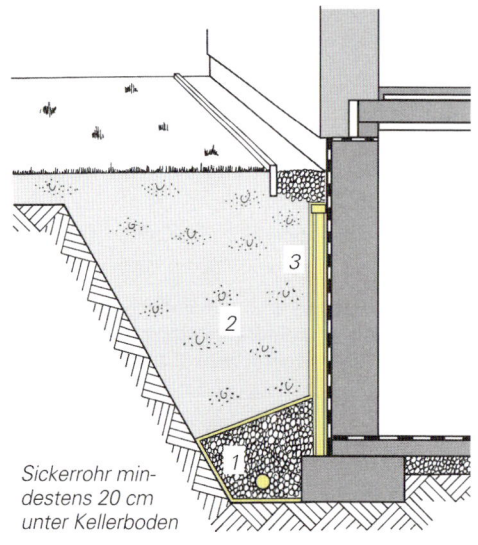

Abb. 120: Einbau oder Erneuerung einer Dränage der Kelleraußenwand. Bei beheizten Kellerräumen ist nach EnEV zusätzlich eine Perimeterdämmung einzubauen, die Wandkonstruktion darf damit einen U-Wert von 0,4 W/m²·K nicht überschreiten.
1 Drän-/Filterrohr in umseitiger Sickerpackung
2 Auffüllung mit sickerfähigem Material
3 vertikale Abdichtung mit vorgestellten Dränplatten

Sickerrohr mindestens 20 cm unter Kellerboden

Bauwerksdränage – Normen

Für die bautechnische Ausführung von Dränagen gelten die Regelungen der DIN 4095 »Baugrund; Dränung zum Schutz baulicher Anlagen; Planung, Bemessung und Ausführung«.

Werden bestehende bauliche Anlagen durch die Arbeiten gefährdet, so sind entsprechende Sicherungsmaßnahmen erforderlich. Dabei sind die Vorgaben der DIN 4123 »Ausschachtungen, Gründungen und Unterfangungen im Bereich bestehender Gebäude« zu beachten.
Bei Vereinbarung der VOB sind die Leistungen nach DIN 18308 »ATV Dränarbeiten« zu erbringen und abzurechnen.

lich, ob Abdichtung und Dränage bereits früher eingebaut wurde und zwischenzeitlich ihre Funktionsfähigkeit verloren haben oder ob diese Vorkehrungen nicht getroffen wurden. In jedem Fall muss aufgegraben werden, und zwar bis zu den Fundamenten. Dabei kann man sich auf die durchfeuchteten Wände beschränken. Eventuell kann der Einbau auch abschnittsweise erfolgen. Der Aufwand ist in jedem Fall beträchtlich.

Dränagen sind nach DIN 4095 auszuführen (siehe Abb. 120). Beim Einbau oder bei der Erneuerung der Dränage wird die Außenwand mit einer neuen, vertikalen Abdichtung versehen. Der Einbau der in der Abbildung eingezeichneten horizontalen Sperrschichten muss in der Regel wegen des erheblichen zusätzlichen Aufwands entfallen.

Äußere Abdichtung

Die sicherste Abdichtung gegen eindringendes Wasser erfolgt von außen, vorausgesetzt, es können dazu die betreffenden Wände freigelegt werden. Die Wandoberflächen sind zu reinigen. Alte Dichtungsschichten sind als Untergrund nur soweit geeignet, als die neu aufzubringenden Materialien mit den vorhandenen Stoffen verträglich sind.

Bei unebenem und zerklüftetem Mauerwerk muss zunächst eine Ausgleichsschicht als Untergrund für die Abdichtung hergestellt werden (Ausgleichsputz). Alternativ können auch wasserabweisende Mörtel verwendet werden, die, nach Herstellervorschrift aufgebracht, als Abdichtung wirken. Dies setzt voraus, dass alte Dichtschichten entfernt werden.

Für die Abdichtung sind Schichtenfolgen und Materialien nach DIN 18195-4 (nichtstauendes Wasser) zu verwenden. Nur dann, wenn nach den örtlichen Gegebenheiten auch zukünftig mit anstauendem (drückendem) Wasser gerechnet werden muss, sind Abdichtungen nach DIN 18195-6 einzubauen. Möglich sind auch die in Tabelle 121 angeführten Maßnahmen.

Abdichtung von innen

Kann aufgrund der örtlichen Gegebenheiten eine Abdichtung nicht von außen aufgebracht werden oder ist eine solche Maßnahme wirtschaftlich nicht vertretbar, muss ein von innen realisierbares Verfahren gewählt werden.

Für die innenseitige Abdichtung kommen Dichtungsschlämmen und, zu erheblich höheren Kosten, Vorsatzschalen in wasserundurchlässigem Beton infrage. Bewährt haben sich vor allem zementgebundene Dichtungsschlämmen auf der Basis von sulfatbeständigen Zementen. Zusätzlich sind oberhalb horizontale Sperren (Abdichtung, Injektion) einzubauen.

Bei der Innenabdichtung bleibt die Durchfeuchtung der Wand. Dies wird mit Hinweis auf die Wasserbeständigkeit der im Kellerbereich üblichen Baustoffe als unbedenklich angesehen. Ob dies im Einzelfall tatsächlich so ist, bleibt dahingestellt. Doch sollte die innenseitige Abdichtung nicht angewendet werden, wenn die Wand nicht frei von mörtelschädigenden Salzen ist.

Injektionsverfahren

Zu unterscheiden sind drucklos verfüllende oder hydrophobierende Verfahren sowie Niederdruck- und Hochdruckinjektionen. Ziel dieser Verfahren ist es, den kapillaren Wassertransport zu unterbinden. Es gibt eine große Vielfalt an Injektionsstoffen mit je nach Hersteller und zu behandelndem Baustoff variierenden Eigenschaften. Welcher Stoff geeignet ist, hängt vom Anwendungsfall ab und ist nur auf Grundlage einer eingehenden Analyse des betreffenden Bauteils zu entscheiden. Bewährt hat sich die Vortrocknung des Mauerwerks mit Heizstäben. Damit kann das Einbringen und Verteilen der Injektionsstoffe erheblich verbessert werden.

Material	nicht drückendes Wasser	drückendes Wasser
kunststoffmodifizierte Bitumendickbeschichtung	3 mm Schutzschicht zu empfehlen	4 mm mit Gewebeeinlage und Schutzschicht
zementgebundene Dichtungsschlämmen	3 mm (nicht bei Rissen)	4 mm (nicht bei Rissen) Schutzschicht
selbst klebende Dichtungsbahnen	Dichtungsschlämme, Grundierung, 2 Lagen	–

Tab. 121: Abdichtungsverfahren nach WTA-Merkblatt 4-9-98-D *

* Wissenschaftlich-Technischer Arbeitskreis zur Bauwerkserhaltung und Denkmalpflege (WTA)

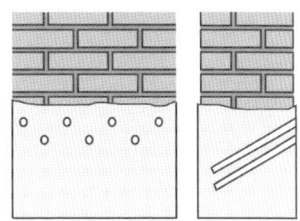

Abb. 122: Anordnung der Bohrungen für Bohrlochinjektionen in Mauerwerks- oder Betonwänden

Beim Setzen der Bohrungen ist zu beachten (Abb. 122):
- Injektionsbohrungen schräg nach unten, sodass mindestens zwei Lagerfugen geschnitten werden
- Bohrung darf die Wand nicht durchdringen, es müssen ca. 5 cm Material stehen bleiben
- bei Wanddicke über 60 cm und beidseitiger Injektion genügt eine Tiefe von 2/3 der Wanddicke
- seitlicher Bohrlochabstand 10 bis 12,5 cm
- bei nur einseitiger Injektion: zwei Bohrlochreihen mit ca. 8 cm Höhenversatz, seitlicher Abstand in jeder Reihe 20 bis 25 cm
- Hohlräume im Mauerwerk sind zuvor mit Mörtel zu verpressen.

Der zum Teil schlechte Ruf der Bohrloch-Injektionen ist unter anderem auf die vielen fehlerhaften Planungen und Ausführungen zurückzuführen. Als Hauptfehler sind zu nennen:
- Verzicht auf hinreichende Voruntersuchungen
- Aufnahmefähigkeit der Injektionsmittel wird nicht überprüft
- es wird bei zu hoher Durchfeuchtung injiziert
- Bohrlochabstände viel zu groß
- ungeeignete Injektionsmittel
- flankierende Maßnahmen, die die Trocknung behindern
- Nichtberücksichtigung starker Salzbelastungen.

Häufig werden Injektionen abgelehnt, weil damit baufremdes Material irreversibel eingebracht wird. Auch gibt es Bedenken wegen nicht ausreichend geklärter Auswirkungen von Inhaltsstoffen der injizierten Mittel.

Elektrophysikalische Verfahren

Die Wirksamkeit der elektrophysikalischen Verfahren zur Entfeuchtung wie der Elektroosmose ist umstritten. Zwar ist die Wirksamkeit elektrokinetischer Erscheinungen im Labor wissenschaftlich nachgewiesen, doch ist es äußerst schwierig, diese Erkenntnisse im Bauwerk umzusetzen. Hierzu müssen eine ganze Reihe bestimmter Voraussetzungen erfüllt und eine Vielzahl von Randbedingungen in ihrer Wirkung geklärt sein.

Doch selbst dort, wo die Bedingungen für den Einsatz des Verfahrens gegeben sind, ist der Erfolg nicht sicher, schon gar nicht ein schneller Erfolg. Das Verfahren muss langfristig angewendet werden, benötigt nicht unerheblichen Betriebsstrom und bedarf der Wartung.

Die Elektroosmose kann deshalb nicht als zuverlässiges und bewährtes Verfahren zur Entfeuchtung bezeichnet werden. Da sie aber in gewissem Umfang entsalzende Wirkung hat, kann dies (bei salzbelasteten Wänden) indirekt eine Entfeuchtung bewirken.

Mauerwerkshintergelung

Bei diesem auch als Flächen- oder Schleierinjektion bezeichneten Verfahren wird durch in einem Raster gesetzten Bohrungen von innen durch das Mauerwerk ein Hydrogel zwischen Mauerwerk und Erdreich eingepresst. Hydrogele nehmen Feuchtigkeit auf und binden diese; zudem wird das angrenzende Erdreich verfestigt. Im Ergebnis bildet das Gel eine Art wasserundurchlässige Haut. Auch hier ist zusätzlich oberseitig eine horizontale Sperre einzubauen, zum Beispiel durch Bohrlochinjektion. Voraussetzung für die erfolgreiche Anwendung des Verfahrens ist eine sorgfältige Analyse des Bestands und eine qualifizierte Beurteilung der Durchfeuchtung.

Bauwerksabdichtung – Normen

Für die Ausführung von Bauwerksabdichtungen und für die hierbei zu verwendenden Materialien gilt die Norm DIN 18195 »Bauwerksabdichtungen« mit den Teilen 1 bis 10.

Werden bestehende Bauwerke durch die Arbeiten gefährdet, so sind Sicherungsmaßnahmen nach DIN 4123 »Ausschachtungen, Gründungen und Unterfangungen im Bereich bestehender Gebäude« erforderlich.

Ist VOB vereinbart, dann sind zusätzlich die Regelungen der DIN 18336 ATV »Abdichtungsarbeiten« zu beachten.

Zur Massenermittlung

Der Umfang der durchfeuchteten Wandflächen ist anhand der Innenmaße ausreichend genau zu bestimmen. Geben Sie für jede Wand auch die Wanddicke an. Ist die Wanddicke nicht direkt zu messen, wird eine senkrecht an die betreffende Wand anschließende Außenwand einmal außen und einmal innen gemessen (bis zur ersten Öffnung). Die Differenz der beiden Maße ist die Wanddicke. Der Umfang von Erdarbeiten zum Freilegen von Kellerwänden und zum Einbau von Dränagen hängt hauptsächlich von der Tiefe der Fundamente ab. Es muss bis etwa 30 cm unterhalb des Kellerbodens gegraben werden. Des Weiteren kommt es darauf an, ob ein abgeböschter Arbeitsraum möglich ist, oder ob ein verbauter Schacht hergestellt werden muss. Bei beengten Verhältnissen und wenn möglichst wenig der Geländeoberfläche zerstört werden soll, muss geschachtet werden.

Rechnen Sie mit einer Schachtbreite von 0,8 m. Als Höhe der Fundamentoberkante kann die Höhe des Kellerbodens abzüglich 0,3 m angesetzt werden. Die Länge der Schächte ergibt sich aus der Länge der betreffenden Wand zuzüglich der Schachtbreite. Wenn entlang der Außenwände aufgegraben wird, befindet man sich im Bereich der Baugrube, die für die Erstellung des Hauses ausgehoben und dann wieder verfüllt wurde. Man findet also keinen gewachsenen Boden. Deshalb ist ein geböschter Graben nur zulässig, wenn ein Böschungswinkel von zirka 45° eingehalten werden kann (siehe Abb. 123). Dieser Böschungswinkel dient nur der Massenberechnung, in der Ausschreibung wird er nicht genannt.

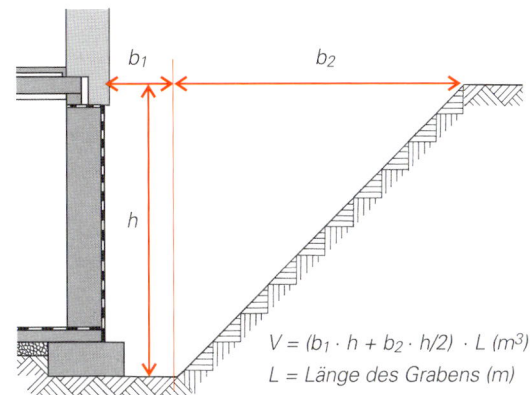

Abb. 123: Ermittlung des Aushubs bei einem geböschten Graben

V: Aushub (m³)
alle Längenmaße in Meter

$V = (b_1 \cdot h + b_2 \cdot h/2) \cdot L$ (m³)
L = Länge des Grabens (m)

Zur Ausschreibung

Abdichtungsarbeiten

Für die Planung und Ausführung von Bauwerksabdichtungen gilt die DIN-Reihe 18195. Davon sind Bestandsgebäude zwar ausdrücklich ausgenommen. Gleichwohl ist die DIN zu berücksichtigen, wenn Verfahren nach dieser Norm im Bestand angewendet werden können. Die Anwendung der DIN 18195 »Bauwerksabdichtungen« sollte deshalb im Bauvertrag ausdrücklich vereinbart werden, zum Beispiel mit dem Zusatz »soweit zutreffend«.

Ist die Ursache der Durchfeuchtung nicht klar, ist die Abdichtung alternativ für »nichtdrückendes« und »drückendes« (anstauendes) Wasser auszuschreiben. Benennen Sie auch den Aufbau der Wand (Wandbaustoff). Da davon auszugehen ist, dass ein vorhandener Außenputz im Erdreich nicht mehr intakt ist, müssen auch Leistungen wie das Entfernen von Altputz, Putzausbesserung und Aufbringen einer neuen Putzlage angeboten werden.

Die Abdichtung muss gegen Beschädigung beim Verfüllen geschützt werden (zum Beispiel durch eingestellte Bitumenwellplatten).

Erdarbeiten

Sind für äußere Abdichtungen oder für den Einbau einer Dränage Grab-(Erd-)arbeiten erforderlich, so sollten alle verfügbaren Planunterlagen zur Grundstücksentwässerung und zu den Hausanschlüssen (Elektrizität, Gas, Wasser) zu Verfügung gestellt werden. Fragen Sie nach solchen Unterlagen bei der Baubehörde nach. Werden während der Arbeiten unbekannte Leitungen angetroffen, hat der Unternehmer für dadurch verursachten Mehraufwand Anspruch auf gesonderte Vergütung.

Wichtig sind Angaben zur Zugänglichkeit. Bei enger Bebauung kann es erhebliche Schwierigkeiten machen, die erforderlichen Maschinen an die Baustelle zu schaffen. Der Aufwand hierfür (zum Beispiel Versetzen mit dem Autokran) muss für den Bieter kalkulierbar sein. Häufig fehlt auch die Fläche für die Lagerung des Aushubs, der zumindest teilweise zur Wiederverfüllung vorgehalten werden sollte. Die Erdarbeiten werden gesondert für den jeweiligen der Zweck der Arbeiten ausgeschrieben, also für »äußere Abdichtung von Kellerwänden« oder für »Einbau einer Dränage«.

Dränagearbeiten

Auch für die Dränagearbeiten wird ein eigenständiges Leistungsverzeichnis erstellt. Details zur Ausführung der Dränagearbeiten sind nicht erforderlich, da dies durch die geltenden Normen hinreichend bestimmt ist. Es sollte aber zuvor geklärt sein, wie das Dränagewasser abgeführt werden kann. Das kann bei der Baubehörde erfragt werden. Örtliche Unternehmen wissen darüber auch Bescheid. Ist das Aushubmaterial zur Wiederfüllung wegen mangelnder Sickerfähigkeit ungeeignet, empfiehlt sich der Austausch. Es kann dann auf Sickersteine vor der Wand verzichtet werden. Dann muss auf andere Weise für den mechanischen Schutz der Abdichtung gesorgt werden.

Keller/Abdichtung und Dränage	EUR/m²
Horizontalsperre	
• Horizontalsperre, Aufstemmen und Dichtungsbahn vermauern	550
• Mauersägeverfahren, Ziegel	450
• Edelstahlblech einrammen	450
• Bohrlochverfahren (Druckinjektion)	340
Vertikale Abdichtung	
Senkrechtsperre (außen) mit Freischachten, Porenwand, Verfüllen und notwendigen Nebenarbeiten, Tiefe < 1,5 m	
• Sperrputz 2-lagig	240
• 3-lagiger Bitumenanstrich	210
• Schweißbahn	260
Senkrechte Sperre (innen)	
• Ausgleichsputz/Bitumenanstriche	30
• Sperrputz 2-lagig/Spritzbewurf ohne Freischachtung (ohne Schachten)	30
• Ausgleichsputz/Dichtungsschlämme 2-lagig (ohne Schachten)	35
Dränagearbeiten	
• Tonrohr verlegen und verfüllen, Kiessickerschicht	50

Tab. 124: Kosten von Bauleistungen zur Trocknung und Abdichtung von Bauteilen gegen das Erdreich

Worauf ist besonders zu achten?

Bei Grabarbeiten ist besonders auf benachbarte Gründungen zu achten. Es darf nicht unterhalb der Fundamentsohle gegraben werden. Das Gefüge des Bodens darf im Fundamentbereich nicht gestört (gelockert) oder durch starke Niederschläge aufgeweicht werden. Bestehen solche Risiken, sind geeignete Schutzmaßnahmen vorzusehen.

Sollen Abdichtungsarbeiten trotz ungünstiger Witterung (wie Frostgefahr oder starke Sonneneinstrahlung) ausgeführt werden, sind Schutzmaßnahmen erforderlich. Der Aufwand dafür ist besonders zu vergüten.

Abdichtungen dürfen nicht über Grate oder scharfe Kanten geführt werden. Deshalb muss bei vorstehenden Fundamenten eine Hohlkehle (Flaschenkehle) ausgebildet werden. Fertig abgedichtete Flächen sind umgehend gegen mechanische Beschädigung zu schützen, entweder durch Einstellen von zum Beispiel Bitumenwellplatten oder durch Vorsetzen von Sickerwänden oder ähnlichen Bauteilen.

Beim Wiederverfüllen des Grabens ist darauf zu achten, dass kein Bauschutt oder anderweitige Materialreste mit verfüllt werden. Auch wenn Sickerwände eingebaut werden, ist es zu empfehlen, sickerfähiges Material zu verfüllen.

Auch bei guter Verdichtung wird sich das verfüllte Material in der Folgezeit setzen. Das ist zu beachten, wenn die Oberfläche befestigt wird.

Die Ableitung des Dränagewassers über Gefälle ist immer dem Einbau von Pumpen vorzuziehen (Wartung, Sicherheit).

ABWASSERLEITUNGEN

Abwasserrohre

Abwasserrohre wurden früher überwiegend in Guss ausgeführt. Sie werden meist so alt wie das Haus, wenn sie sich nicht durch Ablagerungen zusetzen. Den Zustand der Rohre können Sie durch Abnehmen der WC-Schüsseln überprüfen. Häufige Verstopfungen sind Alarmzeichen. In vielen Fällen können zugesetzte Rohre ausgefräst werden.

Sollen Sanitäreinrichtungen und Armaturen erneuert werden, so ist bei alten Leitungen damit zu rechnen, dass diese bei der Demontage beschädigt werden. Die Rohre müssen dann teilweise, unter Umständen komplett erneuert werden.

Bei den seit den 60er Jahren häufig verwendeten Kunststoffrohren (vorwiegend PVC) können poröse Dichtringe die Verbindungen undicht werden lassen.

Ist zu befürchten, dass die Abwasserleitungen durch Ablagerungen in ihrer Funktion beeinträchtigt sind oder sind Leitungen bereits verstopft, müssen die Rohre gereinigt und mit einer so genannten »Kamerabefahrung« (am besten mit Video-Protokoll) kontrolliert werden. Das gilt besonders für die Grundleitungen, die unter dem Gebäude verlaufen.

Abb. 126: Erneuerte und neue Abflussrohre werden in ein vorhandenes Gussrohr eingeführt.

Grundleitungen instandsetzen

Grundleitungen, die im Erdreich verlegt sind, bestehen bei alten Gebäuden zumeist aus Steinzeug oder aus Beton. Setzungen des Erdreiches oder sonstige mechanische Einwirkung können Muffenversatz, Risse und Brüche verursachen. Häufiger sind aber Schäden durch Wurzeleinwüchse oder undichte Muffen. Für die Behebung solcher Schäden gibt es mehrere Verfahren, die ein Freilegen der Leitungen nicht erfordern. Bei kleineren, vereinzelten Schäden können Metallhülsen eingesetzt werden, für größere, ausgedehnte Schäden wird die Kurz- und Inlinertechnik angewendet. »Liner« bezeichnet einen Polyester-Nadelfilzschlauch, der mit Epoxidharz getränkt manuell (mit Seil) oder mit Druckluft ins Rohr eingebracht wird (siehe Abb. 127). »Kurzliner« sind kunstharzgetränkte Laminatmanschetten, die nach der jeweiligen Schadenstelle zugeschnitten mithilfe eines »Packers« eingezogen werden. Nötige Vorarbeiten sind Reinigung und – soweit erforderlich – Ausfräsen der Rohre.

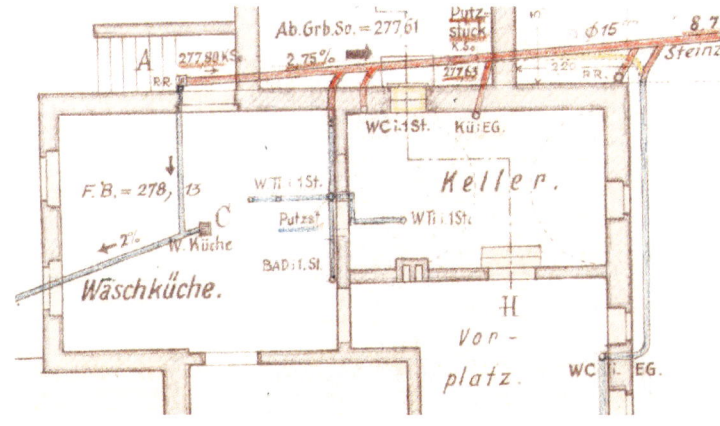

Abb. 125: Alten Entwässerungsplänen können die Lage und die Querschnitte der vorhandenen Abwasserleitungen entnommen werden.

Zur Massenermittlung

Soweit die Abwasserleitungen im Keller sichtbar verlegt sind, kann ihre horizontale Gesamtlänge nach der Lage der Verbrauchstellen grob ermittelt werden. Bei verdeckten Leitungen können überschlägige Ansätze (siehe Kasten) verwendet werden. Die Hausentwässerung ist über einen Schacht an den Kanal angeschlossen. Der Abstand dieses Schachts von dem am weitesten davon entfernten installierten Raum ist die Mindestlänge der Grundleitungen.

Schätzung der Abwasser-Leitungslängen

Abwasserleitung im Haus

horizontal = Abstand Hausanschluss zum am weitesten davon entfernten installierten Raum (Bad, WC, Küche usw.) + (Anzahl der Verbrauchstellen × 2) [m]

vertikal = Anzahl der installierten Räume (Bad, WC, Küche) × Geschosszahl* × 3 [m]

* Anzahl der Geschosse bis zum nächsten darunter liegenden installierten Raum oder bis zum Keller (oder zur Bodenplatte)

Grundleitungen

= (Abstand Schacht (Straßenkanal) von dem am weitest davon entfernten installierten Raum) × 1,5 [m] *

* befinden sich Sammelleitungen unter der Kellerdecke, so ist hier nur der Abstand der Stelle, an welcher die Leitung aus dem Haus führt, zum Schacht anzusetzen.

Worauf ist besonders zu achten?

Abwasserleitungen müssen ein Mindestgefälle von 1 bis 1,5 Prozent aufweisen. Größere Gefälle (bis zu 9 Prozent) sind fallweise für den Anschluss von Verbrauchstellen vorgeschrieben. Abwasserleitungen müssen belüftet sein. Dies geschieht durch Ventile oder durch die Fortführung der Leitung bis über das Dach. Nach früherer Regelung mussten die Rohrmündungen zu Fenstern einen Mindestabstand von 2 m einhalten. Dies wird heute nicht mehr gefordert, sollte aber im Hinblick auf mögliche Belästigung beachtet werden.

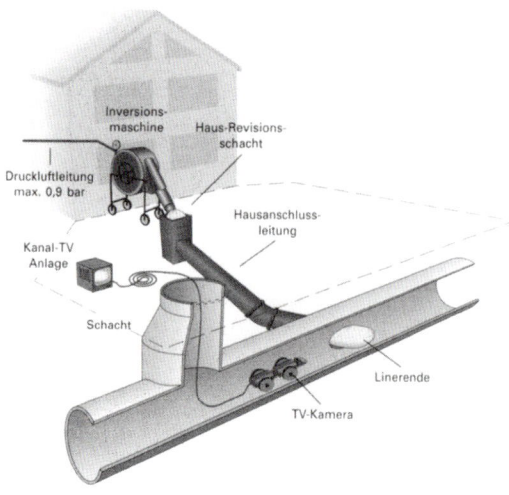

Abb. 127: Sanierung von Grundleitungen mithilfe der Liner-Technik (hier Einbringen des Liners mit Druckluft)

Zu beachtende Vorschriften

Für die Ausführung von Abwasseranlagen gelten DIN 1986 »Entwässerungsanlagen für Gebäude und Grundstücke« (mehrere Teile), DIN EN 1610 »Verlegung und Prüfung von Abwasserleitungen und -kanälen« und DIN EN 12056-2 »Schwerkraftentwässerungsanlagen innerhalb von Gebäuden«. Ist VOB vereinbart, gilt zudem DIN 18381 »Gas-, Wasser- und Entwässerungsanlagen innerhalb von Gebäuden«.

Kosten Instandsetzung Abwasser	EUR/lfm
Abwasserinstallation	
• Ausbau von Rohrleitung, in der Wand verlegt, inkl. Entsorgung	25 – 35
• neue Abflussleitung, unter Putz verlegt, PVC-hart, Nennweite 100 mm	35
Überprüfen der Abwassersystems	
• Kamerabefahrung (Videoaufzeichnung) inkl. Geräte, Arbeitszeit, DVD-Aufzeichnung	30
• Reinigung, Ausfräsen der Rohre (als Zulage)	15
Grundleitungen	
• Instandsetzung durch Einziehen einer Auskleidung (Kurz- und Inlinertechnik)	300

Tab. 128: Kosten der Prüfung, Instandsetzung und Erneuerung der Abwasserinstallationen

WASSERLEITUNGEN

Weitaus die meisten Sanitärinstallationen werden erneuert, weil das alte Bad nicht mehr gefällt. Dabei geht es hauptsächlich um die Sanitärobjekte und die Armaturen. Zwangsläufig hat man sich dann auch mit dem Leitungsnetz der Wasserversorgung auseinanderzusetzen. Sind die Rohre älter als 50 Jahre, ist an eine Erneuerung zu denken (siehe Tab. 129).

Da die Leitungen meistens in der Wand verlegt sind, geht eine Erneuerung nicht ohne massive Beschädigung der Wände ab, oft auch der Böden. Es steht damit auch zumindest eine teilweise Erneuerung der Wandoberflächen und der Bodenbeläge an. Hier soll es aber nur um die Wasserinstallation gehen, die Erneuerung der Beläge wird in separaten Kapiteln behandelt.

Schäden des Rohrnetzes

Wasserleitungen

Es ist riskant, mit der Erneuerung des Rohrnetzes bis zu einem Rohrbruch zu warten. Dann hat man neben der nun unumgänglichen Neuinstallation auch noch den Wasserschaden, dessen Beseitigung unter Umständen teurer kommt, als die neuen Wasserrohre. Es ist deshalb bei Anzeichen von Schäden dringend geboten, die Rohre sorgsam überprüfen zu lassen, soweit man nicht selbst erkennt, dass es Zeit ist zu handeln.

Alte Wasserrohre sind aus Stahl oder Kupfer, früher wurde verbreitet auch Blei verwendet und hat sich, weil äußerst langlebig, in manchen Gebäuden bis heute erhalten. Die gesundheitsschädigende Wirkung von Blei ist bekannt, ein Austausch solcher Leitungen ist deshalb immer angebracht, auch dann, wenn die Leitungen intakt sind. Heute werden zunehmend Kunststoffrohre (PVC, Polyäthylen, Polypropylen) eingebaut. Kupferrohre können 80 Jahre, Stahlrohre 60 Jahre gebrauchsfähig sein; häufig werden diese Lebensdauern aber nicht erreicht. Warmes Wasser ist aggressiver als kaltes, was die Lebensdauer beider Materialien nahezu halbieren kann.

Rost an Stahlrohren ist ein Alarmzeichen: Sie müssen kurzfristig erneuert

Abb. 130: So sieht es in Räumen aus, in denen das Rohrnetz der Wasserversorgung erneuert wurde. Anschließend müssen der Gipser, der Fliesenleger und der Maler kommen, damit der Raum wieder bewohnbar wird.

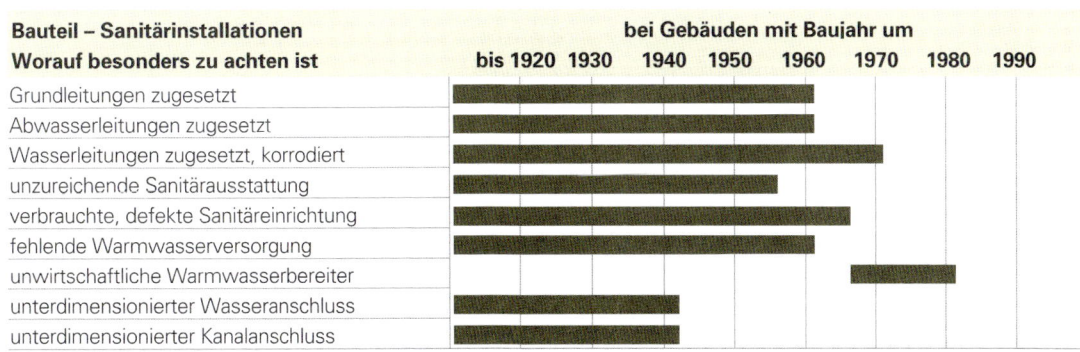

Bauteil – Sanitärinstallationen Worauf besonders zu achten ist	bei Gebäuden mit Baujahr um bis 1920 – 1970
Grundleitungen zugesetzt	bis 1920 – 1960
Abwasserleitungen zugesetzt	bis 1920 – 1960
Wasserleitungen zugesetzt, korrodiert	bis 1920 – 1970
unzureichende Sanitärausstattung	bis 1920 – 1960
verbrauchte, defekte Sanitäreinrichtung	bis 1920 – 1970
fehlende Warmwasserversorgung	bis 1920 – 1970
unwirtschaftliche Warmwasserbereiter	1970 – 1980
unterdimensionierter Wasseranschluss	bis 1920 – 1950
unterdimensionierter Kanalanschluss	bis 1920 – 1950

Tab. 129: Häufige Mängel von Sanitärinstallationen im Bestand nach Baujahr

Abb. 131: Wasserinstallation von 1935. Ein paar Jahre hätte es das Rohrnetz aus Stahl sicher noch gemacht. Eine Badrenovierung ohne Erneuerung der Leitungen kommt aber bei diesem Alter der Rohre nicht infrage. Es ist allerdings möglich, Guss-Abwasserrohre aus dieser Zeit weiter zu verwenden, wenn sie sich in gutem Zustand befinden.

werden. Sind nur die Rohrverbindungen angerostet, kann das Rohrnetz wohl noch einige Jahre genutzt werden. Risse und undichte (Löt-)Verbindungen sind bei Kupfer u.a. wegen der dünneren Rohrwandung häufiger als bei Stahl.

Wasserleitungen setzen sich durch Rost und Kalk (bei »hartem« Wasser) mit der Zeit zu. Das verringert den Wasserdruck. Man kann das testen: An der höchstgelegenen Zapfstelle wird der Kaltwasserhahn eines Waschbeckens bis zum Anschlag aufgedreht. Dann wird das kalte Wasser an der Wanne voll aufgedreht. Verringert sich der Durchfluss beim Waschbecken deutlich, hat sich das Rohrnetz bereits erheblich zugesetzt. Die Erneuerung der Rohre kann dann bereits nach wenigen Jahren nötig sein. Ebenso werden die Warmwasserleitungen geprüft.

Erneuerung von Armaturen und Sanitäreinrichtungen

Sanitäreinrichtungen werden meistens erneuert, weil sie dem Zeitgeschmack nicht mehr entsprechen. Oft sind auch veraltete oder defekte Armaturen der Grund. Gute Keramik ist langlebig, doch sind passende neue Armaturen nicht mehr lieferbar, muss komplett ausgewechselt werden. Eine defekte Waschtischarmatur kann deshalb bei aufeinander abgestimmter Einrichtung zur Erneuerung des gesamten Bads führen. Eine zumindest teilweise Erneuerung des Rohrnetzes kann auch erforderlich werden, wenn alte Sanitärobjekte ausgetauscht werden sollen und die Anschlüsse für die neuen Objekte nicht passen. Nicht selten sind auch die Altobjekte nicht ohne Beschädigung der Anschlüsse auszubauen, was dann ebenfalls neue Anschlussleitungen erfordert.

Rohrnetz erneuern

Trassenführung

Soweit möglich, sollten alte, nicht mehr benötigte Leitungen ausgebaut werden. Damit schafft man zugleich den Raum für die Neuinstallation, vor allem für die Steigleitungen. Das gilt allerdings nicht für Warmwasserleitungen in Außenwänden. Die vorhandenen Schlitze reichen in der Regel nicht aus, um die hier notwendige (und geforderte) Dämmung unterzubringen. Von einer Erweiterung der Schlitze ist abzuraten. Beim Herstellen neuer Schlitze in tragenden Wänden sind die Beschränkungen der Tabelle 133 zu beachten.

Auch sollte vermieden werden, wasserführende Leitungen unter Estrichen auf Massivdecken zu verlegen. Hier müsste im Falle eines Schadens der komplette Fußbodenaufbau herausgenommen werden; eine Trocknung würde den Raum für Monate unbenutzbar machen. Dagegen spricht auch der problematische Einbau: Soll die erwünschte Trittschalldämmung uneingeschränkt erhalten bleiben, muss die Höhe der auf der Decke ver-

> **Tote Leitungen abtrennen**
>
> Stehendes Wasser in nicht mehr genutzten Leitungen ist ein idealer Nährboden für Bakterien. Hier können sich Legionellen bilden. Gelangen diese in den Trinkwasserkreislauf, besteht ein hohes gesundheitliches Risiko. Deshalb sind alle nicht weiter benutzten Trinkwasserleitungen auszubauen oder zu entleeren und vom Leitungsnetz abzutrennen.

Abb. 132: Erneuerte Trinkwasserinstallation mit Kunststoffrohren in einem Einfamilienhaus. Wichtig ist die Befestigung der Rohre mit körperschalldämmenden Rohrschellen in den vorgeschriebenen Abständen. Werden diese Abstände nicht eingehalten, können die Rohre beim Wasserdurchfluss (Öffnen und Schließen der Armaturen) in Schwingungen versetzt werden.

legten Rohre mit einer gesonderten Schicht ausgeglichen und der Fußboden entsprechend angehoben werden. Das übliche Einschneiden der Leitungen in die Trittschalldämmung macht deren Wirkung weitgehend hinfällig, ist also Pfusch.

Die alten Leitungen wird man nur in den Wänden belassen, wenn neue Trassen gefunden werden. Eine »Vor-Wand-Installation« ist dann der zumeist aufwändigeren Verlegung »Unter-Putz« vorzuziehen. Die auf der Wand verlegten Leitungen können mit Wandbauplatten verkleidet oder in eine Vormauerung aus leichten Steinen eingebettet werden. Beide Lösungen beanspruchen Raum.

Es ist darauf zu achten, dass zur Befestigung der Rohre körperschalldämmende Befestigungsmittel verwendet werden. Das muss kontrolliert werden, solange die Leitungen freiliegen.

Wahl des Rohrmaterials

Bei der Wahl des Rohrmaterials neuer Leitungen ist die Qualität und Beschaffenheit des Trinkwassers am Ort zu berücksichtigen. Entscheidenden Einfluss auf das Korrosionsverhalten haben der pH-Wert sowie der Nitrat- und Kalkgehalt. Das gilt vor allem, wenn Stahl-, Kupfer- oder Edelstahlrohre verwendet werden sollen. Vielerorts stellen die Wasserversorgungsbetriebe Wasseranalysen und Empfehlungen für die Wahl des Rohrmaterials zur Verfügung.

Haben die zu erneuernden Rohre ein stattliches Alter erreicht, können Sie beim bewährten Material bleiben. Fragen Sie den Installateur oder den zuständigen Wasserversorgungsbetrieb, ob es Einschränkungen oder

Wanddicke [mm]	horizontal und schräg		vertikal			
	Schlitztiefe bei Schlitzlänge *		Schlitztiefe	Schlitzbreite		
	unbeschränkt [1]	≤ 1,25 m [2]		einzeln	gesamt [4]	
≥ 115	–	–	≤ 10	≤ 100	–	
≥ 175	0	≤ 25	≤ 30	≤ 100	≤ 260	
≥ 240	≤ 15	≤ 25	≤ 30 [3]	≤ 150	≤ 385	
≥ 300	≤ 20	≤ 30	≤ 30 [3]	≤ 200	≤ 385	
≥ 365	≤ 20	≤ 30	≤ 30 [3]	≤ 200	≤ 385	

Tab. 133: In tragenden Wänden ohne Nachweis zulässige, nachträglich hergestellte Schlitze nach DIN 1053-1. Schlitze sollten grundsätzlich nicht geschlagen, sondern gefräst werden.

[1] Wenn Werkzeug Tiefen genau einhält, dürfen diese um 10 mm erhöht werden
[2] Mindestabstand längs zu Öffnungen ≥ 490 mm, zum nächsten Horizontalschlitz 2-fache Schlitzlänge
[3] bis maximal 1 m über Fußboden: Tiefe bis 80 mm, Breite bis 120 mm
[4] je 2 m Wandlänge, bei geringerer Wandlänge proportional zu reduzieren

* nur ≤ 0,4 ober-/unterhalb Rohdecke sowie jeweils an einer Wandseite, unzulässig bei Langlochziegeln

Empfehlungen für das Rohrmaterial gibt. Nehmen die Korrosionsschäden im Versorgungsbereich zu, sollten Sie auf Kunststoffrohre ausweichen. Sie sind korrosionsbeständig und verkrusten nicht.

Warmwasserversorgung

Vor der Erneuerung von Sanitärinstallationen und Rohrleitungsnetzen steht die Frage, wie zukünftig die Warmwasserversorgung erfolgen soll, zentral oder dezentral. Jetzt ist Gelegenheit, das bisherige System abzulösen, wenn es bessere Alternativen gibt.

Was im Einzelfall besser ist, hängt davon ab, was vorhanden ist und was man erreichen will:

- möglichst geringen Energieverbrauch, also niedrige Kosten
- Unabhängigkeit der einzelnen Nutzungseinheiten
- Eignung für Einsatz erneuerbarer Energie.

Zentrale Warmwasserbereitung

Die zentrale Warmwasserversorgung gilt als besonders komfortabel. Bei Gebäuden mit vielen Nutzungseinheiten ist das zentrale System zudem zumeist die kostengünstigste Lösung und die mit der besten Energieausnutzung bei der Wärmeerzeugung. Bei kleinen Gebäuden, speziell bei Einfamilienhäusern wird der Komfort allerdings oft mit Unwirtschaftlichkeit erkauft, wenn der Vorteil des hohen Wirkungsgrads durch lange Zuleitungen und die damit verbundenen erheblichen Verteilungsverluste mehr als aufgehoben wird. Besonders hoch sind diese Verluste bei

- Anlagen, die mit einer Wassertemperatur von mehr als 55 °C betrieben werden
- ungedämmten Warmwasserleitungen in unbeheizten Räumen oder in Außenwänden
- ungesteuerter Zirkulation
- überdimensionierten Warmwasserspeichern
- langen Leitungswegen zu den Verbrauchsstellen.

Ist eine Zirkulation vorhanden, dann muss diese mit einer selbsttätigen (beispielsweise zeitgesteuerten) Abschaltung ausgestattet werden. Da bei Gebäuden mit vielen Wohnungen nur nachts längere Abschaltphasen vorkommen werden, bleiben auch die reduzierten Verluste beträchtlich. Das gilt besonders für den Betrieb außerhalb der Heizperiode, wenn die Wärmeverluste nicht der Heizung zugute kommen.

Warmwasserleitungen in unbeheizten Räumen müssen nach den Vorschriften der EnEV gedämmt werden (siehe Tab. Seite 107).

Der Einbau von Heizbändern zur Kompensation der Wärmeverluste der Warmwasserverteilung ist nur dann zu empfehlen, wenn damit eine bereits vorhandene Zirkulation stillgelegt werden kann und dadurch die Energieverluste reduziert werden. Ob das tatsächlich der Fall ist, muss nachgerechnet werden. Als generelle Alternative für eine Zirkulation ist diese Lösung wegen der Fragwürdigkeit des Einsatzes von Strom zur Wärmeerzeugung nicht zu empfehlen. Zwar werden damit im Vergleich zu einer Versorgung ohne Zirkulation die Ausstoßzeiten und die Trinkwasserverluste reduziert, besser ist es jedoch, stattdessen eine dezentrale Versorgung einzurichten. Zu berücksichtigen ist auch, dass Heizbänder eine Lebensdauer von 15 bis 20 Jahren haben und nicht repariert werden können.

Anforderungen der EnEV

In unbeheizten Räumen müssen ungedämmte, zugängliche Warmwasserleitungen und -armaturen nach den Vorgaben der Tabelle 139 seit Ende 2006 gedämmt sein. Bei selbst genutzten Ein- und Zweifamilienhäusern muss dies erst bei einem Eigentümerwechsel gemacht werden. Der neue Eigentümer hat dann zwei Jahre Zeit, die Rohrdämmung vorzunehmen.

Dezentrale Warmwasserbereitung

Die dezentrale Warmwasserbereitung ist im Altbaubestand der Zeit vor 1950 die Regel, verbreitet auch in Verbindung mit einer Etagenheizung. Auch dort, wo Zentralheizungen eingebaut wurden, verzichtete man oft aus Kostengründen auf eine zentrale Warmwasserversorgung. Viele Nutzer schätzen die damit verbundene Unabhängigkeit und Kostenkontrolle. Wo Warmwasseranlagen nachträglich installiert wurden, findet man Badeöfen mit Kohle-, Gas- oder Elektrobetrieb. Dort wo es eine öffentliche Gasversorgung gibt, sind Gasdurchlauferhitzer verbreitet. Sie versorgen bei entsprechender Grundrissgestaltung Bad und Küche zugleich. Solche Geräte sind auch mit hohem Alter

Dämmung von Trinkwasserleitungen

Um die Rohre gegen das Entstehen von Schwitzwasser zu schützen und um eine Erwärmung des Trinkwassers zu verhindern, sind folgende Dämmschichtdicken (Wärmeleitfähigkeit 0,04*) gefordert (nach DIN 1988-2):

- mindestens 4 mm
- in beheizten Räumen 9 mm
- neben Warmwasserrohren 13 mm

* Wärmeleitfähigkeit $\lambda = 0{,}04$ W/m·K

noch brauchbar und (gereinigt) hinsichtlich der Abgase einwandfrei. Neue Geräte sind unter Umständen komfortabler, in der Energieverwertung aber kaum besser.
Die Versorgung über elektrische Speicher ist wegen der Speicherverluste und des hohen Primärenergieeinsatzes bei der Stromerzeugung keine zeitgemäße Lösung, allenfalls ein Notbehelf bei knappem Budget. Dasselbe gilt noch verstärkt für elektrische Durchlauferhitzer, für die eine hohe Leistung bereitgestellt werden muss. Diese Geräte gibt es im Leistungsbereich von 3,5 bis etwa 30 kW, wobei für hohe Leistungen ein Drehstromanschluss erforderlich ist. Der Einsatz solcher Geräte ist gleichwohl immer dann sinnvoll, wenn alternative Systeme noch höhere Verluste produzieren. Das trifft für wenig genutzte oder entlegene Zapfstellen zu, wie zum Beispiel im Gäste-WC.
Dezentrale Gasdurchlauferhitzer sind die energetisch günstigste Art der Warmwasserversorgung. Auch bei großen Wohnanlagen sind die zentralen Systeme wegen der hohen Verteilungsverluste deutlich schlechter, soweit sie nicht mit erneuerbaren Energien betrieben werden.

Ermittlung der Massen

Es kann erhebliche Schwierigkeiten bereiten, die Leitungslängen zu ermitteln. Die meisten Leitungen liegen verdeckt und können, wenn keine Pläne existieren, nur über die Lage der Anschlussstellen und der eventuell im Keller sichtbaren Leitungsstrecken geschätzt werden. Soweit keine genauere Ermittlung möglich ist, kann die Größenordnung des Rohrnetzes wie im Kasten (unten) erläutert geschätzt werden. Weisen Sie bei der Beauftragung (schriftlich) darauf hin, dass die Massen geschätzt sind und Abweichungen beim Aufmaß keine Änderung der Einheitspreise bewirken.

Zur Ausschreibung

Sanitäreinrichtungen wie Waschtische oder WCs sollen komplett und angeschlossen angeboten werden. Der Materialpreis ist gesondert auszuweisen. Falls Sie Sanitärobjekte selbst beschaffen wollen, sollten Sie bereits in der Ausschreibung angeben, um welche Produkte es sich handelt. Lassen Sie sich diese ebenfalls anbieten.

Oft werden heute Sanitäreinrichtungen über das Internet bezogen. Dabei handelt es sich häufig um Produkte, die nicht in den Katalogen des Sanitärhandels erscheinen. Hier ist es besonders wichtig, Produktunterlagen zu beschaffen und der Ausschreibung beizufügen. Andernfalls müssen Sie damit rechnen, zusätzliche, nicht im Angebot enthaltene Leistungen bezahlen zu müssen. Der günstige Einkauf kann dann leicht zum schlechten Geschäft werden.
Überlassen Sie bei Erneuerung von Leitungen die Wahl des Rohrmaterials dem Handwerker. Fordern Sie eine körperschallgedämmte Befestigung der Rohre und eine rechtzeitige förmliche Mitteilung, bevor Installationen durch den Fortschritt der Arbeiten verdeckt werden. Dann haben Sie Gelegenheit, das zu überprüfen. Lassen Sie sich Revisionsöffnungen, Druckminderer, Rückflussverhinderer, Rohrbelüftungen und sonstige zum einwandfreien Betrieb erforderlichen Einrichtungen »nach geltenden Vorschriften und technischer Notwendigkeit« anbieten.

Worauf ist besonders zu achten?

Untersuchen Sie alle neu eingebauten Objekte und Armaturen auf Beschädigungen und Kratzer. Abdeckrosetten müssen den Fliesenausschnitt komplett abdecken. Achten Sie auf geometrisch korrekte Montagen (Armaturen mittig).
Kontrollieren Sie die Rohrbefestigungen, vor allem dort, wo sie später nicht mehr sichtbar sind (gedämmte Rohrschellen). Die Befestigungspunkte dürfen einen Maximalabstand, der vom Rohrquerschnitt und vom Rohrmaterial abhängt, nicht überschrei-

---

Ansätze zur Schätzung der Leitungslängen
Kaltwasserleitungen

horizontal = Abstand Hausanschluss zum am weitesten davon entfernten installierten Raum (Bad, WC, Küche etc.) + (Anzahl der Verbrauchstellen × 2) [m]

vertikal = Anzahl der Räume mit Installationen (Bad, WC, Küche) × Geschosszahl* × 3 [m]

   * Zahl der Geschosse bis zum nächsten darunter liegenden installierten Raum oder bis zum Keller oder zur Bodenplatte

Warmwasserleitungen
Ansätze wie Kaltwasserleitungen, dabei werden nur Verbrauchsstellen und Räume mit zentraler Warmwasserversorgung berücksichtigt.
Bei Warmwasserleitungen mit Zirkulation wird der für Warmwasserleitungen ermittelte Wert verdoppelt.

Abb. 134: Frei auf einem Waschtisch stehende Waschbecken sind heute sehr beliebt. Passen die Komplettangebote nicht für Ihre Gestaltungswünsche, dann sollten Sie das Badmöbel nach Maß beim Schreiner in Auftrag geben. Vermerken Sie dann in den Beauftragungen, dass Fertigung und die Installation des Waschtischs in enger Abstimmung der beiden Betriebe erfolgen muss.

Abb. 135: Bäder als Wohnräume, in die Sanitärobjekte eingestellt werden. Dieser Vorstellung entspricht die freistehende Badewanne. Sie erfordert den Verzug von Wasser- und Abwasserleitungen im Boden. Das kann vor allem bei Massivdecken schwer zu realisieren sein. Keinesfalls dürfen ohne Rücksicht auf die Statik der Decke einfach Schlitze eingefräst werden. Deshalb ist auch nicht jede Stelle im Raum für die Aufstellung geeignet.

ten. Kunststoffrohre erfordern geringe Abstände (etwa zwischen 0,5 und 1,0 m), die sich bei Warmwasserleitungen weiter reduzieren.

An vielen Naht- und Anschlussstellen wird nach Fertigstellung der Arbeiten abgefugt. Im Anschluss an Flächen, die mit Anstrichen versehen werden, sollte überstreichfähige und abwaschbare Fugenmasse (Acryl) verwendet werden. Klären Sie rechtzeitig ab, wo nicht abgefugt werden soll. So stört die Abfugung eines aufgesetzten Waschtischs zum Badmöbel (siehe Abb. 134) erheblich. Hier sollten Dichtbänder eingelegt werden, die ausreichend Schutz gegen eindringendes Wasser bieten.

Kosten von Wasserinstallationen	EUR/lfm
Wasserinstallationen	
• Ausbau alter Rohrleitung, in der Wand verlegt, inkl. Entsorgung	20 – 30
• neues Rohrnetz, unter Putz, nach Material und Querschnitt (ohne Schlitz-/Putzarbeiten)	30 – 55
• Dämmung ungedämmter Heizrohre nach EnEV, gemittelt über alle Querschnitte	7
	EUR/Stück
Ausbau und Entsorgung von Sanitärobjekten	
• Waschtisch, WC, Spüle, Bidet	60
• Dusche mit Kabine, Badewanne eingebaut	250
Sanitärobjekte erneuern (mittlerer Standard, inkl. Armaturen, fertig angeschlossen)	
• Waschtisch, WC, Bidet, Urinal	1000
• Dusche mit Kabine, Badewanne eingebaut	1500
Warmwasserbereiter inkl. Vorarbeiten, Anschlüsse und Energieversorgung	
• Durchlauferhitzer 21 kW	350
• Elektro-Kochendwassergerät (Küche)	150
• Gasdurchlauferhitzer	1050

Tab. 136: Kosten der Instandsetzung und Erneuerung von Wasserinstallationen und Warmwasserbereitung

ERNEUERUNG DER HEIZUNGSANLAGE

Die Umstellung eines Hauses von der Beheizung mit Einzelgeräten (Einzelöfen) auf Zentralheizung erfordert umfangreiche Berechnungen und qualifizierte Planung. Die Mitwirkung eines Fachingenieurs ist hier unverzichtbar, weshalb diese Maßnahme hier nicht behandelt wird.

Das gilt auch für den Einbau einer Etagenheizung anstelle von Einzelheizgeräten, gleichwohl wird das häufig ohne Fachplaner gemacht. Und die Erneuerung des Kessels einer vorhandenen Zentralheizung wird regelmäßig allein dem Heizungsbauer überlassen.

Zentralheizungen

Seit der Ölkrise 1973 gab es eine Reihe von Vorschriften, die darauf abzielten, die Heizungsanlagen zu verbessern und zu modernisieren. Seit 2002 gilt für neue wie für bestehende Anlagen und deren Erneuerung und Modernisierung die Energieeinsparverordnung. Auch wenn Sie eine Modernisierung der Heizungsanlage nicht beabsichtigen, sind Sie möglicherweise nach dieser Verordnung zu Veränderungen verpflichtet. Das zu prüfen (siehe Kasten Seite 109) ist besonders wichtig, wenn eine Anlage wegen Leerstand über längere Zeit nicht in Betrieb war oder wenn Sie vor kurzem ein Ein- oder Zweifamilienhaus erworben haben.

Doch auch dann, wenn Ihre Anlage die gesetzlichen Anforderungen erfüllt, bedeutet das nicht, dass Ihre Heizung auch wirtschaftlich ist. Gerade für kleinere Wohngebäude und bestehende Anlagen stellen die Vorschriften nur Mindestanforderungen. Aus Kostengründen aber wird man eine Erneuerung oder Veränderung der Heizung erst dann vornehmen, wenn zumindest Teile der Anlage bereits Mängel zeigen.

Rohrnetz – Korrosionsschäden

Das Rohrnetz und die Heizkörper von Warmwasserheizungen sind durch den ständigen innenseitigen Kontakt mit heißem Wasser besonders korrosionsgefährdet. Das gilt sowohl für Stahl- als auch für Kupferrohre, bei Letzteren vor allem die Lötstellen. Äußere Rostflecken an den Heizkörpern sind zumeist nur auf fehlenden Anstrich zurückzuführen. Tritt bei einem Rohrnetz Durchrostung von innen her auf, so müssen Sie damit rechnen, dass die Rohre insgesamt in schlechtem Zustand sind und erneuert werden müssen. Man rechnet grob mit einer Lebensdauer von 30 bis 40 Jahren, manche Rohre halten aber auch nur 20 Jahre, andere weit über 40 Jahre.

Bei alten Rohrnetzen, zumal dann, wenn die Anlagen noch aus der Vorkriegszeit stammen, wird man Ihnen die Erneuerung des Netzes empfehlen, dies unter Umständen auch mit Hinweis auf »das große Risiko« als unumgänglich darstellen. Doch das Alter des Rohrnetzes sagt selten etwas über dessen Gebrauchstauglichkeit. Es kommt allein auf den Zustand der Rohre an und der kann auch bei sehr alten Anlagen recht gut sein (siehe Abb. 141, 142).

Abb. 137: Öl-Zentralheizung von 1985. Die Anlage arbeitete einwandfrei, jedoch mit unbefriedigendem Wirkungsgrad. Deshalb wurde sie durch eine Gasbrennwertheizung ersetzt. Um die Wärmeverluste der Aufstellung im Keller zu vermeiden, wurde die neue Anlage im Erdgeschoss untergebracht.

Heizkörper – Erneuerung des Anstrichs

Die Heizkörper sind bei alten Anlagen zumeist so alt wie das Rohrnetz, nicht selten aus der Vorkriegszeit. Häufig sind solche alten Heizkörper aus Guss und nahezu unverwüstlich. Sie sind für Schwerkraftbetrieb ausgelegt, was große Strömungsquerschnitte erfordert. Für den heutigen Betrieb mit Umwälzpumpe sind sie überdimensioniert, eignen sich deshalb aber für Niedertemperaturbetrieb und können zumeist weiterverwendet werden. Bei Gussheizkörpern lohnt sich die Erneuerung des Anstrichs fast immer. Bei alten Stahlheizkörpern ist genau zu prüfen, ob der Aufwand für Demontage, Transport, Abstrahlen und Neulackierung noch lohnt. Neue, moderne Niedertemperaturheizkörper werden fertig lackiert geliefert und bieten bei geringerer Wasserfüllung eine weitaus größere Oberfläche und damit einen höheren Anteil an Strahlungswärme sowie bessere Regelungseigenschaften.

Umstellung auf Niedertemperaturbetrieb

Die Erneuerung des Heizkessels bei Erhalt des vorhandenen Verteilungssystems ist bei alten, ursprünglich als Schwerkraftanlagen konzipierten Heizungsanlagen zumeist unproblematisch. Diese Anlagen sind in der Regel überdimensioniert und können deshalb auch mit niedrigeren Vorlauftemperaturen betrieben werden. Zumeist wird eine Absenkung der Betriebstemperaturen von 90/70 °C (Vorlauf/Rücklauf) auf 70/50 °C gewählt. Das muss aber für den Einzelfall überprüft werden. Hierzu gibt es Hilfsmittel zur Bestimmung des Grades der Überdimensionierung, die der Heizungsbauer kennen sollte.

In den meisten Fällen reichen die vorhandenen Heizkörper auch bei auf 70 °C abgesenkter Vorlauftemperatur aus. Denn erstens sind die Heizkörper zumeist von Haus aus überdimensioniert und zweitens hat sich der Wärmebedarf durch zwischenzeitliche Maßnahmen zur Verbesserung der Wärmedämmung verringert.

Für noch niedrigere Vorlauftemperaturen müssen die Heizflächen vergrößert werden. Das bedeutet den Austausch der Heizkörper oder die Ergänzung des Systems durch zusätzliche Heizflächen (siehe Tab. 138). Das ist im Bestand nur begrenzt möglich. Durch weitere Verbesserung der Wärmedämmung des Gebäudes verringert sich die erforderliche Heizkörpergröße. Damit können die vorhandenen Heizkörper an die niedrigere Vorlauftemperatur »angepasst« werden. Wo das nicht geht, muss geprüft werden, inwieweit größere Heizflächen realisierbar sind.

Genehmigungspflicht

Genehmigungspflichtig sind in der Regel
- der Neu-Einbau von Heizungsanlagen mit mehr als 50 kW Kesselleistung
- der Einbau eines Schornsteins.

Keiner Genehmigung oder Bauanzeige bedürfen
- der Austausch von Heizkesseln (ohne Leistungsbeschränkung)
- der Einbau von Abgasanlagen für Brennwerttechnik bis 7 m Höhe
- der Einbau von Abgasanlagen in vorhandene Schornsteine bis 50 kW Kesselleistung.

Die Regelungen können in den einzelnen Bundesländern hiervon abweichen.

Brennwerttechnik

Soll ein neuer Gas- oder Ölkessel eingebaut werden, sollte man sich für Brennwertkessel entscheiden. Diese Technik nutzt die in den Abgasen als Wasserdampf enthaltene Wärme. Je geringer die Rücklauftemperatur, desto mehr Wärme kann durch Kondensation des Wasserdampfs gewonnen werden, entsprechend höher ist der Wirkungsgrad. Da die Rücklauftemperaturen dann niedrig sind, wenn die Heizung nicht unter Volllast arbeitet, ist der Wirkungsgrad – anders als bei herkömmlichen Kesseln – in den langen Übergangszeiten am größten. Eine überdimensionierte Kesselleistung ist nicht nachteilig. Die

	mittlere Heizwassertemperatur [°C] [1]								
	80	75	70	65	60	55	50	45	40
Wärmeleistung bei auf 90/70 °C ausgelegten Heizkörpern [in %]	100	89	78	69	59	49	40	32	24
erforderliche Vergrößerung der Heizflächen (Faktor)	1,0	1,1	1,3	1,5	1,7	2,0	2,5	3	4,0

[1] Mittelwert von Vor- und Rücklauftemperatur

Tab. 138: Erforderliche Vergrößerung der Heizflächen bei Änderung der Betriebstemperaturen der Heizungsanlage

Tab. 139: Wärmedämmung von Heizwärmeverteilungs- und Warmwasserleitungen sowie Armaturen (nach EnEV Anhang 5 Tabelle 1)

Art der Leitungen/ Armaturen	Mindestdicke Dämmschicht WLG 035
1 Ø innen bis 22 mm	20 mm
2 Ø innen über 22 bis 35 mm	30 mm
3 Ø innen über 35 bis 100 mm	gleich Ø innen
4 Ø innen über 100 mm	100 mm
5 für Leitungen/Armaturen nach Zeile 1 bis 4 – in Wand- und Deckendurchbrüchen – im Kreuzungsbereich von Leitungen, Leitungsverbindungsstellen usw.	halber Wert nach Zeile 1 bis 4
6 für Leitungen von Zentralheizung nach Zeile 1 bis 4 bei Verlegung nach Inkrafttreten in Bauteilen zwischen beheizten Räumen verschiedener Nutzer	halber Wert nach Zeile 1 bis 4

extrem niedrigen Abgastemperaturen bewirken Kondensatbildung im Kamin. Das erfordert besondere, gegen leichte Säuren unempfindliche Abgasrohre aus Aluminium, Kunststoff oder Edelstahl (hierzu ab Seite 111). Brennwertkessel gibt es auch für Ölbetrieb. Die Mehrkosten zu üblichen Ölkesseln sind aber deutlich höher als bei Gasgeräten.

Der Nutzungsgrad von Brennwertkesseln hängt davon ab, wie weit die Systemtemperatur abgesenkt werden kann. Die Brennwertwirkung setzt erst bei Temperaturen um 55 °C ein; ideal sind deshalb Anlagen mit Systemtemperaturen von 55/45 °C und darunter, zum Beispiel in Verbindung mit einer Fußbodenheizung. Bei höheren Systemtemperaturen wird Kondensationswärme nur in der Übergangszeit genutzt. Dennoch macht dies den Einbau von Brennwertkesseln nicht unwirtschaftlich, vor allem dann, wenn die Anpassung des vorhandenen Schornsteins für Brennwerttechnik günstiger ist als die Anpassung für Niedertemperaturbetrieb (siehe Kapitel Seite 111).

Rohrnetz dämmen

Frei, das heißt zugänglich verlegte Heizungsrohre in unbeheizten Räumen müssen gedämmt werden. Die heute geforderten Dämmdicken übersteigen die früher üblichen zum Teil erheblich. Soweit die Rohre in den letzten Jahren bereits gedämmt wurden, sollte man das so belassen. Sind die Rohre noch ungedämmt oder ist die Dämmung alt und schadhaft, so ist eine Wärmedämmung nach der Tabelle 139 dringend zu empfehlen und nach der Energieeinsparverordnung auch gefordert. Dies gilt auch für neu verlegte oder erneuerte Rohrleitungen.

Solche Dämmarbeiten werden häufig von den Heizungsfirmen an darauf spezialisierte Betriebe weitervergeben (Subunternehmer). Das kann sich

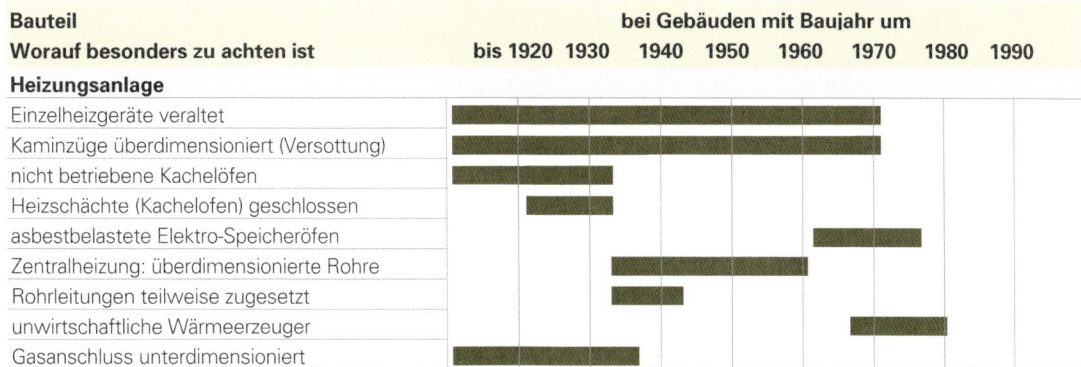

Tab. 140: Häufige Mängel von Heizungsanlagen im Bestand nach Baujahren

Abb. 141, 142: Die Abbildungen zeigen in der Außenwand verlegte Heizungsrohre aus dem Jahr 1935. Sie wurden – eingepackt in Lehm – nahezu wie neu vorgefunden. Auch hier hatte der Heizungsbauer die Erneuerung des Netzes als selbstverständlich angesehen. Der eingeschaltete Fachingenieur erkannte jedoch, dass die vorhandenen Leitungen weiterverwendet werden konnten.

lohnen, muss es aber nicht. Schreiben Sie diese Arbeiten gesondert aus und holen Sie dafür Angebote ein. Je nach Ergebnis vergeben Sie dann an die Heizungsfirma oder direkt an das Spezialunternehmen.

Etagenheizung einbauen

Zur Modernisierung der Heizung einzelner Wohnungen im Mehrfamilienhaus gibt es die Etagenheizung für alle gängigen Brennstoffe. Ist Gas im Haus, empfiehlt sich ein Gaskessel wegen des hohen Wirkungsgrads und der günstigen Abgaszusammensetzung. Auch entfällt die Brennstofflagerung. Besonders vorteilhaft sind Brennwertgeräte. Brennwertkessel werden wandhängend (Thermen) vorzugsweise in der Küche oder im Bad aufgestellt (siehe Abb. 111). Besonders interessant wird der Einbau von Etagenheizungen, wenn geplante gesetzliche Regelungen in Kraft treten, nach denen Elektrospeicherheizungen mittel- bis langfristig außer Betrieb genommen werden müssen (siehe Kasten Seite 110).

Innenliegende Heizkörper

Der Einbau des Rohrnetzes ist im Altbau immer mit Schwierigkeiten verbunden. Bei Etagenheizungen entfällt zusätzlich die Möglichkeit, Heizkörper über Steigleitungen (von unten her) zu versorgen. Vorteilhaft und kostengünstig ist es, die Heizkörper dort anzubringen, wo vorher die Einzelheizgeräte standen. Die horizontale Verteilung verläuft in der Diele unter der Decke. Damit erreicht man fast jeden Heizkörper mit kurzen Anschlussleitungen von oben. Diese kann man (ungedämmt) auch unter Putz legen, wobei die Beschränkungen nach der Tabelle 133 zu beachten sind. Eine Deckenabhängung verbirgt die gedämmten horizontalen Leitungen. Die Leitungslängen und -verluste sind hierbei äußerst gering.
Einwände gegen diese Lösung gibt es, weil damit die Luftzirkulation anders verläuft als bei Heizkörpern unter den Fenstern. Verglichen mit der vorherigen Situation verbessern sich jedoch diese Verhältnisse mit Sicherheit. Zudem sind bei dieser Anordnung die Wärmeverluste geringer.

Heizungsrohre – Verlegung

Liegen die Heizflächen an den Außenwänden, müssen andere Trassierungen gefunden werden. Werden Holzbalkendecken im Zuge der Modernisierung geöffnet, so kann in der Decke verzogen werden. Andernfalls bleibt wegen der Türen meist nur der Weg »außen herum«. Viele Handwerker werden Ihnen vorschlagen, ins Außenmauerwerk einzuschlitzen. Ein nach Vorschrift gedämmtes Rohr erfordert eine Schlitztiefe von mindestens 6 cm. Solche horizontale Schlitze beeinträchtigen die Standsicherheit tragender Wände und sind deshalb unzulässig.

Verlegung in Sockelkanälen

Sockelkanäle werden in Holz oder in Kunststoff angeboten. Die Dämmung der Rohre nach Energieeinsparverordnung ist nur in unbeheizten Räumen erforderlich. Direkt auf Putz angeordnete Sockelkanäle wirken ziemlich wuchtig. Dies kann gemindert werden, wenn der Putz entsprechend ausgefräst wird. Bei dicken Wänden (30 cm oder mehr) kann

Einsatz erneuerbarer Energie

Mit gesetzlichen Initiativen seitens der Regierungen von Bund und Ländern soll der Einsatz erneuerbarer Energie für die Wärmeerzeugung vorangebracht werden. Baden-Württemberg spielte hier den Vorreiter und verabschiedete ein »Wärmegesetz«, das für bestehende Gebäude ab 1.1.2010 anzuwenden ist. Danach müssen nach einer Erneuerung zentraler Heizungsanlagen 10 Prozent des Wärmebedarfs aus erneuerbarer Energie gedeckt werden.

Diese Anforderung wird in den meisten Fällen am kostengünstigsten durch eine solarthermische Anlage zur Warmwasserbereitung erfüllt.

Das Gesetz bietet eine Katalog alternativer und Ersatzmaßnahmen an, unter anderem auch bei Gasheizungen die Beimischung von Biogas (10 Prozent). Schon jetzt garantieren Gasanbieter eine Beimischung von über 5 Prozent. Es lohnt sich also, diese Angebote zu verfolgen.

Das vom Bund erlassene »Gesetz zur Förderung erneuerbarer Energien im Wärmebereich« ist seit 2009 in Kraft, enthält aber keine Regelungen für den Gebäudebestand. Dieser Bereich bleibt damit weiterhin den Bundesländern überlassen. Es ist also nötig, sich über die jeweiligen gesetzlichen Bestimmungen zu informieren.

> **EnEV: Anforderungen an Heizungsanlagen**
>
> (1) außer Betrieb nehmen: Gas- und Öl-Heizkessel die vor dem 1.10.78 eingebaut wurden (gilt nicht für Kessel mit < 4 oder > 400 kW, Niedertemperatur- und Brennwertkessel)
> (2) Rohrnetz dämmen: siehe entsprechende Abschnitt Seite 107
> (3 Zentralheizungen: zentrale selbsttätige Verringerung u. Abschaltung der Wärmezufuhr sowie Ein-/Ausschaltung elektrischer Antriebe in Abhängigkeit von der Außentemperatur (o.ä.) und der Zeit
> (4) Warmwasserheizungen: selbsttätig wirkende raumweise Regelung der Raumtemperatur.

Mauerwerk auch etwa 2 cm tief eingefräst werden (nicht schlagen!). Zusammen mit der Putzdicke ermöglicht das sehr schlanke Sockelkanäle (siehe Abb. 144).

Wegen der beengten Verhältnisse ist besonders darauf hinzuwirken, dass die Leitungen so knapp wie möglich bemessen werden. Eventuell kann das Rohrnetz auch geteilt werden. Wenn in Holzbalkendecken oder unter schwimmenden Unterböden verlegt wird, kann es vorteilhaft sein, jeden Heizkörper einzeln anzufahren. Die Rohrquerschnitte können dann sehr klein werden.

Überlegen Sie vor Ausschreibung der Arbeiten, wie die Leitungen verlegt werden können. Bei Wandöffnungen wie Balkontüren oder raumhohen Fenstern müssen Wege gefunden werden, die Leitungen in Schwellen oder im Boden zu verziehen. Beachten Sie hierbei die Bauart der Decke, bei Holzbalkendecken die Balkenlage.

Zur Massenermittlung

Die Anzahl der Heizflächen ergibt sich zumeist aus der Anzahl der beheizten Räume und – bei größeren Räumen (ab etwa 25 Quadratmeter) – der Anzahl der Fenster. Werden Heizkörper erstmalig eingebaut, kann es auch vorteilhaft sein, größere Heizkörper neben den Fenstern unabhängig von der Lage der Fenster anzuordnen. Das kann erst entschieden werden, wenn die Größe der Heizkörper nach der erforderlichen Heizleistung bekannt ist. Diese muss von der ausführenden Firma berechnet werden.

Die Länge der vorhandenen Heizleitungen kann – bei Erneuerung der Leitungen – anhand der Lage der Heizkörper und der Geschosshöhe recht einfach ermittelt werden. Die horizontalen Leitungen verlaufen bei unterkellerten Gebäuden in der Regel unter der Kellerdecke. Sind die horizontalen

Abb. 143: Auf solche Überraschungen muss man bei der Erneuerung alter Heizungsanlagen gefasst sein: Im Mauerwerk versteckte Heizkörperentlüftung.

ERNEUERUNG DER HEIZUNGSANLAGE

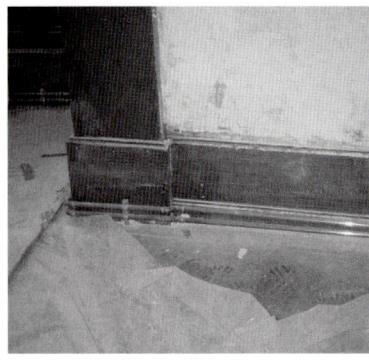 

Abb. 144, 145: Beim Einbau von Etagenheizungen empfiehlt sich die Verlegung der horizontalen Heizleitungen in Sockelkanälen. Im Altbau mit Sockelbrettern lässt sich das meistens unauffällig bewerkstelligen. Gibt es solche Sockelbretter nicht, kann ein Kanal durch Abtragen des Putzes in der erforderlichen Höhe hergestellt werden. Abgedeckt wird der Kanal mit entsprechend hohen Sockelleisten.

Leitungen verdeckt (zum Beispiel bei Gebäuden ohne Keller), dann muss herausgefunden werden, wo und wie die Rohre liegen, denn davon hängt die Art und der Umfang der erforderlichen Arbeiten wesentlich ab.

Worauf ist besonders zu achten?

Wird VOB vereinbart, so gilt für die Ausführung und Abrechnung der Arbeiten DIN ATV 18380 »Heizungsanlagen«. Danach ist bei neuen Heizungsanlagen ein »hydraulischer Abgleich« vorzunehmen, der den Betrieb der Anlage optimiert.

Die Heizungsanlage ist nach dem Einbau und nach dem Schließen von Schlitzen und Durchbrüchen mit Kaltwasser auf ihre Dichtheit zu prüfen. Die Prüfung ist anschließend mit der höchsten geplanten Heizwassertemperatur zu wiederholen.

Zur Abnahme ist eine Funktionsprüfung (Probebetrieb) durchzuführen, danach sind Schmutzfänger und Filter zu reinigen. Häufig treten Fließgeräusche auf, die durch falsche Montage von Thermostatventilen verursacht sein können.

Achten Sie auf lückenlose Wärmedämmung der Leitungsrohre, vor allem im Bereich der Abzweige und Armaturen. Nicht selten werden die »schwierigen« Stellen ausgespart.

Elektrospeicherheizungen

In vielen Altbauten wurden in den 60er und 70er Jahren Einzelöfen durch Elektrospeichergeräte ersetzt. Dies wurde durch billigen, durch die Energieversorger subventionierten Nachtstrom gefördert. Die Kosten des Austauschs lagen erheblich unter den Kosten einer Zentral- oder Etagenheizung. Auch heute werden solche Heizgeräte noch angeboten. Im Hinblick auf den hohen Primärenergieeinsatz für die Stromerzeugung sollte man davon Abstand nehmen. Zudem sind die Heizstromkosten auf das Niveau der Kosten von Öl und Gas gestiegen, ganz abgesehen vom geringen Heizkomfort dieser Geräte. Der Ersatz dieser Heizungen durch andere Systeme ist sehr zu empfehlen.

Tab. 146: Kosten der Verbesserung und Erneuerung von Heizungsanlagen

Kosten	EUR/Stück
Vorhandene Zentralheizungsanlage erneuern, ohne Regelung, inkl. Entsorgung der Altanlage Niedertemperatur-Heizkessel bis ca. 50 kW	
• Gaskessel	4200
• Ölkessel	5100
Vorhandene Heizungsanlage nachrüsten	
• Brenner erneuern	1100
• Mischer und Regelung (wie nachstehend) einbauen	1500
• Heizungsregelung witterungsgeführt, mit Zentralgerät und Außenfühler	900
• Thermostatventile liefern und einbauen	50
Heizflächen ca. 1000 W, Auslegung 70/55 °C, ohne Thermostatventil, in altes Rohrnetz einbauen (mit Ausbau/Entsorgung der alten Heizflächen)	

Kosten	EUR/Stück
• Gussradiator	400
• Stahlradiator	180
• Säulenradiator	250
• Plattenheizkörper	150
• Plattenheizkörper mit Konvektorblechen	200
• Konvektor	220
	EUR/lfm
Heizungsleitung, Kupfer erneuern (über alle Querschnitte)	
• Verlegung vor der Wand (auf Putz)	40
• Verlegung in der Wand (unter Putz) inkl. Herstellung von Schlitzen	55
Dämmung ungedämmter Heizrohre nach EnEV, gemittelt über alle Querschnitte	7

SCHORNSTEINE ANPASSEN

Werden Heizungsanlagen erneuert, dann muss in der Regel der Schornstein an das neue Heizsystem angepasst werden. Diese Umstellung ist Bestandteil des Einbaus der neuen Heizung, da die Abstimmung von Heizungs- und Abgasanlage Voraussetzung für den einwandfreien Betrieb der Heizung ist.

Bei der Erneuerung von Einzelheizgeräten können die vorhandenen Schornsteine in den meisten Fällen weiterverwendet werden, vorausgesetzt, sie sind noch in Ordnung. Nach langjährigem Gebrauch sind Schornsteine häufig durch das bei der Abkühlung der Rauchgase entstehende Kondensat (enthält Schwefelsäure) geschädigt. Durchfeuchtung, Versottung und Schädigung von Steinen und Fugenmörtel sind die Folge.

Bei fortgeschrittenen Schäden ist die Standsicherheit des Schornsteins gefährdet. Das gilt besonders für die Kaminköpfe, da sich hier die Rauchgase am stärksten abkühlen, zudem die Witterung von außen Zerstörungen bewirkt. Ehe hier neue Heizgeräte angeschlossen werden, müssen solche Schäden behoben sein (siehe Kapitel ab Seite 55).

Was ist zu tun?

Anpassung des Schornsteins an Niedertemperaturbetrieb

Die Erneuerung des Heizungsanlage bedeutet in der Regel eine Umstellung auf niedrigere Betriebstemperaturen des Heizkessels. Hierfür sind die vorhandenen Schornsteine nicht geeignet. Es ist deshalb erforderlich zu überprüfen, ob der vorhandene Schornstein an die neuen Bedingungen angepasst werden kann oder ob – falls dies nicht möglich oder unwirtschaftlich ist – ein neuen Abgassystem eingebaut werden muss.

Bei der Überprüfung des vorhandenen Schornsteins müssen die Unterschiede moderner Heizkessel im Vergleich zu alten Kesseln berücksichtigt werden:
- geringere Leistung und damit geringerer Abgasvolumenstrom, dadurch bedingt
- längere Brennerlaufzeiten (geringer Stillstand)
- niedrigere Abgastemperatur und reduzierte Abgasverluste
- geringer Luftüberschuss, bedingt durch hohen CO_2-Gehalt.

Dies alles zusammen bewirkt eine Erhöhung der Taupunkttemperatur des Wasserdampfs um bis zu 20 °K und damit eine frühere Kondensation. Dabei verschlechtern sich die Bedingungen für ein Abtrocknen (Stillstandzeiten). Der Auftrieb ist verringert, desgleichen die Oberflächentemperatur der Kaminwange, was Kondensation begünstigt: Der Schornstein durch-

---

Anforderungen an die Führung und Ausführung von Abgasleitungen
(nach Feuerungsverordnung) *

Abgasleitungen innerhalb von Gebäuden müssen, wenn sie über mehr als ein Geschoss gehen, in Schächten der Feuerwiderstandsklasse F 90 geführt werden. Bei Gebäuden geringer Höhe (Aufenthaltsräume max. 7 m über Gelände) genügt Feuerwiderstandsklasse F 30.
Abstand von brennbaren Baustoffen:
- Schornsteine zu Holzbalken (und Bauteile ähnlicher Abmessung) 2 cm (nicht bei Dachlatten usw.)
- von sonstigen Bauteilen 5 cm
- Abgasleitung außerhalb von Schächten 20 cm
- bei ummantelter Abgasleitung (2 cm nicht brennbares Material) 5 cm
- Abgasleitung mit Temperatur ≤ 160 °C (bei Nennwärmeleistung) 5 cm

Geringere als vorgenannte Abstände sind zulässig bei Abgasleitungen mit Temperatur ≤ 85 °C (bei Nennwärmeleistung).
Abgasleitungen an Gebäuden: Abstand zu Fenstern 20 cm

* hier nach Feuerungsverordnung NW (21.7.1998). Die Anforderungen in den anderen Bundesländern sind gleich oder ähnlich.

feuchtet. Je niedriger die Betriebstemperatur des Kessels, desto höher dieses Risiko.

Mit Nebenluftvorrichtungen oder mit außen an den Schornstein gepackten Wärmedämmschichten kann dem entgegengewirkt werden. Zumeist reicht das aber nicht aus; zudem gibt es keine Garantie, dass dies unter allen zukünftigen Betriebsbedingungen funktioniert. Deshalb wird man die sichere Methode wählen, nämlich die Verringerung des Querschnitts. Folgende Verfahren stehen zur Wahl:

- Einbau von säurebeständigen Schamotterohren und Verfüllen des Zwischenraums mit Dämmstoff (günstig bei viel zu großem Querschnitt).
- Einziehen von flexiblen oder starren Rohren in ein- oder doppelwandiger Ausführung. Zur Verfügung stehen Rohre aus Edelstahl, Glas oder Kunststoff, auch mit Dämmschalen.

Wird ein Kessel eingebaut, der mit relativ hoher Temperatur betrieben wird (zum Beispiel 70 °C), so kann der vorhandene Schornstein unter Umständen unverändert weitergenutzt werden.

Die Anpassung des Schornsteins setzt voraus, dass dieser in grundsätzlich betriebsfähigem Zustand ist. Versottete Kamine mit ausgewaschenen Fugen müssen instandgesetzt, notfalls neu aufgebaut werden. Das ist dann unumgänglich, wenn der Schornstein an seiner Stelle verbleiben muss oder soll, weil noch andere Feuerstellen angeschlossen werden sollen (vor allem bei mehrzügigen Schornsteinen). Ist das nicht der Fall, kann eine andere Führung neuer Abgasleitungen gefunden werden. Soweit der alte Schornstein standfest ist, wird man wegen des unter Umständen großen Aufwands darauf verzichten, ihn abzutragen.

Abgassysteme für Brennwerttechnik

Bei Brennwertkesseln gehört die Kondensation der Abgase zum Funktionsprinzip. Die Schornsteine müssen deshalb feuchteunempfindlich sein – von Haus aus oder durch Nachrüstung (Auskleidung, Rohreinsätze). Bevorzugt werden komplette Abgassysteme in die alten Schornsteinzüge eingezogen. Wo das nicht geht, müssen die Abgasleitungen durch neu erstellte Schächte oder außen am Gebäude geführt werden (siehe Abb. 150). Die Anforderungen an die Führung und Ausführung von Abgasleitungen (geregelt durch die Feuerungsverordnungen der Länder) sind im Kasten auf Seite 111 zusammengestellt.

Die geringe Temperatur der Abgase von Brennwertanlagen reicht nicht aus, um Zug aufzubauen. Deshalb

Abb. 147: Verzug eines Kamins im Dachraum bei einem Gebäude aus den 30er Jahren. Durch die Verlegung der Heizung wurde der Kamin frei und konnte bis zur Fußbodenoberkante des Dachgeschosses abgetragen werden. Das Einziehen von Abgasleitungen in derart verzogene Kamine ist nicht zulässig.

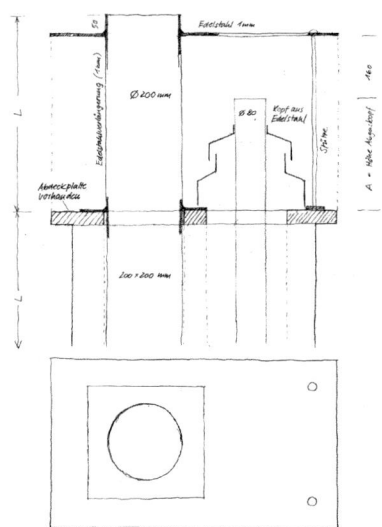

Abb. 148: Zweizügiger Kamin eines Einfamilienhauses, beide Züge sind belegt. Mit einer Rauchrohrverlängerung mit Abdeckung wird verhindert, dass mit der Zuluft Rauchgase angesaugt werden.

müssen die Abgassysteme mit Gebläse ausgeführt werden. Der dadurch aufgebaute leichte Überdruck erfordert dichte Rohrsysteme; zudem ist eine zweite Hülle (eine »Hinterlüftung«) gefordert, die eventuell austretende Gase abführt.

Die für die Verbrennung erforderliche Luft kann über den Raum zuströmen (raumluftabhängige Aufstellung) oder über ein das Abgasrohr umgebendes zweites Rohr zugeführt werden (raumluftunabhängige Aufstellung). Die raumluftabhängige Aufstellung erfordert eine Zuluftöffnung (oder -leitung) in der Außenwand des Aufstellraums. Raumluftunabhängige Geräte können auch in Aufenthaltsräumen aufgestellt werden. Die Abgas- und Luftführung kann in konzentrischen Rohren auch vor die Fassade gelegt werden (siehe Abb. 150).

Die Abgasleitungen werden als komplette Systeme aus Edelstahl, Aluminium, Glas oder Kunststoff geliefert. Die Abgassysteme für Brennwertkessel sind in der Regel kostengünstiger als die Anpassung von vorhandenen Schornsteinen an Niedertemperaturbetrieb. So kann hier auf den Kaminkopf verzichtet werden. Dies ist vor allem dann von Vorteil, wenn der Kaminkopf schadhaft ist und repariert oder erneuert werden müsste. Der alte Schornstein wird dann bis unter die Dachhaut abgetragen und nur die Abgasleitung durch das Dach geführt. Veränderungen an Schornsteinen müssen durch den örtlich zuständigen Schornsteinfeger abgenommen werden. Das veranlasst die ausführende Firma. Vorsorglich sollte bei der Beauftragung der Arbeiten darauf hingewiesen werden.

Zusätzliche Maßnahmen bei mehrzügigen Kaminen

Raumluftunabhängige Abgassysteme beziehen die Zuluft (Frischluft) über den Kaminkopf. Wird ein zweiter Zug des Kamins für andere Brennstellen verwendet, so besteht die Gefahr, dass mit der Frischluft Rauchgase angesaugt werden. Dies muss durch Vorkehrungen am Kaminkopf unterbunden werden.

Die dafür geltenden Vorschriften fordern zumeist eine Verlängerung des Rauchrohrs um etwa 1 m über den Zulufteintritt des Abgassystems. Geeignete vorgefertigte Verlängerungen (zumeist in Edelstahl) werden für alle gängigen Kamine angeboten (siehe Abb. 149).

Gegen absinkende Rauchgase muss der Zulufteintritt zudem horizontal abgedeckt werden. Wie das im Einzelnen realisiert wird, hängt von den jeweiligen Gegebenheiten ab. Es kann

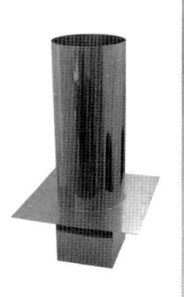
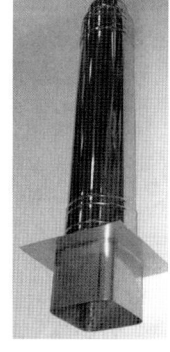

Abb. 149: Vorgefertigte Rohrverlängerung mit Stutzen nach dem vorhandenen Schornsteinquerschnitt. Häufig wird gefordert, dass der eingeführte Stutzen die gleiche Länge hat wie die Verlängerung.

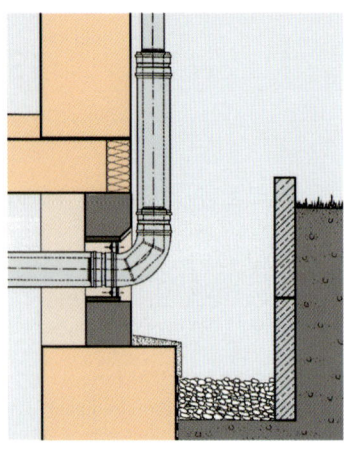

Abb. 150: Die Abgasanlage eines Brennwertkessels wird über einen Schacht vor die Außenwand geführt.

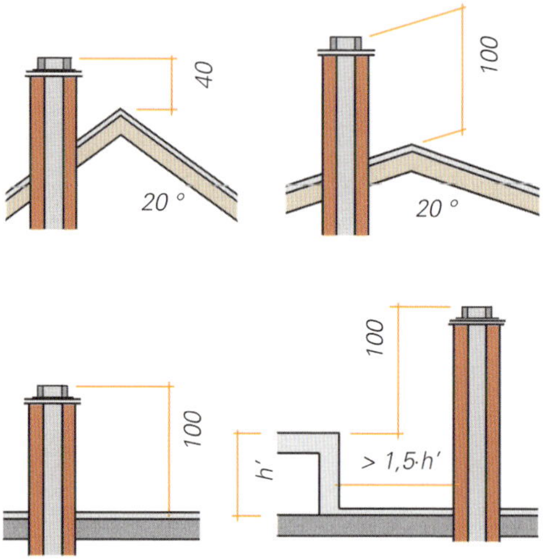

Abb. 151: Anforderungen an die Höhe und Lage der Mündung von Abgasanlagen. Bei so genannter weicher Bedachung (Reet, Holz usw.) muss die Mündung statt 40 cm mindestens 80 cm über dem First liegen.

im Hinblick auf diese besonderen Anforderungen von Vorteil sein, die Abgasleitung im Bereich des Kaminkopfes in nicht brennbarem Material auszuführen. Abb. 148 zeigt eine beispielhafte Lösung für einen zweizügigen Kamin, der für einen Brennwertkessel und für einen offenen Kamin verwendet wird.

Hinweise für Ausschreibung und Beauftragung

Die Veränderung und Anpassung von Schornsteinen erfolgt fast immer in Verbindung mit der Erneuerung der Heizungsanlage (Heizkessel). Die Anforderungen an den Schornstein sind dann Bestandteil der Leistungsbeschreibung für die neue Heizung.

Vor der Ausschreibung
Mit der Entscheidung für die Erneuerung der Heizung sollten folgende Punkte geklärt werden:
- Neuer Aufstellort für die Heizung? Brennwertkessel können nahezu überall aufgestellt oder an die Wand gehängt werden. Falls es einen nicht zu großen Umbau des Rohrnetzes erfordert und geklärt ist, wie die Abgase geführt werden, bietet sich nun die Gelegenheit, die Heizung aus dem (unbeheizten) Keller in den beheizten Teil des Hauses zu verlegen. Damit kommen die »Wärmeverluste« des Kessels der Beheizung zugute.
- Raumluftabhängig oder nicht? Raumluftabhängige Abgassysteme sind billiger, erfordern aber, dass der Aufstellraum mit einem ausreichend großen Luftraum verbunden ist, wie durch Lüftungsschlitze in der Türe. Eine Öffnung nach außen (oder ein ständig geöffnetes Fenster) ist nicht nötig.
- Kann ein vorhandener Schornstein angepasst werden oder ist es günstiger oder notwendig (bei zu sehr verzogenen Schornsteinen oder bei zu geringem Querschnitt), eine neue Abgasleitung einzubauen? Häufig wird ein neuer Kamin vor die Außenwand gesetzt. Möglich ist es auch (bei Aufstellung der Heizung im Dachgeschoss), den Kamin direkt durchs Dach zu führen.

Bei der Ausschreibung zu berücksichtigen
Die folgenden Angaben und Hinweise sollten in der Ausschreibung (bei der Vergabe) festgehalten sein:
- Anzahl der Züge des vorhandenen Kamins
- gegenwärtige Belegung der Züge (mit offenem Kamin, Einzelofen, Brennwertkessel oder durch eine andere Feuerstelle)
- Querschnitt des Kaminzugs der gegenwärtigen Heizung (Putztüren öffnen und messen)
- Höhe des Kamins einschließlich Kopf (Höhen der Geschosse addieren)
- Höhe des Kaminkopfs (geschätzt)
- Dachneigung
- Art der Dacheindeckung
- nach Möglichkeit Foto des Kaminkopfs.

MALERARBEITEN IM HAUS

Abb. 152: Dieses Treppenhaus eines Mehrfamilienhauses wurde nach dem Vorbild der Ausmalung von 1890 renoviert. Reste des Originals wurden erhalten, konserviert und belegen die weitgehende Übereinstimmung von früherem und heutigem Zustand.

Malerarbeiten sind die wohl häufigsten Leistungen, die Eigentümer oder Mieter von Häusern oder Wohnungen an Handwerker vergeben. Hierzu gehören auch die Tapezierarbeiten, die als eigenes Gewerk gelten, aber üblicherweise auch vom Maler ausgeführt werden. Behandelt werden im Folgenden:
- Anstrich von Wänden und Decken
- Tapezieren und Erneuerung von Tapeten an Wänden und Decken
- Anstriche von Fenstern und Außentüren
- Anstriche von Innentüren
- Anstriche von Heizkörpern.

Der Aufwand und damit die Kosten solcher Maßnahmen werden häufig unterschätzt, vor allem deshalb, weil der Umfang zu niedrig veranschlagt und weil vergessen wird, dass es fast immer umfangreiche Vorarbeiten erfordert, ehe der eigentliche Anstrich aufgebracht werden kann.

Große Abweichungen zwischen veranschlagten und dann abgerechneten Kosten ergeben sich oft durch die Art der Ausführung der Arbeiten.

Abb. 153: Reste einer Latextapete, die für eine Neubeschichtung abgefräst werden muss.

Zu beachtende Vorschriften

Wird bei der Beauftragung VOB vereinbart, so gelten für die Ausführung und die Abrechnung der Arbeiten die Normen DIN 18383 »ATV Maler- und Lackierarbeiten« sowie DIN 18366 »ATV Tapezierarbeiten«.

Anstrich von Wänden und Decken

Wand- und Deckenanstriche werden erneuert, wenn die Oberflächen verschmutzt und abgewohnt sind. Zumeist begnügt man sich damit, den Altanstrich zu überstreichen, vorausgesetzt, der Altanstrich ist als Untergrund für die neue Farbe geeignet. Ist dies nicht der Fall, muss der Altanstrich abgewaschen oder mit einer geeigneten Grundierung versehen werden.

Größerer Aufwand ist erforderlich, wenn alte Tapeten, oft unterschiedlicher Art in mehreren Lagen, entfernt werden sollen. Dies zum Beispiel, weil Wände und Decken als Putzoberflächen sichtbar werden sollen.

Anforderungen

Aufwand und Kosten werden entscheidend durch die Anforderungen bestimmt, die an die fertigen Oberflächen gestellt werden. Altbauten haben häufig nicht ganz regelmäßige und ebene Oberflächen. Dies ist selbst bei handwerklich verputztem Mauerwerk in Neubauten nicht ohne Abstriche zu erwarten. Als Maßstab für ebene und glatte Oberflächen gelten vollflächig gespachtelte Oberflächen und industriell gefertigte, tatsächlich plane Trockenbauwände. Wird dieser Standard im Altbau erwartet, müssen die Wände mit Trockenputzplatten versehen und gespachtelt werden. Das übersteigt die Kosten bloßer Anstriche um ein Vielfaches. Es lohnt sich also, dem Altbau gewisse Unregelmäßigkeiten zuzugestehen.

Rissfreiheit

Ähnlich verhält es sich mit der Forderung nach Rissfreiheit der Wand- und Deckenoberflächen. Rissfreies Mauerwerk gibt es nicht, zumal nicht in Verbindung mit Holzbauteilen wie Holzbalkendecken und Fachwerkwänden. Doch auffällige, neue Risse bekommt ein Bau, der 30 oder 40 Jahre steht, nicht ohne äußere Einwirkungen. Man kann also davon ausgehen, dass der derzeitige Zustand der Oberflächen dauerhaft ist. Dennoch wird den Hauseigentümern empfohlen, durch besondere Maßnahmen einer zukünftigen Rissbildung vorzubeugen. Dazu wird die Bekleidung der Oberflächen mit so genanntem Malervlies empfohlen. Das ist eine Art dünner Tapete auf Polyesterbasis, die als Bewehrung für den Anstrich wirkt. Damit erhöhen sich die Kosten der Erneuerung der Oberflächen auf etwa das Doppelte.

Die Verwendung solcher Vliese ist dort angebracht, wo Oberflächen bereits Risse aufweisen oder wo durch Veränderungen in der Statik (bei Umbauten) eine neue Rissgefährdung gegeben ist. Als generelle Vorbe-

Dachneigung α	f
bis 15°	1,00
16° bis 20°	1,05
21° bis 25°	1,08
26° bis 30°	1,11
31° bis 35°	1,18
36° bis 40°	1,25
41° bis 45°	1,33
46° bis 50°	1,43
51° bis 55°	1,60
56° bis 60°	1,82

Tab. 154: Faktoren zur Berechnung der Fläche von Dachuntersichten in Abhängigkeit von der Dachneigung

So wird's gemacht:

Berechnen Sie die Grundfläche F das Raums und multiplizieren Sie diese Fläche mit dem Faktor f.

(Wer es genau liebt, kann den Faktor f nach dem Winkel α der Dachneigung bestimmen: $f = 1/\cos \alpha$.)

Kosten von Wand- und Deckenanstrichen	EUR/lfm
Anstriche und Tapeten an Wänden und Decken	
• Abwaschen und Grundieren	2–4
• Riss spachteln und schleifen	2–4
• Abfräsen von Tapetenresten	7–9
• Polyestervlies in Dispersionskleber eingebettet zur Rissüberbrückung	6–10
• Raufasertapete	6–10
• Anstrichsystem bestehend aus Grundanstrich auf Dispersions-Silikatbasis Schlussanstrich auf Silikatbasis	5–10

Tab. 155: Kosten der Erneuerung von Anstrichen an Wänden und Deckenuntersichten

handlung ist die Maßnahme in der Regel nicht angebracht. Zudem eignet sich dieses Verfahren, das nur die Oberfläche behandelt, nicht für größere Rissbreiten. Für die Sanierung solcher Risse ist der Maler nicht zuständig (siehe Seite 63).

Auch Raufasertapeten wirken in gewissem Umfang rissüberbrückend. Besser noch sind diesbezüglich Glasfaser- und Textiltapeten.

Zur Massenermittlung

Für Räume, die mit einer normalen Geschossdecke abschließen, ist die Deckenfläche nach der Grundfläche des Raums zu ermitteln. Schließt der Raum mit einer Dachuntersicht (Dachschräge) ab, ist die so ermittelte Fläche mit einem Faktor für die Dachneigung zu multiplizieren (nach Tab. 154). Ist die Dachneigung in mehreren Räumen die gleiche (zum Beispiel bei Häusern mit Pult- oder Satteldach), so kann auch die Gesamtgrundfläche dieser Räume mit dem Faktor multipliziert werden.

Die Wandflächen können exakt nach Aufmaß berechnet oder überschlägig nach Tabelle 156 ermittelt werden. Zur Überprüfung der Abrechnung der Leistungen sollte exakt gemessen werden.

Für die Ausschreibung genügen jedoch zunächst grobe Ansätze. Fenster- und Türöffnungen können Sie generell übermessen. Auch bei der Abrechnung werden diese nur dann abgezogen, wenn sie einzeln größer sind als 2,5 m². Die Werte der Tabelle 156 gelten für Wohnungen üblichen Zuschnitts. Für Lofts oder sehr kleinteilige Grundrisse können die Werte nur raumweise angesetzt werden.

mittlere* Raumgröße [m²]	Wandoberfläche je m Raumhöhe und je m² Wohnfläche [m²]
bis 6	1,70
7	1,55
8	1,45
9	1,35
10	1,30
11	1,25
12	1,20
13	1,15
14	1,10
16	1,00
18	0,95
20	0,90
22	0,85
25	0,80
30	0,75
35	0,70

Tab. 156: Grobermittlung der Wandoberflächen von Wohnungen und Einfamilienhäusern (es handelt sich um die ungefähre Größenordnung, Für die Vergabe von Malerarbeiten empfiehlt sich die genauere Berechnung der Flächen).

Beispiel:
Die Wohnfläche beträgt 140 m², die Raumhöhe 2,50 m, die mittlere* Raumgröße 14 m². Sie rechnen:

Tabellenwert 140 × 2,5 × 1,10 = 385 m² Wandoberfläche

* ermittelt aus Gesamtfläche aller Räume (Wohnfläche) geteilt durch Anzahl aller Räume

Abb. 157: Trockenbauwände werden größtenteils mit Gipskartonplatten hergestellt. Um Haarrissen vorzubeugen, sind diese vor dem Anstrich (Beschichtung in einem Arbeitsgang) vollflächig mit Vlies zu armieren.

Abb. 158 (rechts): Wohnung aus der Zeit um 1900. Die Profilholztüren stammen (wie auch die außergewöhnlich breiten Fußbodendielen) aus der Bauzeit und wurden fachgerecht aufgearbeitet mit hochglänzendem Weiß lackiert.

Worauf ist besonders zu achten?

Anstriche, Beschichtungen

Wer Malerarbeiten schon selbst ausgeführt hat, weiß, dass die Vorarbeiten für den eigentlichen Anstrich am meisten Mühe machen. Deshalb wird auch an dieser Stelle häufig »gespart« und vereinfacht. Viele kleine (und auch größere) Mängel gehen auf unzureichende Vorarbeiten zurück. Häufige Nachlässigkeiten und Versäumnisse sind:

- Abdeckungen von Lichtschaltern und Steckdosen werden nicht entfernt (das ist eine Nebenleistung und im Einheitspreis enthalten), sondern abgeklebt
- Dübel- und Nagellöcher in Wänden und Decken werden nicht sorgfältig verspachtelt
- Sockelleisten werden nicht entfernt oder unzureichend abgeklebt
- Tür- und Fensterzargen sowie die Blendrahmen von Fenstern werden unzureichend abgeklebt
- Rollladengurte werden nicht umwickelt, die Abdeckbleche der Gurtkästen werden nicht entfernt
- die Enden elektrischer Kabel an Decken- und Wandauslässen werden nicht abgeklebt, sondern überstrichen.

Das liegt unter anderem daran, dass ein Großteil dieser Vorarbeiten nicht als Nebenleistung im Einheitspreis enthalten ist. Das heißt aber nicht, dass diese Leistungen nicht nötig sind.

Wer auf ein gutes Ergebnis Wert legt, sollte diese Leistungen in der Ausschreibung ausdrücklich fordern (einzeln anführen). Der Unternehmer kann diese Leistungen dann in seinen Einheitspreis einrechnen, per Zulage oder pauschal anbieten. Sind sonstige besondere Gegebenheiten zu beachten, müssen auch diese bei der Beauftragung genannt werden. Hier ist vor allem an Stuckleisten und Stuckverzierungen zu denken, an Einbauten, die besonders geschützt werden müssen oder an Einrichtungsgegenstände, die nicht entfernt werden können (zum Beispiel ein Klavier oder ein Flügel).

Tapeten

Klaffende Bahnenstöße von Raufaser- oder Mustertapeten entstehen durch zu feuchten Untergrund oder unzureichende Verklebung. Solche Fugen gelten nach herrschender Meinung erst dann als Mangel, wenn sie aus 2 m Entfernung als störend empfunden werden. Dies ist für den Auftraggeber unbefriedigend. Deshalb sollten Sie je nach Art der Tapete ein strengeres Kriterium vereinbaren (1 m Abstand).

Nach DIN 18366 gilt:

- Längsstöße sind unzulässig.
- bei Mustertapeten sind Türöffnungen und Aussparungen aus den anschließenden Bahnen auszuschneiden.
- Tapeten müssen an angrenzende Bauteile wie Türen, Fenster oder Fußleisten (soweit nicht demontierbar) anstoßen oder scharf begrenzt sein. Überklebungen sind nicht zu akzeptieren.
- Deckel von Verteilerdosen werden übertapeziert.

Abb. 159, 160: Die beiden Abbildungen veranschaulichen, wie ähnliche räumliche Gegebenheiten durch unterschiedliche Farbgebung gestaltet werden können. Dabei spielt auch die Wahl des Bodenbelags eine große Rolle.

Fenster

Beim Anstrich von Fenstern sind Außen- und Innenanstrich zu unterscheiden. Sie werden stets getrennt behandelt, sowohl in der Ausführung als auch bei Aufmaß und Abrechnung. Es ist auch üblich, beide Anstricharten zeitlich versetzt auszuführen. Als Trennlinie zwischen innen und außen gilt das Dichtprofil, falls es kein Dichtprofil gibt, der erste Falz.

Es empfiehlt sich, Wiederholungsanstriche in der Art des vorhandenen Anstrichs auszuführen. Das gilt auch für die Wahl der Farbe. Soll dennoch eine andere Farbe verwendet werden, so ist wegen möglicher Unverträglichkeit mit dem Rahmenmaterial (thermische Ausdehnung) darauf zu achten, dass helle Farben nicht durch dunkle ersetzt werden. Umgekehrt ist das unproblematisch (siehe auch Seite 85).

Folgende notwendige Vorarbeiten an Fenstern werden häufig nicht oder unzureichend ausgeführt:

- Fenstergriffe (Oliven) entfernen (statt dessen wird abgeklebt)
- Dichtprofile ausgebaut oder – falls dies nicht möglich ist – abkleben
- Glasflächen abkleben
- Verriegelungen bei Verbundfenstern abgeklebt, Verriegelungsöffnungen abdecken (werden statt dessen überstrichen).

Weitere Informationen zum Anstrich sowie zum Holzschutz von Fenstern finden sich auf Seite 86.

Zur Massenermittlung

Es wird die Anzahl der Fenster gleicher Teilung und Größe (Breite × Höhe) ermittelt. Die Teilung wird mit der Anzahl der beweglichen Flügel und der festverglasten Teile beschrieben. Am besten ist es, ein Foto oder eine einfache Skizze des Fensters beizufügen.

Abgerechnet werden Anstriche nach der Ansichtsfläche jeder Seite. Glasflächen und Füllungen werden übermessen. Also wird bei Einfachfenstern für Außen- und Innenanstrich jeweils eine Ansichtsfläche angerechnet. Bei Verbund- und Kastenfenstern zählt für den Innenanstrich die Ansichtsfläche dreifach, für den Außenanstrich nur einfach.

Fenstergitter werden (wie auch Roste, Zäune und Stabgeländer) nur mit einer Ansichtsfläche angesetzt.

Bei Fenstern mit Futter und Bekleidung wird die abgewickelte Fläche abgerechnet (siehe Abb. 161).

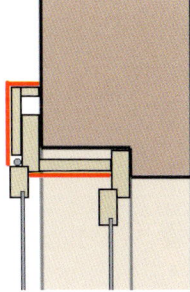

Abb. 161: Skizze (schematisch) zum Aufmaß von Futter und Bekleidung am Beispiel von Kastenfenstern (die rote Linie markiert die Breite der abzurechnenden Fläche)

Kosten von Anstrichsystemen	EUR/lfm
Renovierungsanstriche von Fenstern inkl. aller erforderlichen Vorbehandlungen	
• deckendes Anstrichsystem innen	22–36
• deckendes Anstrichsystem außen	25–40
• Anstrichsystem lasierend	20–28
Renovierungsanstriche von Innentüren inkl. aller erforderlichen Vorbehandlungen	
• deckender Anstrich Türblatt	25–32
• deckender Anstrich Türfutter	25–32
Renovierungsanstrich von Klapp- und Rollläden	
• deckender Anstrich von Holzklappläden mit ausstellbaren Lamellen	28–45
• deckender Anstrich von Holzrollläden (ohne Ausbau der Rollladenpanzer)	32–45

Tab. 162: Kosten der Anstriche von Fenstern, Innentüren sowie Roll- und Klappläden

Worauf ist besonders zu achten?

Überstrichene Riegel und Verriegelungsöffnungen müssen gereinigt werden. Farbreste behindern deren Funktion, Verbundfenster lassen sich bei mit Farbe zugesetzten Verriegelungen nicht mehr öffnen. Frisch gestrichene Flügel müssen so lange geöffnet bleiben, bis die Farbe so weit getrocknet ist, dass ein Verkleben in geschlossenem Zustand vermieden wird. Bereits verklebte Stellen sind nachzubessern.

Fensterkitt ist mit dem Zwischen- und dem Schlussanstrich zu versehen. Plastische und elastische Dichtstoffe müssen von der angrenzenden Beschichtung 1 mm breit überdeckt werden.

Achten Sie auf Beschädigungen des Glases, die vom Abschleifen herrühren. Es kommt vor, dass ungeeignetes Werkzeug eingesetzt wird (zum Beispiel der Trennschleifer), dann sind Beschädigungen an Rahmen und Verglasung fast unvermeidlich. Es kommt auch vor, dass der Anstrich beim Abziehen von Abklebungen beschädigt wird. Die Abklebungen sind restlos zu entfernen.

Innentüren

Bei Innentüren sind die Vorarbeiten für den Anstrich im Wesentlichen dieselben wie bei Fenstern. Auch ist besonders auf die Beschläge und Garnituren sowie – soweit vorhanden – auf die Dichtprofile zu achten. Holzschäden sind vor Beginn der Malerarbeiten zu beheben. Häufig sind folgende Nachlässigkeiten zu bemängeln:
- Türschilder und Rosetten werden nur abgeklebt (nicht abmontiert)
- Schlossriegel werden nicht abgeklebt, sondern überstrichen
- unzureichendes Anschleifen des Altanstrichs vor allem in der Fläche.

Innentüren werden nach Stückzahl gleicher Bauart und Abmessungen ausgeschrieben. Es sind glatte Türen und Türen mit profilierten Oberflächen oder mit Füllungen zu unterscheiden. Abgerechnet werden die beschichteten Seiten nach der Ansichtsfläche. Füllungen und Verglasungen werden übermessen. Futter und Bekleidungen sowie Zargen werden nach der abgewickelten Fläche berechnet. sind Türen über 6 cm dick, so kann die seitliche Ansichtsfläche gesondert angesetzt werden.

Auch bei den Türen müssen überstrichene Schlossriegel und Schließöffnungen nicht hingenommen werden. Bei alten Profilholztüren müssen Sie damit rechnen, dass der Anstrich an den Fugen zwischen Füllung und Rahmenholz über kurz oder lang abreißt. Das ist konstruktionsbedingt und gilt nicht als Mangel.

Abb. 163: Profilholztüre aus der Zeit des Jugendstils. Nach der ersten Heizperiode reißt der Anstrich an den Rändern der Füllungen ab.

Abb. 164, 165: DIN-Stahlradiator (links), wie sie noch sehr verbreitet zu finden sind. Ist eine Erneuerung der Heizungsanlage absehbar, dann ist zu überlegen, ob es nicht besser ist, anstelle eines neuen Anstrichs den Heizkörper zu erneuern. Ersatzheizkörper (rechts) mit gleichen Baumaßen und Anschlüssen werden von verschiedenen Herstellern angeboten.

Heizflächen

Sollen vorhandene Heizkörper einen neuen Anstrich erhalten, so müssen sie demontiert werden. Nachdem alte Heizkörper in der Regel ohne Absperrventile montiert sind, muss dazu das Heizungssystem entleert werden. Dies – wie auch der Wiedereinbau – muss von einer Fachfirma für Heizungsbau gemacht werden.

Beschreiben Sie bei der Ausschreibung die Art und die Größe der Heizkörper. Geben Sie die Gesamtabmessungen (Länge/Höhe/Tiefe) und die Anzahl gleicher Heizkörper an, bei Gliederheizkörpern auch die Anzahl der Glieder.

Sehr alte und häufig (unsachgemäß) überstrichene Heizkörper müssen unter Umständen sandgestrahlt werden, um einen neuen Anstrich aufbringen zu können. Da diese Heizkörper auch ein beachtliches Gewicht haben und deshalb der Transport nicht einfach ist, verteuert das die Sache sehr. Hier müssen Sie anhand des konkreten Angebots entscheiden, ob die alten Heizkörper dies wert sind. Zum Vergleich sind die Kosten neuer Gussradiatoren anzusetzen.

Abgerechnet wird nach zu bearbeitender Fläche. Für Gliederheizkörper gibt es Tabellen, aus denen die Anstrichsfläche je Glied zu entnehmen ist. Für DIN-Stahlradiatoren, die im Bestand sehr verbreitet sind, die aber heute nicht mehr angeboten werden, sind diese Werte in Tabelle 166 zusammengestellt, ebenso die Werte für alte Gussheizkörper.

Bautiefe [mm]	Anstrichfläche [m^2]			
	DIN-Stahlradiatoren – Bauhöhe [mm]			
	1000	600	450	300
110	0,240	0,140	0,105	–
160	0,345	0,205	0,155	0,105
220	0,480	0,285	0,210	–
250	–	–	–	0,160
	Gussradiatoren – Bauhöhe [mm]			
	980	580*	430	280
70	0,205	0,120	0,090	–
110	–	0,180	0,128	–
160	0,440	0,255	0,185	–
220	0,580	0,345	0,255	–
250	–	–	–	0,185

Tab. 166: Anstrichfläche je Glied von Stahlradiatoren und Gussradiatoren

* auch 680 mit Bautiefe 160 mm: Fläche 0,306 m^2

WAND- UND BODENFLIESEN

Abb. 167: Hier wurde die Verfliesung mit kleinformatigem Mosaik auf das Notwendige beschränkt. Diese Art der Badgestaltung entspricht dem heutigen Verständnis von Bad als Wohnraum.

Reparaturen

Fliesenbeläge können nur dann zufriedenstellend ausgebessert oder ergänzt werden, wenn Reservefliesen vorhanden sind. Es ist kaum möglich, passende Fliesen nachzukaufen. Die Reparaturmöglichkeiten beschränken sich so auf Nachverfugen und die Erneuerung der dauerelastischen Randverfugungen. Bei Natursteinbelägen sind Abweichungen von Farbe und Zeichnung übliche Materialeigenschaft. Hier ist es deshalb meistens möglich, beschädigte oder fehlende Platten durch ausgesuchte neue zu ersetzen. Das lohnt sich fast immer.

Fliesenbeläge erneuern

Alte Fliesenbeläge sind häufig in Mörtel verlegt (Dickbett) und nicht wie heute üblich geklebt (Dünnbett). Das erschwert den Ausbau alter Beläge beträchtlich. Es muss das Mörtelbett (etwa 1,5 bis 2,5 cm dick) komplett entfernt werden, es sei denn man schafft einen neuen Verlegeuntergrund auf dem alten Mörtel, zum Beispiel mit einer Putzlage. Damit wird der Wandaufbau dicker, was zu unschönen Anschlüssen an Türen, Fenstern, Badewanne und Duschkabine führen kann. Besser ist es, die Mörtelschicht zu entfernen und auf der rohen Wand neu aufzubauen. Auch bei dieser Lösung muss die Dicke des Aufbaus mit den anschließenden Bauteile abgestimmt werden.

Fliesen auf Fliesen

Will man sich den Ausbau der alten Fliesenbeläge ersparen, kann der neue Belag auch direkt auf die vorhandenen Fliesen geklebt werden. Dies setzt voraus, dass die Mehrdicke der Wand keine Probleme bei den Übergängen bereitet. Damit erspart man sich gegebenenfalls auch den Ausbau eines Mörtelbetts. Geht es um Bodenfliesen, muss kontrolliert werden, ob der höhere Fußboden mit den anschließenden Bodenbelägen (im Türbereich) vereinbar ist. Die alten Fliesen müssen fest sitzen, einzelne lose Fliesen werden neu eingeklebt oder es wird die Leerstelle bündig ausgespachtelt.

Wahl der Formate

Vor Beginn der Arbeiten wird ein Verlageplan erstellt. Damit wird die Lage der Fugen den Raumgegebenheiten und der Einrichtung angepasst. Auf diese Weise kann auch der Verschnitt minimiert werden. Berücksichtigen Sie dabei die Fugenbreite (siehe Tab. 173). Lassen Sie sich eine kleine Fliesenfläche lose auslegen, um zu sehen, wie die neuen Fliesen wirken. Die Verlegung von Wand- und Bodenfliesen sollte aufeinander abgestimmt sein. Das ist auch bei der Wahl der Formate und Muster zu berücksichtigen. Ein Wechsel zu den derzeit beliebten großen Formaten ist nur dann möglich, wenn auf steife

Massivdecken verlegt wird, bei denen eine nennenswerte Durchbiegung auszuschließen ist. Bei verwinkelten Grundrissen und schwierigem Untergrund sind kleine Formate besser geeignet.

Haben Sie bereits Fliesen oder Platten besorgt, so müssen die anbietenden Firmen wissen, was Sie eingekauft haben, indem Sie der Ausschreibung den Lieferschein oder eine Rechnungskopie beifügen. Andernfalls kann das nachträgliche Mehrkosten bedeuten, da der Arbeitsaufwand und der Materialeinsatz je nach Art und Format der Fliesen unterschiedlich sein kann.

Abdichtung in Bädern

Fliesenbeläge an Wand- und Bodenflächen, die dem Wasser unmittelbar ausgesetzt sind oder wo damit gerechnet werden muss, sind mit einer vorschriftsmäßigen Abdichtung zu versehen. Diese verhindert, dass Wasser über undichte Stellen des Belags (zum Beispiel durch gerissen Fugen) in die Wand oder die Decke eindringt. Die Abdichtung kann mit Dichtungsbahnen, Folien oder Beschichtungen (zum Beispiel auch Dichtkleber) hergestellt werden. Gefährdete Flächen sind vor allem die Wände und Böden von Duschen und Badewannen sowie der Spritzbereich hinter Wasch-

Abb. 170: Sollnhofener Platten, verlegt 1935. Vereinzelte beschädigte Platten konnten mit an anderer Stelle ausgebauten Platten ersetzt werden. Die schon vorhandene »bunte« Sortierung erleichterte das Einpassen des zur Verfügung stehenden Materials.

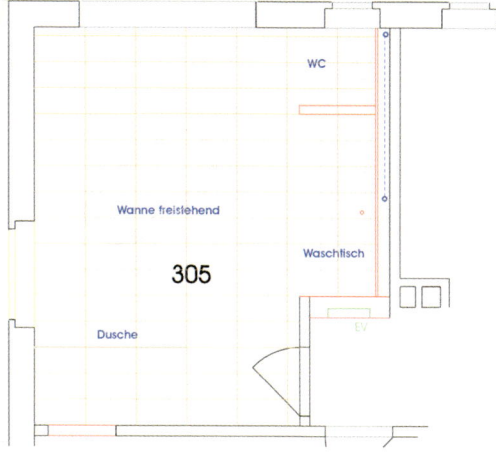

Abb. 168: Verlegeplan für Bodenfliesen im Format 30 × 60 cm. Hier wurde besonders auf die Anordnung der Fliesen im Bereich der Dusche und vor dem Waschtisch geachtet. Um Diagonalschnitte zu vermeiden, wurde die Dusche mit einer Ablaufrinne versehen.

Abb. 169: Das lange, liegend angeordnete Fliesenformat ist auf die Abmessungen des Installationssockels abgestimmt. Mit großem Format ist es nicht einfach, das Gefälle für den Bodeneinlauf der Dusche herzustellen.

Abb. 171: Großformatige Fliesen und Platten sind – entgegen landläufiger Meinung – schwieriger zu verlegen als kleine Formate. Die langlaufenden Fugen stellen höhere Anforderungen an die Parallelität der Fliesenlagen.

becken. Da nicht auszuschließen ist, dass Dusch- und Wandwannen oder auch Waschbecken überlaufen, ist auch die Bodenfläche abzudichten, nicht nur dann, wenn Bodenabläufe vorgesehen sind. Die Abdichtung ist seitlich an den Wandflächen hochzuführen (siehe Abb. 172), an Wänden, die direkt dem Wasser ausgesetzt sind, etwa 20 cm über die Wasserentnahmestellen.

Besonders wichtig ist die Abdichtung, wenn in Bädern Anhydrit-(Magnesia-)Estriche (die dort eigentlich nichts zu suchen haben) eingebaut sind. Hier können schon kleine Wassermengen, die durch Haarrisse des Belags eindringen, den Estrich aufquellen lassen und den Bodenaufbau zerstören.

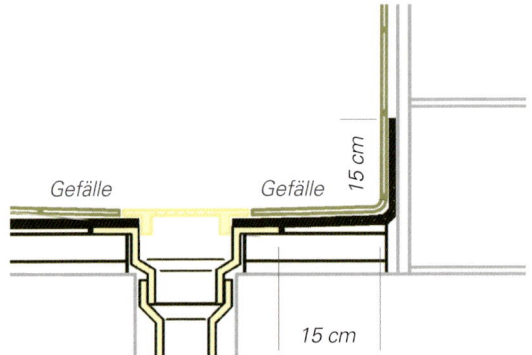

Abb. 172: Mindestmaße für die Hochführung der Abdichtung an aufsteigenden Bauteilen sowie für den Randabstand von Bodenabläufen (nach DIN 18195)

Worauf ist besonders zu achten?

Häufig gibt ein unregelmäßiges Fugenbild Anlass zur Beanstandung. Eine direkte Normvorgabe gibt es dafür nicht. Eine zulässige Schwankungsbreite kann aber nach den Toleranzmaßen der Fliesen ermittelt werden. Weicht die Fugenbreite um ± 1 mm oder mehr vom vorgegebenen Maß ab, so sollten Sie das bemängeln und eventuell überprüfen lassen.

Zu bemängeln sind direkt aneinander stoßende Fliesen (so genannter Kontaktschluss) im Bereich von Innenecken. Bei schwimmendem Fußbodenaufbau zerstört der direkte Kontakt von Fliesen mit durchdringenden Rohren die Schalldämmung der Konstruktion.

Einzelne Fliesen dürfen einen Höhenversatz (aus der Fläche) von maximal 4 mm aufweisen (Überzähne). Unebenheiten der Beläge dürfen bei einem Abstand der Messpunkte von 1 m bei Fußböden maximal 4 mm, bei Wänden maximal 5 mm betragen, Abweichungen von der Rechtwinklichkeit maximal 6 mm.

Werden schwimmende Estriche eingebaut (Estriche auf Dämmschichten), dürfen die Fliesen erst dann verlegt werden, wenn der Estrich so weit ausgetrocknet ist, dass eine Aufwölbung nicht mehr zu erwarten ist. Diese tritt ein, wenn der starre Fliesenbelag das oberseitige Schwinden des Estrichs behindert. Hier kann es zum Bruch der Fliesen kommen.

Die gegenteilige Verformung, das Aufschüsseln, ist Folge zu schnellen Austrocknens der oberen Zone des Estrichs. Werden in diesem Zustand Fliesen verlegt, so senken sich die nun hoch liegenden Ecken später wieder. Eine bereits ausgeführte Verfugung zum Sockel reißt dann dort ab.

Dämmstoffe unter Estrichen müssen sich zur wirksamen Trittschalldämmung (um etwa 5 mm) zusammendrücken lassen. Der auf einer solchen Dämmung verlegte Estrich setzt sich folglich um dieses Maß. Auch das kann das Abreißen der Verfugung bewirken. Solche Abrisse sind ein Mangel. Sicher zu vermeiden ist dies, wenn die Verfugung erst ausgeführt wird, nachdem sich die Konstruktion weitgehend gesetzt hat.

Geltende Vorschriften

Wird VOB vereinbart, gilt für Ausführung und Abrechnung DIN 18352 »ATV Fliesen- und Plattenarbeiten«. Abdichtungen von Wand- und Bodenflächen müssen nach DIN 18195 »Bauwerksabdichtungen« ausgeführt werden. Zu beachten ist auch DIN 18157 »Ausführung keramischer Bekleidungen im Dünnbettverfahren«.

Art des Belags	Seitenlänge	Fugenbreite
trockengepresste Fliesen und Platten	bis 10 cm	1–3 mm
	über 10 cm	2–8 mm
stranggepresste Fliesen und Platten	bis 30 cm	4–10 mm
	über 30 cm	mind. 10 mm
Bodenklinkerplatten	–	8–15 mm
Solnhofener Platten, Natursteinfliesen	–	2–3 mm
Natursteinmosaik-/fliesen	–	1–3 mm

Tab. 173: Fugenbreiten von Fliesen- und Plattenbelägen (nach DIN 18157)

PARKETT ERNEUERN

In vielen alten Gebäuden besteht der Bodenbelag aus Holzdielen oder Parkett. Diese Böden sind sehr langlebig, erfordern aber von Zeit zu Zeit eine Auffrischung, gelegentlich auch eine Reparatur. Holzdielen (fast immer aus Weichholz) finden sich in einfacher ausgestatteten Wohnungen und Häusern, Parkett (aus Harthölzern) entsprach früher gehobenen Wohnvorstellungen.

Holzdielen überarbeiten
Die Renovierung alter Dielenböden ist schwieriger und zumeist auch aufwändiger als die von Parkett. Die Arbeitsgänge einer Parkett-Renovierung sind grundsätzlich die gleichen wie bei einer Neuverlegung. Das Abschleifen von Holzdielen war dagegen früher nicht üblich, da Dielenböden ein einfacher, billig zu erneuernder Belag waren. Erst die heutige Wertschätzung alter Holzfußböden hat zu Verfahren zum Erhalt solcher Böden geführt.
Dielen sind in der Regel nicht verdeckt genagelt. Vor dem Abschleifen müssen deshalb die Nagelköpfe ausreichend tief versenkt werden. Schadhafte Dielen müssen ausgetauscht werden. Häufig muss ein breites Fugenbild hingenommen werden.

Das Verfüllen mit Fugenmasse ist vor allem bei Holzbalkendecken nicht zu empfehlen, da die ausgehärtete Masse bei der unvermeidlichen Durchbiegung der Decke wieder ausbricht. Bei sehr breiten Fugen (ab etwa 2 mm) können (vor dem letzten Schliff) in die Fugen entsprechend breite Holzspäne eingeleimt werden.
Es können bis zu 10 Schleifgänge erforderlich sein, um eine hochwertige Oberfläche zu schaffen. Dielen können wie Parkett versiegelt, geölt oder gewachst werden. Angesichts des unter Umständen großen Aufwands wird sich die Renovierung nur lohnen, wenn der Erhalt des alten Belags Priorität hat. Eine Neuverlegung wird in der Regel die kostengünstigere Lösung sein.

Parkett überarbeiten
Parkett wurde bis in die Nachkriegszeit als Massivparkett mit Holzstärken ab 22 mm hergestellt. Wenn es gepflegt wird, ist es praktisch unverwüstlich. Durch Abschleifen und Versiegeln, Wachsen oder Ölen erhält man einen nahezu neuen Fußboden. Eine Versiegelung bildet eine harte Schutzschicht, die empfindlich gegen Kratzer ist. Dringt durch diese Wasser in den Parkettboden, so bilden sich graue Flecken. Daher ist alle 10 bis 15 Jahre eine Neuversiegelung fällig, die erneutes Abschleifen erfordert. Ölen oder Wachsen schützt das Parkett ohne harte Schutzschicht. Kratzer sind hier zwar auch bleibend, doch ohne weiteren Schaden. Nachbehandlungen sind ohne Abschleifen möglich.
Eine Überarbeitung mit den üblichen drei Schleifgängen (Grobschliff, Mittelschliff und Feinschliff) nimmt ca. 0,5 mm, maximal 1 mm Materialstärke. Entsprechend lang ist die Lebensdauer eines Parketts.
Parkett aus der Zeit um 1900 bis etwa 1920 zeichnet sich durch breite Riemen (12 bis 15 cm) aus. Riemen in dieser Breite gibt es in den Lieferprogrammen der Hersteller nicht mehr. Gängige Breite ist 8 cm. Es lohnt sich deshalb, so altes Parkett zu erhalten, man muss dafür allerdings größere Fugen oder Ausbesserungen in Kauf nehmen. Das Verfüllen der Fugen ist auch bei Parkett kaum von Dauer, zudem noch aufwändiger als bei Dielen. Auch das Ausspanen kommt hier deshalb nur ausnahmsweise infrage.

Abb. 174, 175: Parkettreparaturen und -ergänzungen gehören zum Repertoire jeden Fachbetriebes. Für Arbeiten an hochwertigem Parkett sollte man jedoch eine Firma suchen, die hierfür gute Referenzen hat. Hier ging es um die Ergänzung eines Dielenbodens, nachdem die Ofen-Estrichplatte ausgebaut war.

Abb. 176: Alte Holzdielen (die Nagelung ist erkennbar) überarbeitet

Abb. 178: Neue Holzdielen (keine Nagelung, Dielen längs gestoßen)

Abb. 179: Neues Industrie- oder Stäbchenparkett, sehr bunt sortiert

Neues Parkett verlegen

Holzbodenbeläge sind wieder sehr in Mode und entsprechend häufig sollen vorhandene Teppich- oder oder Kunststoffbeläge gegen Holzbeläge (oder Beläge, die wie Holz aussehen) ausgetauscht werden. Parkett und Holzdielen gibt es in sehr unterschiedlicher technischer Ausführung. Neben dem massiven Stabparkett (Riemenparkett) mit etwa 22 mm Dicke gibt es mehrschichtige Parkettstäbe in Dicken um 14 mm sowie in Fertigparkett ab etwa 8 mm Dicke. Wesentlicher Unterschied ist die Nutzschicht, also die Schicht, die abgeschliffen werden kann. Nutzschichten um 4 mm können mindestens zweimal geschliffen werden, sind also durchaus langlebig. Neben der Art des Materials gibt es Unterschiede hinsichtlich der Art der Verlegung. Während Stabparkett immer verleimt wird, wird Fertigparkett für Verklebung sowie für leimlose Verbindung (so genanntes Click-System) angeboten. Weiterhin unterscheidet man die vollflächige Verklebung mit dem Untergrund und die schwimmende Verlegung, bei der das Parkett als zusammenhängende Platte lose auf einer dämmenden Schicht aufliegt. Die schwimmende Verlegung ist meistens dort von Vorteil, wo nur geringe Höhe für den Fußbodenaufbau zur Verfügung steht.

Sehr preisgünstig ist Mosaikparkett (auch als Industrieparkett bezeichnet). Dieses Parkett besteht aus Massivholzstäbchen (um 150 × 22 × 10 mm) die hochkant vollflächig verklebt werden (siehe Abb. 179).

Worauf ist besonders zu achten?

Naturholzböden schwinden und quellen in Abhängigkeit von der Luftfeuchtigkeit. Dies wirkt sich besonders bei schwimmender Verlegung und bei großen Flächen aus. Deshalb müssen Holzböden eine umlaufende Fuge aufweisen, die Längenänderungen auffängt. Die nötige Fugenbreite kann berechnet werden, sie kann bei großer Verlegelänge (zum Beispiel in Fluren) bis zu 2,5 cm betragen. Die Fuge wird mit entsprechend dicken Sockelleisten abgedeckt. Die Fuge ist zu kontrollieren, sie darf nicht mit Kleber oder Spachtelmasse geschlossen werden. Parkett darf nicht auf zu feuchtem Untergrund verlegt werden. Bestehen diesbezüglich Bedenken, so muss die Feuchte des Untergrunds gemessen werden. Diese Messung ist (einmal) Nebenleistung und darf nicht gesondert berechnet werden.

Bei Fertigparkett und bei Laminatböden können große Höhenversätze der Einzelelemente Anlass zur Beanstandung geben. Als maximal zulässige Höhendifferenz zusammengefügter Elemente gelten 0,2 mm (Postkartenstärke). Nach der Norm DIN EN 13329 »Laminatböden« darf die maximale Differenz nur 0,15 mm (im Mittel 0,1 mm) betragen.

Ist VOB vereinbart, so gelten die Regelungen der DIN 18356 ATV »Parkettarbeiten«.

Abb. 177: Riemenparkett im Fischgrätverband nach Versiegelung

GERÜSTE

Viele Arbeiten am Gebäude erfordern Arbeits- und Schutzgerüste. Arbeitsgerüste sind so ausgelegt, das sie den für die jeweiligen Arbeiten nötigen Bewegungs- und Abstellraum bieten. Schutzgerüste dienen der Sicherheit der am Gebäude arbeitenden Personen. Es gibt Gerüste, die Arbeits- und Schutzgerüst zugleich sind, es gibt aber auch reine Arbeits- und reine Schutzgerüste.

Dabei sind die Anforderungen an die Art und Ausführung der Gerüste je nach Art der Arbeiten unterschiedlich. Wird ein Gerüst in Auftrag gegeben, ist es deshalb immer notwendig anzugeben, für welche Arbeiten das Gerüst benötigt wird. Es kann auch erforderlich sein, das Gerüsts für nachfolgende Arbeiten umzubauen.

Viele Handwerksbetriebe wie Dachdecker oder Putzfirmen verwenden eigene Gerüste, und bieten diese als separate Leistung an oder rechnen diese in die Angebotspreise ein. Die Tendenz geht allerding zur »Gestellung« (Bereitstellung) der Gerüste durch Spezialfirmen. Die Gerüste werden dann als separate Leistung angeboten, wobei der Gerüstbaubetrieb als Subunternehmer des Anbieters wirkt. Werden Gerüste in größerem Umfang benötigt, lohnt es sich deshalb immer, für die Gestellung und Vorhaltung der Gerüste eine eigenständige Ausschreibung zu fertigen und dann sowohl vom ausführenden Gewerk als auch von Gerüstbaufirmen anbieten zu lassen. Dabei ist darauf zu achten, dass die Gerüste genau nach den Anforderungen des ausführenden Unternehmens erstellt

Abb. 180: Arbeits- und Schutzgerüst für Dachdeckerarbeiten

werden. Andernfalls werden Umbauten gefordert, die dann als zusätzliche Leistung zu Buche schlagen.

Der Preis für die Aufstellung von Gerüsten beinhaltet eine vierwöchige Gebrauchsüberlassung. Zu dieser Grundeinsatzzeit gehört auch die Unterhal-

Abb. 181: Arbeits- und Schutzgerüst (ausgeführt als Standgerüst) für Dachdeckungsarbeiten

Besonders zu beachten

Eingerüstete Gebäude bieten ungebetenen Gästen leichten Zugang. Es sind deshalb zusätzliche Sicherungsmaßnahmen zu empfehlen wie z.B. eine temporäre Außenbeleuchtung mit Bewegungsmeldern. Zudem sind alle Bewohner darauf hinzuweisen, Fenster und über das Gerüst zugängliche Türen geschlossen zu halten. Der Zugang auf das Gerüst ist durch Entfernen oder Sperren der Leitern zu erschweren. Damit wird auch (weitgehend) verhindert, dass Kinder auf dem Gerüst zu Schaden kommen. Der Auftraggeber haftet unter Umständen für solche Schäden.

tung des Gerüsts in gebrauchsfähigem Zustand. Die Gebrauchsüberlassung beginnt mit dem vereinbarten Termin oder mit dem Tag der erstmaligen Nutzung; sie endet mit der Freigabe zum Abbau, frühestens drei Tage nach Zugang der Freigabe beim Auftragnehmer. Falls Sie selbst das Gerüst in Auftrag gegeben haben, sollten Sie sich von den Firmen, die das Gerüst benutzt haben, schriftlich erklären lassen, dass sie das Gerüst nicht mehr benötigen.

Zur Massenermittlung

Für die Ausschreibung der Gerüstarbeiten können Sie auf eine Massenangabe verzichten. Statt dessen fügen Sie der Ausschreibung für das Gerüst die Ausschreibung der Leistungen bei, für die das Gerüst benötigt wird.

Zur Ausschreibung

Die Ausschreibung der Gerüstarbeiten kann sich auf ein Anschreiben beschränken. Damit erbitten Sie ein Angebot für die Gerüstarbeiten, die zur Ausführung der in der Anlage beschriebenen Leistungen erforderlich sind. Als Anlage fügen Sie die Ausschreibung der Leistungen bei, für die das Gerüst benötigt wird. Ergänzen Sie das nach Möglichkeit mit Fotos des Gebäudes, das eingerüstet werden sollen.

Vermeiden Sie es, die anzubietenden Gerüste näher zu beschreiben. Es ist aber erforderlich, Einschränkungen oder Erschwernisse hinsichtlich der Zugänglichkeit des Aufstellungsorts zu benennen. Hierzu gehören zum Beispiel enge Zufahrten, Halteverbote oder die Notwendigkeit, die Gerüstteile in einen nicht anfahrbaren Bereich des Grundstücks zu transportieren (Kraneinsatz usw.). Ebenso wichtig sind Hinweise auf Beschränkungen der Aufstellflächen wie der Schutz von Bepflanzungen oder Abgrabungen vor der Fassade.

Zur Abrechnung

Gerüste werden nach der eingerüsteten Fläche abgerechnet. Das sind die Flächen, zu deren Bearbeitung oder Schutz das Gerüst erstellt wird. Für Arbeitsgerüste sowie Hänge- und Kletterbühnen ergibt sich die einzurüstende Fläche aus der größten Länge

Zu beachtende Vorschriften

Für die Ausführung von Gerüsten gelten die Normen der Reihe 4420 »Arbeits- und Schutzgerüste«, DIN EN »Fassadengerüste aus vorgefertigten Bauteilen« und DIN EN 12811 »Temporäre Konstruktionen für Bauwerke«. Ist VOB vereinbart, gilt zusätzlich die DIN 18451 »ATV Gerüstarbeiten«.

(mindestens 2,5 m) zum Beispiel der Fassade, wobei Vor- und Rücksprünge nur berücksichtigt werden, wenn sie die Belagkante des Gerüsts nicht unterbrechen. Öffnungen in der Fassade bleiben unberücksichtigt. Als Höhe gilt die Höhe von der Standfläche bis zum höchsten Punkt der eingerüsteten Fläche, maximal bis 2 m über der obersten Gerüstlage.

Gerüste, die nicht der Einrüstung einer Fläche dienen, wie Fanggerüste, Schutzdächer oder Arbeitsgerüste vor Gauben und Dachaufbauten, werden nach Länge abgerechnet. Abstände solcher Aufbauten von nicht mehr 2,5 m werden übermessen.

Die über die Grundeinsatzzeit von vier Wochen hinausgehende Gebrauchsdauer wird je angefangener Woche verrechnet.

Tab. 182: Kosten der Gestellung von Gerüsten

Kosten von Gerüstarbeiten	EUR/m²
Gestellen von Arbeits- und Schutzgerüsten als Fassadengerüst	
• Aufbau, Vorhaltung für 4 Wochen, Abbau	6–10
• weitere Gebrauchsüberlassung je angefangener Woche	2–3

ANHANG

Allgemeines zu Leistungsbeschreibungen

Die Leistungsbeschreibung, auch Ausschreibung oder Leistungsverzeichnis (abgekürzt LV) genannt, ist das wichtigste Instrument, die gewünschten Leistungen zu einem günstigen Preis zu erhalten. Vergleichen Sie es mit Ihrem Einkaufszettel. Mit ihm entscheiden Sie, was Sie sich leisten wollen, mit dem Angebotsvergleich beim Einkaufen sorgen Sie dann dafür, dass Sie das Gewünschte möglichst preiswert bekommen.

Bei der Ausschreibung ist das etwas schwieriger, weil es nicht um fertige Produkte, sondern um Arbeiten geht, die zu verrichten sind. Die erforderlichen Lieferungen und Leistungen müssen hier so genau beschrieben werden, dass der Handwerker weiß, was gemeint ist und welcher Aufwand damit verbunden ist. Dazu werden alle Leistungen nach praktischen Erfahrungen in einzelne Positionen aufgegliedert. Daneben benennt die Ausschreibung die vertraglichen und technischen Bedingungen, die der ausführende Handwerker einhalten soll. Es ist besonders wichtig, dass der Handwerker erfährt, ob erschwerende oder auch vereinfachende Umstände vorliegen.

Unvollständige Leistungsverzeichnisse und Änderungen bedingen Nachträge, die den zeitlichen Ablauf behindern und beträchtlichen Aufwand verursachen. Ist bereits vergeben, so werden Nachträge, die nun vom Auftragnehmer »konkurrenzlos« angeboten werden, oft teuer.

Die Ausschreibung eröffnet ein Vertragsverfahren. Die Firmen unterbreiten auf der Grundlage ihrer Leistungsverzeichnisse ein verbindliches Angebot. Das Ziel der Ausschreibung ist der Bauvertrag zwischen einem Anbieter und dem Bauherrn. Die Vertragsbasis wird den Anbietern mit der Ausschreibung mitgeteilt.

VOB oder BGB?

Für die Vergabe und vertragliche Abwicklung ist die Vergabe- und Vertragsordnung (früher: Verdingungsordnung) für Bauleistungen (VOB) eingeführt, unterteilt in die Teile A, B und C. Teil A ist für Sie ohne Bedeutung; die Teile B und C sollten grundsätzlich angewendet werden, da sie von den Firmen anerkannt sind und im Streitfall klare Rechtsverhältnisse schaffen. Da die VOB kein Gesetz ist, muss ihre Anwendung jeweils vertraglich vereinbart werden. Dies muss aus dem Leistungsverzeichnis oder der Beauftragung eindeutig hervorgehen. Zudem muss der Auftraggeber Gelegenheit haben, diese Vertragsgrundlagen in vollem Umfang einzusehen. Ist das nicht der Fall, gelten die Bestimmungen nach dem Bürgerlichen Gesetzbuch (BGB). Es gibt einige Punkte, in denen der Auftraggeber nach BGB besser gestellt ist als nach VOB. Diese Nachteile können aber weitgehend vermieden werden, wenn man das Instrumentarium der VOB/B voll ausschöpft.

Vergabe- und Vertragsordnung für Bauleistungen Teil B (VOB/B)

Die VOB/B ist ein umfassendes Regelwerk für die vertragliche Abwicklung von Bauleistungen. Dagegen sind die Regelungen des BGB allgemein und gehen nicht auf die Besonderheiten von Bauleistungen ein. Deshalb empfiehlt sich die Anwendung der VOB/B, wenn es auch Tatbestände gibt, bei denen das BGB für den Auftraggeber günstiger ist. Die VOB/B kann nur als Ganzes vereinbart werden. Zulässig ist es aber die Gewährleistung von 4 auf 5 Jahre zu verlängern.

Die VOB/B kann auf den Internetseiten des Bundesbauministeriums eingesehen und als Datei bezogen werden (derzeit: www.bmvbs.de unter »Bauwesen«, dann unter »Gesetze-und-Verordnungen«).

Vertragsgestaltung, Rechtsgrundlagen

Während die VOB Teil B die Vertragsverhältnisse zwischen dem Auftraggeber und den Firmen als Auftragnehmern regelt, gibt Teil C Hinweise zur Ausführung und Abrechnung der Leistungen. VOB Teil C »Allgemeine Technische Vertragsbedingungen für Bauleistungen« ist eine Sammlung von Normen, eine für jedes Gewerk, also zum Beispiel für Fliesen- und Plattenarbeiten oder für Tischlerarbeiten. Damit ist für die anbietenden Unternehmen eindeutig, wie die Leistungen auszuführen sind, welche Nebenleistungen eingeschlossen sind und wie die Leistungen aufgemessen und abgerechnet werden. Diese Allgemeinen Technischen Vertragsbedingungen können durch »Zusätzliche« und »Besondere Vertragsbedingungen« den Gegebenheiten angepasst werden.

Worauf achten?

Mit der Ausschreibung kann der Ausführungstermin vorgegeben und zum Bestandteil der Angebote gemacht werden. Knappe Termine erhöhen die Angebotssumme und gehen leicht zu Lasten der Qualität. Alternative Ausführungen sollen nur so weit in die Leistungsverzeichnisse aufgenommen werden, wie sie tatsächlich infrage kommen.
Berücksichtigen Sie Firmen in der Nähe. Für Reparaturen ist das später von Vorteil. Ansonsten spielt die Entfernung zur Baustelle bis zu etwa einer halben Stunde Fahrtzeit keine Rolle. Vor allem in Ballungsräumen kann es sich auszahlen, Firmen aus dem Umland zu berücksichtigen.
Sie sollten mindestens drei Angebote einholen. Freihändige Vergabe ist nur vertretbar, wenn andere Firmen die geforderte Leistung nicht erbringen können oder besondere (zum Beispiel private) Gründe vorliegen. Fordern Sie auch hier ein korrektes Angebot auf der Grundlage Ihres Leistungsverzeichnisses. Geben Sie nicht zu erkennen, wenn es keine Mitbewerber gibt.

Vergabe der Bauaufträge

Prüfen Sie die eingegangenen Angebote auf Vollständigkeit, rechnerische Richtigkeit und auf Plausibilität. Oft führen Missverständnisse zu »falschen« Preisen. Solche Punkte müssen richtiggestellt werden. Nützlich ist ein Preisspiegel, in dem die wichtigen Einzelpositionen und Summen vergleichbar nebeneinander stehen.
Jeder Auftraggeber will niedrige Preise. Verfahren Sie dennoch nicht einfach nach dem Motto: »Der Billigste bekommt den Auftrag.« Sehr niedrige Angebote können ihre Tücken haben. Nur selten kann eine Firma die geforderte Leistung mit Dumpingpreisen zufriedenstellend ausführen. Man darf sich dann nicht wundern, wenn die Firma jede Gelegenheit nutzt, den Aufwand zu reduzieren.
Holen Sie bei größeren Bauaufträgen zu den infrage kommenden Firmen Referenzen ein. Ist eine Firma für besonders sorgfältige Arbeit bekannt, so kann das auch einen etwas höheren Preis wert sein. Bei unbekannten Firmen, die auffallend niedrig angeboten haben, ist Vorsicht angebracht. Braucht eine Firma dringend einen Auftrag, so mag das Angebot in Ordnung und für Sie ein »Schnäppchen« sein. Andererseits nützt das günstigste Angebot nichts, wenn die Firma während des Umbaus Pleite macht.

Vertragsbestandteile

Bestimmen Sie wie folgt, was Bestandteil des Bauvertrags sein soll: Bestandteile des Bauvertrags sind:
- die Leistungsbeschreibungen, ggf. in Verbindung mit Plänen und ergänzenden Angaben des AG
- die nebenstehend aufgeführten besonderen Vertragsbedingungen (können kopiert und der Beauftragung beigefügt werden)
- die ATV für Bauleistungen VOB Teil C, in der bei Angebotsabgabe gültigen Fassung
- die Allgemeinen Vertragsbedingungen für die Ausführung von Bauleistungen
- die VOB Teil B, in der jeweils gültigen Fassung
- die Liefer- und Geschäftsbedingungen des Auftragnehmers nur insoweit, als sie den Vertragsbedingungen nicht widersprechen und durch den Auftraggeber ausdrücklich anerkannt sind.

Besondere Vertragsbedingungen

a) Leistungsbeschreibung
Unklarheiten sind vor Abgabe des Angebots zu klären, Streichungen im Leistungsbeschrieb sind unstatthaft. Vorgeschlagene Änderungen müssen gesondert als Alternative angeboten werden. Es bleibt dem Auftraggeber (AG) überlassen, Positionen entfallen zu lassen; ein Anspruch des Auftragnehmers (AN) auf Vergütung oder entgangenen Gewinn entsteht damit nicht.

b) Angebotspreise
Die Preise sind Festpreise und gelten für die gesamte Bauzeit. Taglohnarbeiten dürfen nur nach Genehmigung durch den AG ausgeführt werden. In die Einheitspreise sind alle Materialien, Transport, Lagerung, Hilfsmittel, Energien, Haupt- und Nebenleistungen, Maschinen, Geräte, Schutzmaßnahmen, Bewachung und Schutz der zu erbringenden Leistungen bis zur endgültigen Abnahme, Erschwernisse, Säuberung der Baustelle während und nach dem Vollzug der Leistungen, Steuern, Soziallasten, Wagnis und Gewinn enthalten.

c) Vergabe
Der AG behält sich die Auswahl unter den Bewerbern für eine Zuschlagsfrist von bis zu 50 Werktage vor. So lange bleibt der Bieter an sein Angebot gebunden.

d) Subunternehmer
Der Auftrag oder Teilleistungen dürfen nur mit Zustimmung des AG an Dritte weitervergeben werden.

e) Ausführungstermin
Die im Leistungsbeschrieb aufgeführten Bauleistungen werden voraussichtlich in der ___. Kalenderwoche ausgeführt.

f) Baustelle
Der Bieter hat sich vor Abgabe seines Angebots von den Gegebenheiten der Baustelle zu überzeugen.

g) Haftung
Durch den AN verursachte Schäden sind sofort einwandfrei zu beseitigen, andernfalls erfolgt die Beseitigung auf Kosten des AN. Der AN hat die bestehenden Bestimmungen der örtlich zuständigen Berufsgenossenschaft genau einzuhalten. Durch die Schlechtwetterregelung entstandene Unkosten trägt der AN. Der AN haftet dem AG für alle während der Bauzeit an Leistungen durch Naturereignisse, Unglücksfälle oder Diebstahl entstandenen Schäden, desgleichen für Güte und Beschaffenheit des gelieferten oder verbauten Materials. Für bauseits beschaffte und übergebene Baustoffe und Gegenstände haftet der AN für sichere fachgerechte Lagerung.

h) Abnahme
Die Abnahme erfolgt nach Erfüllung der vertraglichen Bedingungen. Bis zur Abnahme trägt der AN für das Bauwerk jegliche Gewähr. Bezüglich der Gewährleistung gilt die VOB.

i) Aufmaß
Das Aufmaß der Arbeiten erfolgt durch den AN zusammen mit dem AG nach den Bestimmungen der VOB, soweit in den einzelnen Positionen nichts anderes bestimmt ist. Die Aufstellung der Messurkunde ist Sache des AN.

k) Abrechnung
Die Rechnungsstellung hat übersichtlich in 3-facher Fertigung zu erfolgen, Abschlagsrechnungen sind kumulierend, das heißt unter Aufstellung der jeweils gesamten erbrachten Leistung abzüglich bereits gestellter Abschlagsrechnungen, aufzustellen. Stundenlohnarbeiten werden ohne vorherige Genehmigung durch den AG nicht anerkannt. Taglohnzettel sind spätestens am 2.Tag zur Unterschrift vorzulegen. Bei späterer Vorlage kann die Anerkennung versagt werden.

l) Baustellenreinigung, Entnahme von Strom und Wasser
Soweit in den Positionen nicht anders erwähnt, hat der Unternehmer für Wasser und Strom selbst zu sorgen. Alle Kosten hierfür sind mit den Einheitspreisen abgegolten, ebenso die fachgerechte Entsorgung der vom AN ausgebauten oder abgebrochenen Bauteile.
Die Abrechnung erfolgt über den AG; die Kosten werden an der Schlussrechnung in Abzug gebracht.

m) Bauleistungsversicherung
Der AG schließt eine Bauleistungsversicherung ab. Der AN beteiligt sich an den Kosten dieser Versicherung mit 0,25 Prozent seiner Auftragssumme, die vom AG an der Schlussrechnung in Abzug gebracht werden.

n) Sicherheitsleistungen
Der AG behält sich vor, Sicherheitsleistungen bis zu einer Höhe von 5 Prozent der Abrechnungssumme über die Dauer der Garantiefrist einzubehalten. Die Sicherheit kann durch selbstschuldnerische Bankbürgschaft unter Verzicht auf die Einrede der Vorausklage (§ 771 BGB) geleistet werden. Bezüglich der für die Sicherheitsleistung einzuleitenden Verfahren gelten die über die Abnahme von Sicherheiten für die Erfüllung von Verbindlichkeiten erlassenen Vorschriften (siehe VOB – DIN 1961 § 17).
Bei Aufträgen über 50 000 EUR Auftragssumme hat der AN bei Auftragserteilung Sicherheit für die Bankbürgschaft in Höhe von 5 Prozent der Nettoauftragssumme zu leisten.

o) Forderungen
Forderungen des AN an den AG dürfen nur mit dessen Zustimmung verpfändet oder an Dritte abgetreten werden.

p) Streitigkeiten
Streitigkeiten sollen über das Schiedsgericht geklärt werden. Kommt eine Einigung nicht zustande, entscheidet das ordentliche Gericht. Erfüllungsort ist Sitz des AG.

Durch die Abgabe des Angebots erkennt der Unternehmer die vorstehenden Bedingungen an, er erklärt auch, dass er keine Preisabsprache mit anderen Bietern getroffen hat.

Vertragsgerechtes Verhalten bei Mängeln

Jeder Handwerker ist vertraglich verpflichtet, mängelfrei nach den anerkannten Regeln und dem Stand der Technik zu arbeiten. Nun wird jeder Handwerker für sich in Anspruch nehmen, dies zu tun. Und davon sollten Sie ausgehen, solange es keinen Anlass gibt, daran zu zweifeln. Leider ist mangelhafte Ausführung tägliche Realität auf dem Bau. Sie müssen deshalb wissen, was Sie tun können, um Mängel abzuwehren.

Die Beurteilung von Handwerkerleistungen erfordert Sachverstand. Doch gibt es auch Sachverhalte, die der Laie sehr wohl beurteilen kann. Vor allem dort, wo »Innenleben« durch Bauteile verdeckt wird, kann es nützlich sein, wenn Sie sich vorher angesehen (und fotografiert) haben, was anschließend unter Platten, Putz oder Estrich verschwindet. Scheint etwas nicht korrekt, müssen Sie die Handwerker darauf anzusprechen. Erläutern Sie Ihre Bedenken und falls Sie keine Erklärung erhalten, die Sie überzeugt, zeigen Sie den Tatbestand als Mangel an.

Baumängel sind immer sofort und schriftlich geltend zu machen und dem Unternehmen per Einschreiben (mit Rückschein) zuzustellen.

Mängel vor Abnahme

Mängel, die auf eine vertragswidrige Leistung zurückzuführen sind, hat der Auftragnehmer während der Ausführung und innerhalb der Frist des Mängelanspruchs (siehe Seite 133) auf seine Kosten zu beseitigen. Dabei ist zu unterscheiden zwischen Mängeln, die vor der Abnahme, und Mängeln, die danach festgestellt werden. Hier geht es um Mängel vor Abnahme.

In den meisten Fällen werden Mängel nach entsprechenden Hinweisen des Auftraggebers anstandslos beseitigt. Vieles lässt sich sofort an Ort und Stelle mit dem Ausführenden regeln. Nur dann, wenn die Firma nicht bereit ist nachzubessern, muss der Auftragnehmer förmlich auf den Mangel hingewiesen und dessen Beseitigung gefordert werden. Das geschieht mit der Mängelrüge. Um deren rechtliche Wirkungen zu Ihren Gunsten auszuschöpfen, sind die nebenstehenden Punkte zu beachten (siehe Kasten).

Die Forderung nach Behebung von Mängeln während der Ausführung verjährt nicht mit der Mängelanspruchsfrist, sondern erst nach 30 Jahren. Dasselbe gilt für Schadenersatzansprüche aus diesen Mängeln. Wird der Mangel nicht behoben, so darf der Auftraggeber die Leistung nicht vorbehaltlos abnehmen, weil damit die normale Verjährungsregel in Kraft tritt.

Was, wenn die Mängelrüge nicht hilft?

Der Auftraggeber muss bereit sein, das mit der Mängelrüge eingeleitete Verfahren auch fortzusetzen. Dass oft nur angedroht wird und es dabei bleibt, hängt damit zusammen, dass es meistens nicht leicht ist, die Drohungen wahr zu machen. Und so ist vorzugehen:

- angemessene Frist zur Nachbesserung setzen
- nach fruchtlosem Verstreichen der Frist den Auftrag entziehen
- eventuell Schadenersatz fordern.

Das hilft Ihnen aber nicht weiter. Nun müssen Sie ein Unternehmen finden, das die Arbeiten fortsetzt. Das kann sich schwierig gestalten, denn dazu ist nicht jede Firma bereit, selbst dann, wenn sie Kapazitäten frei hat. Auch dann, wenn berechtigte Aussicht besteht, wirtschaftlichen Schaden ersetzt zu bekommen, geht das unterm Strich meistens nicht ohne Nachteile auch für den Auftraggeber ab. Sie müssen also bereits dann, wenn die Mängelrüge aus dem Haus gehen soll, überlegen, wie es weitergehen kann, wenn es zum Entzug des Auftrags kommen sollte. Wohlgemerkt: Das soll Sie nicht von der Durchsetzung Ihrer Ansprüche abhalten, Sie sollten jedoch Ihren Vorteil wahren. Das kann bedeuten, mit einer Firma weiterzuarbeiten, die man am liebsten von der Baustelle hätte. Vermeiden Sie es, im Recht zu sein und dabei den Schaden zu haben.

Mängelrüge vor Abnahme

Zur Sicherung Ihrer Rechtsansprüche muss die Mängelrüge folgende Bedingungen erfüllen:
- immer schriftlich
- Zustellung persönlich mit Zeugen oder per Einschreiben mit Rückschein
- konkrete Bezeichnung des Mangels
- Aufforderung, den Mangel zu beseitigen
- hierzu angemessene Frist setzen
- Androhung, dass nach Ablauf der Frist die Mängelbeseitigung abgelehnt und der Auftrag entzogen wird
- Unterschrift des Auftraggebers.

Der Anspruch auf Beseitigung von Mängeln, die während der Ausführung gerügt werden, verjährt erst nach 30 Jahren.

Abnahme und Mängelanspruch

Die Abnahme

Mit der Abnahme wird eine Leistung als dem Vertrag gemäß erfüllt entgegengenommen. Das hergestellte Werk wird damit gebilligt. Die Abnahme kann förmlich erfolgen oder stillschweigend, das heißt durch bestimmte Handlungen oder auch Unterlassungen. Das ist zum Beispiel der Fall, wenn Sie umgebaute Räume ohne Vorbehalt beziehen oder wenn eine Schlussrechnung ohne Einwände bezahlt wird.

Die ausführende Firma kann die Abnahme verlangen. Nach VOB muss die Abnahme dann binnen 12 Tagen stattfinden. Der Auftragnehmer kann diese Frist auch auslösen (ohne dass er dies deutlich erklärt), indem er dem Auftraggeber eine Schlussrechnung zustellt. Diese muss nicht als solche gekennzeichnet sein. Mit Entgegennahme der Rechnung läuft dann die Abnahmefrist. Jede Rechnung, die nicht als Abschlagsrechnung erkennbar ist, muss deshalb vorsichtshalber als Schlussrechnung behandelt werden.

Sie können eine solchermaßen untergeschobene, »fiktiv« genannte Abnahme vermeiden, wenn Sie im Bauvertrag eine förmliche Abnahme verbindlich vorsehen. Der Bauherr kann dann immer noch durch Erklärung auf die förmliche Abnahme verzichten. Ist die förmliche Abnahme vorgesehen, muss der Auftragnehmer dazu eingeladen werden. Dies sollte schriftlich (per Einschreiben mit Rückschein) geschehen. Erscheint der Auftragnehmer nicht, kann die Abnahme ohne ihn erfolgen.

Mit der Abnahme beginnt der Mängelanspruch. Der Bauherr kann, wenn er keine Vorbehalte macht, nach Abnahme keine Nachbesserung für bereits vor der Abnahme bekannte Mängel fordern. Für Mängel, die nach der Abnahme festgestellt werden, verjährt der Anspruch auf Beseitigung und Schadenersatz mit dem Mängelanspruch (siehe nachstehender Abschnitt). Für nachgebesserte Leistungen beginnt der Mängelanspruch von Neuem.

Mit der Abnahme verkehrt sich die Beweislast: Vor Abnahme muss der Auftragnehmer beweisen, dass seine Leistung nach Vertrag und geltenden Regeln erbracht ist, danach hat der Bauherr nachzuweisen, dass der Auftragnehmer dies nicht getan hat.

Der Auftraggeber kann die Abnahme der erbrachten Leistung nur verweigern, wenn ein wesentlicher Mangel vorliegt. Das ist der Fall, wenn vertraglich zugesicherte Eigenschaften fehlen, wenn anerkannte Regeln der Bautechnik nicht eingehalten sind oder Fehler vorliegen, die den Wert oder die Gebrauchstauglichkeit wesentlich vermindern. Dabei kann es entscheidend darauf ankommen, dass der Auftraggeber bei der Beauftragung unmissverständlich darauf hingewiesen hat, was er vom Arbeitsergebnis im Besonderen erwartet.

Mängelanspruch

Der Mängelanspruch besteht nach VOB allgemein 4 Jahre lang. Für feuerberührte Teile von Feuerungsanlagen besteht der Anspruch nur für 2 Jahre. Das gilt auch für elektrotechnische oder elektronische Anlagen, wenn der Auftragnehmer nicht mit der Wartung der Anlage beauftragt wird.

Nach dem BGB beträgt die Gewährleistung 5 Jahre. Die 5-Jahres-Frist gilt auch für die Planungsleistungen, zum Beispiel dann, wenn eine Firma Berechnungen oder Nachweise an-

---

Die Rechtsfolgen der Abnahme

- **Anspruch auf Vergütung**
  Nach erfolgter Abnahme hat der Unternehmer Anspruch auf Vergütung seiner Leistung:
  – nach BGB wird die Vergütung unmittelbar fällig
  – nach VOB entsteht der Vergütungsanspruch erst mit Stellung einer prüfbaren Schlussrechnung.
- **Mängelanspruch statt Anspruch auf Erfüllung**
  Mängel, die dem Auftraggeber bereits vor erfolgter Abnahme bekannt waren, können nur noch geltend gemacht werden, wenn dies ausdrücklich zuvor vereinbart wurde. Es entfällt die Pflicht des Unternehmers, mangelhafte durch mangelfreie Leistung zu ersetzen. Dem Auftraggeber bleibt nur noch der Anspruch auf Nachbesserung, Minderung (Wandelung) oder Schadenersatz.
- **Beweislastumkehr**
  Vor Abnahme muss der Auftragnehmer beweisen, dass seine Leistung mängelfrei ist; nach Abnahme muss der Auftraggeber beweisen, dass Mängel vorliegen.
- **Gefahrenübergang**
  Vor Abnahme ist der Auftragnehmer für Schäden an der ausgeführten Leistung verantwortlich, nach Abnahme der Auftraggeber.
- **Verlust des Anspruchs auf Vertragsstrafe**
  Sofern nicht (zum Beispiel mit Vermerk im Abnahmeprotokoll) anders vereinbart.

stellt, die Voraussetzung für die beauftragten Arbeiten sind. In der Regel werden Bauverträge nach VOB abgeschlossen. Danach beginnt die Mängelanspruchsfrist mit erfolgter Abnahme oder mit entsprechenden Vorgängen, zum Beispiel einer Schlusszahlung. Vermerken Sie diesen Zeitpunkt. Sie können dann vor Ablauf der Mängelanspruchsfrist die betreffenden Leistungen noch einmal auf eventuell inzwischen aufgetretene Mängel überprüfen.

Der Auftraggeber hat innerhalb dieser Frist Anspruch auf Beseitigung von Mängeln, die auf eine vertragswidrige Leistung zurückzuführen sind. Mängelanzeige und Aufforderung zur Nachbesserung müssen schriftlich erfolgen. Drohen Sie an, dass nach **Ablauf** der gesetzten Frist die Mängelbeseitigung abgelehnt und zu Lasten des Auftragnehmers durchgeführt oder Minderung verlangt wird. Minderung ist nach VOB allerdings nur möglich, wenn die Mängelbeseitigung unmöglich oder mit unverhältnismäßig hohem Aufwand verbunden ist und deshalb vom Auftragnehmer ausdrücklich abgelehnt wird. Minderung kann auch verlangt werden, wenn dem Auftraggeber eine Nachbesserung nicht zugemutet werden kann. Nach VOB können Sie darüber hinaus Schadenersatz geltend machen (zum Beispiel Gutachterkosten).

Geht eine Mängelanzeige innerhalb der 4-Jahres-Frist ein, so verjähren die Ansprüche auf Mängelbeseitigung erst nach weiteren 2 Jahren. Weigert sich die Firma, die Mängel zu beseitigen, können Sie sich an die Handwerkskammer wenden. Erst wenn Ihnen auch dort nicht geholfen wird, gehen Sie zum Rechtsanwalt. Bedenken Sie aber: Bauprozesse enden in der Regel mit einem Vergleich, und Ihre Rechtsschutzversicherung tritt hier nur nach besonderem Vertragsabschluss ein.

Haben Sie als Ausgleich für Mängel eine Minderung der Rechnung akzeptiert, können Sie bei Folgeschäden keine Ansprüche mehr geltend machen. Treffen Sie solche Vereinbarungen deshalb nur, wenn Sie sicher sind, dass nichts »nachkommt«.

Fristen nach VOB

Der Bauvertrag soll den Beginn der Arbeiten und den Fertigstellungstermin beinhalten. Ist kein Termin für den Beginn vereinbart, so hat der Auftragnehmer 12 Tage nach Aufforderung durch den Auftraggeber zu beginnen. Zumindest der Zeitraum, in dem die Arbeiten zur Ausführung kommen sollen, sollte im Vertrag benannt sein. Auch sollte er eine Erklärung beinhalten, der zufolge die Firma in der Lage ist, die angebotenen Arbeiten zügig abzuwickeln.

Ist absehbar, dass eine Firma mit der auf der Baustelle eingesetzten Kapazität eine Frist nicht einhalten kann oder ein zügiger Ablauf nicht gewährleistet ist, so kann der Auftraggeber verlangen, dass Abhilfe geschaffen wird. Kommt der Auftragnehmer der Aufforderung, die Arbeit zu beginnen oder fortzusetzen, nicht nach, oder führt er seine Leistung nicht zügig fort, so können Sie ihn »in Verzug setzen«. Hierzu stellen Sie ihm eine angemessene (üblich: 8 bis 10 Tage) Frist und drohen an, bei Nichteinhaltung der Frist den Auftrag zu entziehen. Bleibt dies erfolglos, so sind Sie berechtigt, den Auftrag zu entziehen und gegebenenfalls Schadenersatz zu fordern.

Bei Verträgen nach BGB verliert der Auftraggeber seinen Schadenersatzanspruch, wenn er seinen Rücktritt vom Vertrag oder die Kündigung erklärt hat. Das wird vermieden, wenn er den Auftragnehmer (wie nach VOB) »in Verzug setzt« und androht, nach erfolglosem Fristablauf die Leistungsabnahme wegen Nichterfüllung zu verweigern.

Diese Begriffe sollten Sie kennen

- **Abnahme**
  Anerkennung des Ergebnisses der erbrachten Handwerkerleistungen; die Abnahme kann förmlich durch Besichtigung, stillschweigend oder durch Ingebrauchnahme erfolgen.
- **Behinderung**
  Liegt vor, wenn ein Auftragnehmer wegen Ursachen, die er nicht zu vertreten hat, seine Arbeit nicht oder nur unter erschwerten Bedingungen beginnen oder fortsetzen kann.
- **Minderung**
  Herabsetzung der Vergütung, kommt infrage, wenn ein Mangel nicht zu beheben ist oder die Behebung dem Auftraggeber nicht zugemutet werden kann.
- **Nachbesserung**
  Beseitigung eines Mangels, ist die vertragliche Pflicht des Auftragnehmers.
- **in Verzug setzen**
  Einem Unternehmen eine Frist setzen, bis zu deren Ablauf eine Leistung begonnen oder fortgesetzt werden muss; in der Regel mit Androhung weitergehender Maßnahmen wie Entzug des Auftrags.
- **Wandlung**
  Einen Vertrag rückgängig machen, ist nach VOB nicht möglich und nach BGB kaum durchsetzbar.

Vorgang nach VOB Teil B	§§ VOB	Fristen
Abhilfe bei unzureichender Ausstattung der Baustelle (Arbeitskräfte usw.)	§ 5 Nr. 3	**unverzüglich** auf Verlangen
Abnahme – auf Verlangen des Auftragnehmers nach Fertigstellung	§ 12 Nr. 1	**12 Werktage** oder nach Vereinbarung
Abnahme – Eintritt der Abnahme, wenn keine Abnahme verlangt wird	§ 12 Nr. 5 (1)	**12 Werktage** nach schriftlicher Mitteilung über Fertigstellung
Abnahme – Eintritt der Abnahme durch Benutzung der Bauleistung (und keine Abnahme verlangt)	§ 12 Nr. 5 (2)	**6 Werktage** nach Beginn der Benutzung, soweit nicht anders vereinbart
Abschlagszahlung – Fälligkeit	§ 16 Nr. 1 (3)	binnen **18 Werktagen** nach Zugang der Abschlagsrechnung
Bedenken gegen die vorgesehene Art der Ausführung	§ 4 Nr. 3	**unverzüglich**, möglichst vor Beginn der Arbeiten (schriftlich)
Beginn der Ausführung nach Aufforderung durch den Auftraggeber, wenn keine Frist vereinbart ist	§ 5 Nr. 2	**12 Werktage** nach Aufforderung
Behinderung der Arbeiten – Anzeige	§ 6 Nr. 1	**unverzüglich** (schriftlich)
Behinderung – Wiederaufnahme der Arbeit nach Wegfall der Behinderung	§ 6 Nr. 3	**unverzüglich** (und Benachrichtigung des Auftraggebers)
Kündigung durch AG – Vorlage einer prüfbaren Rechnung	§ 8 Nr. 6	**unverzüglich**
Kündigung durch AG – Aufstellung der Mehrkosten durch Leistungen Dritter nach Auftragsentzug	§ 8 Nr. 3 (4)	**12 Werktage** nach Abrechnung mit dem Drittem
Schlussrechnung – Einreichung bei Ausführungsfristen bis zu 3 Monaten	§ 14 Nr. 3	**nach Vereinbarung**, sonst **12 Werktage** nach Fertigstellung
Schlusszahlung – Erklärung Vorbehalt gegen die Schlusszahlung	§ 16 Nr. 3 (5)	**24 Werktage** nach Zugang der Mitteilung über Schlusszahlung
Schlusszahlung – Begründung des Vorbehalts gegen die Schlusszahlung oder prüfbare Rechnung	§ 16 Nr. 3 (5)	**24 Werktage** nach Erklärung des Vorbehalts
Schlussrechnung – Fälligkeit	§ 16 Nr. 3 (1)	binnen **2 Monaten** nach Zugang
Sicherheitsleistung durch Einbehalt – Einzahlung einbehaltener Teilbeträge auf Sperrkonto	§ 17 Nr. 6 (1)	**18 Werktage** nach Mitteilung des Einbehalts
Sicherheitsleistung durch Hinterlegung Erbringen der Sicherheitsleistung	§ 17 Nr. 7	**18 Werktage** nach Vertragsabschluss oder nach Vereinbarung
Stundenlohnrechnung – Einreichung durch AG	§ 15 Nr. 4	spätestens in Abständen von **4 Wochen**
Stundenlohnzettel – Rückgabe durch den AG	§ 15 Nr. 3	spätestens **6 Werktage** nach Zugang
Unterbrechung als Kündigungsgrund	§ 6 Nr. 7	länger als **3 Monate**
Verjährungsfrist – Mängelansprüche für – Bauwerke – feuerberührte Teile von Feuerungsanlagen – elektrotechnische/elektronische Anlagen	§ 13 Nr. 4 (1) § 13 Nr. 4 (2)	soweit nicht anders vereinbart: **4 Jahre** **2 Jahre** **2 Jahre**, wenn AN nicht mit Wartung beauftragt
Verjährungsfrist – Anspruch auf Beseitigung schriftlich gerügter Mängel	§ 13 Nr. 5 (1)	**2 Jahre** ab Zugang des schriftlichen Verlangens, mindestens Regelfristen
Verjährungsfrist – Mängelansprüche für beseitigte Mängel	§ 13 Nr. 4 (1)	**2 Jahre** (neu) nach Abnahme der Mängelbeseitigung, mindestens Regelfristen

Tab. 183: Fristen nach der Vergabe- und Vertragsordnung für Bauleistungen Teil B (VOB-B)

Maß-, Ebenheits- und Winkeltoleranzen

Zur Bezeichnung von Maßabweichungen werden folgende Begriffe verwendet:
- **Nennmaß** (Sollmaß) – Maß, das zur Kennzeichnung eines Bauteils angegeben wird
- **Istmaß** – gemessenes Maß
- **Maßabweichung** – Differenz zwischen Istmaß und Nennmaß
- **Höchst-/Mindestmaß** – größtes/kleinstes zulässiges Maß

- **Grenzabweichung** – Differenz zwischen Nennmaß und Höchst-/Mindestmaß
- **Ebenheitsabweichung** – siehe Abb. 186
- **Winkelabweichung** – siehe Abb. 187

- **Maßtoleranz** – Differenz zwischen Höchst- und Mindestmaß
- **Stichmaß** – Abstand eines Punkts zu einer Bezugslinie
- **Flucht** – Verbindungslinie zwischen zwei Punkten

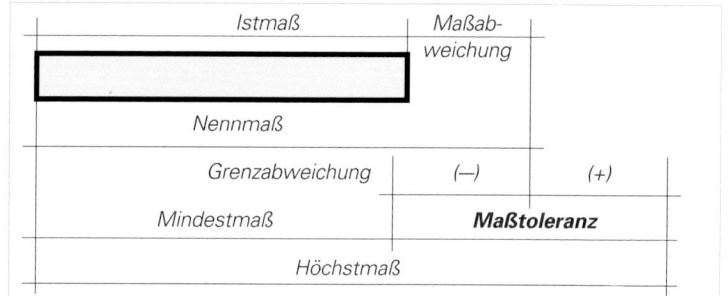

Abb. 184: Skizze zur Veranschaulichung der Maß-Begriffe ▶

Abb. 185: Maximal zulässige Maßabweichungen in Abhängigkeit von der Größe des Nennmaßes ▼

Maßtoleranzen nach DIN 18202 und DIN 18203 (Auswahl)

Stichmaße kursiv	0,20	0,50	1,00	1,50	2,00	3,00	4,00	6,00	8,00	12,00
Bauwerke, Bauwerksteile (DIN 18202, Tab. 1, 2 und 4) [2]										
Grundrissmaße		.	10	.	.	12	.	16	.	.
lichte Maße		.	12	.	.	16	.	20	.	.
Aufrissmaße, Höhen		.	10	.	.	16	.	16	.	.
lichte Höhen		.	16	.	.	20	.	20	.	.
Öffnungsmaße										
Leibungen nicht oberflächenfertig		.	10	.	.	12	.	16	.	.
Leibungen oberflächenfertig		.	8	.	.	10	.	12	.	.
Winkelabweichung von Flächen	.	3	6	.	.	8	.	12	.	.
Fluchtabweichung von Stützen		.	.	.	.	8	.	12	.	.
Vorgefertigte Bauteile (Zulieferteile) aus Stahl [3]										
Längen, Breiten, Höhen, Diagonalen	.	.	.	.	2	.	4	.	5	6
Bauteile aus Holz, Holzwerkstoffen										
stabförmig, Querschnitte aus										
Vollholz, Bezugsfeuche 30%	4	6	.	8	.	10	.	12	.	.
einteiligen Holzleimbauteilen, Bezugsfeuchte 15%	3	4	.	5	.	6	.	8	.	.
stabförmig, Längen, Abstände	3	4	.	6	.	8	.	10	.	.
Tafeln [4], Öffnungen in Tafeln										
- Längen, Breiten		.	.	6	.	8	.	10	.	.

[1] Stichmaße an der kürzeren Platten- bzw. Querschnittsseite – [2] anzuwenden bei Nennmaßen bis etwa 60 m – [3] Gilt nicht für Walzprofile, im Rollformverfahren hergestellte großformatige Bauteile, Türen, Tore, Zargen – [4] Bezugsfeuchte 15%, Grenzabmaß für Tafeldicken ≤ 100 / > 100 mm: ± 4 / ± 6 mm

Die mit DIN 18 202 und 18 203 festgelegten Maßtoleranzen stellen eine Genauigkeit dar, die im Rahmen üblicher Sorgfalt zu erreichen ist.

Die Einhaltung von Toleranzen ist nur zu prüfen, wenn es erforderlich erscheint. Dann so früh wie möglich, spätestens bei der Übernahme von Bauwerksteilen durch andere Auftragnehmer oder unmittelbar vor der Fertigstellung.

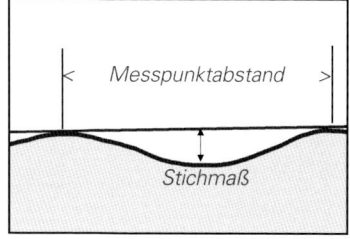

Abb. 186: Stichmaß zur Ermittlung der Ebenheitsabweichung

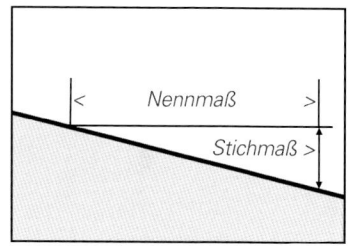

Abb. 187: Stichmaß zur Ermittlung der Winkelabweichung

Toleranzen für Bauwerke – Ebenheitstoleranzen

Nennmaßen kleiner/gleich ... m					Stichmaß als Grenzwert (mm) [1] bei einem **Abstand der Messpunkte** bis				
15,0	16,0	22,0	30,0	> 30		0,1 m	1 m	4 m	10 m	15 m
20	.	.	24	30	Nichtflächenfertige Oberseiten von Decken, Unterbeton und Unterböden ohne erhöhte Anforderungen	10	15	20	25	30
24	.	.	30	-	mit erhöhten Anforderungen z.B. zur Aufnahme von Estrichen	5	8	12	15	20
20	.	.	30	30	Fertige Oberflächen für untergeordnete Zwecke, z.B. in Kellerräumen	5	8	12	15	20
30	.	.	.	.						
.	.	.	.	.	Flächenfertige Böden, z.B. Estriche, Bodenbeläge, Fliesenbeläge	2	4	10	12	15
.	.	.	.	.						
16	.	.	20	30	Flächenfertige Böden mit erhöhten Anforderungen, z.B. mit selbstverlaufenden Spachtelmassen	1	3	9	12	15
16	.	.	20	30						
8	8	8	8	8	Nichtflächenfertige Wände und Unterseiten von Rohdecken	5	10	15	25	30
.	.	.	.	.	Flächenfertige Wände u. Unterseiten von Decken, z.B. geputzte Wände, abgehängte Decken	3	5	10	20	25
.	.	.	.	.						
16	.	.	20	20	Wie vor, jedoch erhöhte Anforderungen	2	3	8	15	20
.	.	.	12	12						

[1] Zwischenwerte geradlinig interpolieren und auf mm runden.

Tab. 188: Maximal zulässige Stichmaße in Abhängigkeit vom Abstand der Messpunkte (vergleiche Abb. 186)

Rechnungsform und Rechnungsprüfung

Man unterscheidet Abschlags- und Schlussrechnungen. Abschlagsrechnungen stellt der Auftragnehmer bei umfangreicheren Arbeiten, der Rechnungsbetrag darf den Wert der bis zur Rechnungsstellung erbrachten Leistungen nicht übersteigen. Dies weist der Unternehmer nach, indem er in der Rechnung die Leistungen so anführt, dass der Auftraggeber den Anspruch überprüfen kann. Häufig erspart sich der Auftragnehmer diesen Aufwand und stellt die Rechnung pauschal. Das muss der Auftraggeber nicht akzeptieren. Ist aber offensichtlich, dass die erbrachten Leistungen den Rechnungsbetrag rechtfertigen, so sollte der Auftraggeber nicht auf der detaillierten Abschlagsrechnung bestehen, da der Mehraufwand für den Unternehmer beträchtlich sein kann. Die Schlussrechnung muss nachprüfbar alle mit der Rechnung abzugeltende Leistungen darlegen. Bei deren Prüfung ist darauf zu achten, ob

- die betreffenden Leistungen wie gefordert erbracht wurden
- der dafür eingesetzte Preis dem Angebot entspricht
- die Massen korrekt aufgemessen und berechnet wurden
- sonstige Rechenfehler vorliegen.

Jede Rechnung muss folgende Angaben enthalten:

- Name und Anschrift der Firma
- Steuernummer oder Umsatzsteuer-Identifikationsnummer
- Name und Anschrift des Rechnungsadressaten
- Rechnungsdatum und -nummer
- Art und Umfang der Leistungen
- Zeitraum, in dem die Leistung erbracht wurde
- Rechnungsbetrag ohne MwSt (netto), Mehrwertsteuersatz und -betrag, Rechnungsbetrag brutto.

Seit 2006 können Haushalte einen Teil der Arbeitskosten aus Handwerkerrechnungen steuerlich geltend machen (siehe nachstehenden Kasten). Falls Sie diese Begünstigung in Anspruch nehmen wollen, müssen in der Rechnung die Lohnkosten und die sonstigen Kosten getrennt ausgewiesen sein (mit Mehrwertsteueranteil). Diese Aufteilung der Kosten sollten Sie vor Erstellung der Rechnung, am besten aber schon bei der Beauftragung mit dem ausführenden Unternehmen besprechen.

Handwerkerkosten sind steuerlich absetzbar

Privatpersonen können seit 2006 bis zu 20 Prozent vom Arbeitslohn (maximal 3000 EUR) aus einer Handwerkerrechnung für Modernisierung oder Renovierung in der Steuererklärung von der Steuerschuld abziehen, das sind maximal 600 EUR. Ab 2009 erhöht sich der maximale Betrag für Handwerkerkosten auf 6000 EUR. Dann können insgesamt bis zu 1200 EUR steuermindernd geltend gemacht werden.

Handwerkerleistungen aus dem Jahr 2008 wegen des höheren Abzugs erst 2009 zu bezahlen, funktioniert nicht, denn das Gesetz sieht vor, dass der erhöhte Abzug nur für Handwerkerleistungen in Anspruch genommen werden darf, die nach 2008 erbracht und bezahlt werden.

Den Steuerabzug können Eigentümer von Immobilien auch dann beanspruchen, wenn sie noch nicht in der Wohnung gewohnt haben, aber beabsichtigen, die Wohnung anschließend selbst zu nutzen. Soll hingegen die Wohnung (bzw. das Haus) nach der Renovierung vermietet werden, sind die Renovierungs- und Modernisierungskosten als Werbungskosten bei den Einkünften aus Vermietung und Verpachtung absetzbar.

Begünstigt sind Tätigkeiten, die von Mietern und Wohnungseigentümern für die selbst bewohnte Wohnung in Auftrag gegeben werden. Hierzu gehören das Streichen und Tapezieren von Wänden, die Beseitigung von Schäden, das Verlegen von Teppichboden oder allgemeine Reparaturarbeiten, auch Reparaturen von Haushaltsgeräten wie Waschmaschinen oder Fernsehgeräten, soweit sie als Hausrat versichert werden können. Es ist auch unerheblich, ob es sich um regelmäßig vorzunehmende Renovierungsarbeiten oder um einmalige Erhaltungs- und Modernisierungsmaßnahmen handelt. Nicht begünstigt ist die Herstellung von etwas Neuem, so z.B. Maßnahmen für den Ausbau eines Dachgeschosses.

Absetzbar sind nur die Lohnkosten und nicht die Kosten für Arbeitsmaterial. Die Handwerksbetriebe müssen deshalb ihre Rechnungen nach Arbeitslohn und sonstigen Kosten aufschlüsseln. Eine reine Festpreisvereinbarung auf einer Rechnung ist steuerlich nicht begünstigt. Mit dem Handwerksunternehmen sollte daher schon vor der Rechnungstellung über die erforderliche Aufteilung auf der Rechnung gesprochen werden. Dabei ist darauf zu achten, dass in der Rechnung Arbeitslohn und Arbeitsmaterial einzeln mit getrennter Mehrwertsteuer aufgeführt sind. Wichtig ist auch, dass die Rechnung per Überweisung bezahlt wird; Barzahlung oder die Zahlung mit Barscheck werden nicht anerkannt.

Privatkunden müssen die Handwerkerrechnungen mindestens zwei Jahre aufbewahren und sie ggf. dem Finanzamt zusammen mit dem Überweisungsbeleg vorlegen.

Lebensdauer von Bauteilen

Die in den Tabellen dieser und der folgenden Seiten angegebenen Lebensdauern basieren auf den bisherigen Erfahrungen mit den betreffenden Materialien und Konstruktionen. Die tatsächliche Haltbarkeit der Bauteile und Bauteilschichten wird von den Bauteileigenschaften, der Ausführungsqualität, der konkreten Beanspruchung sowie der Wartung und Instandhaltung beeinflusst. Die Lebensdauer kann deshalb sehr unterschiedlich ausfallen, weshalb Bandbreiten angegeben werden. Es ist im Einzelfall durchaus möglich, dass die Haltbarkeit von Bauteilen Ihres Hauses die hier genannten Werte deutlich übertrifft.

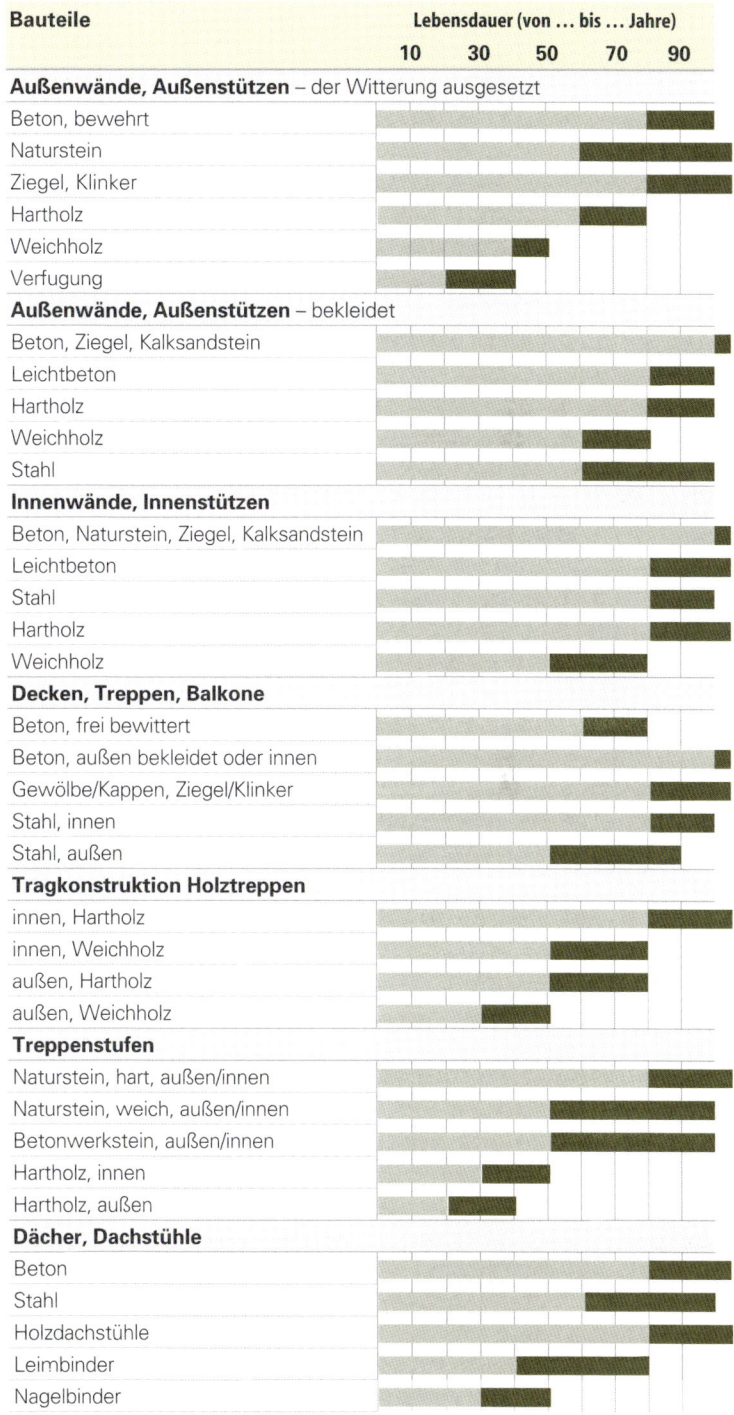

Tab. 189: Haltbarkeit von Bauteilen und Materialien (Lebensdauer in Jahren)

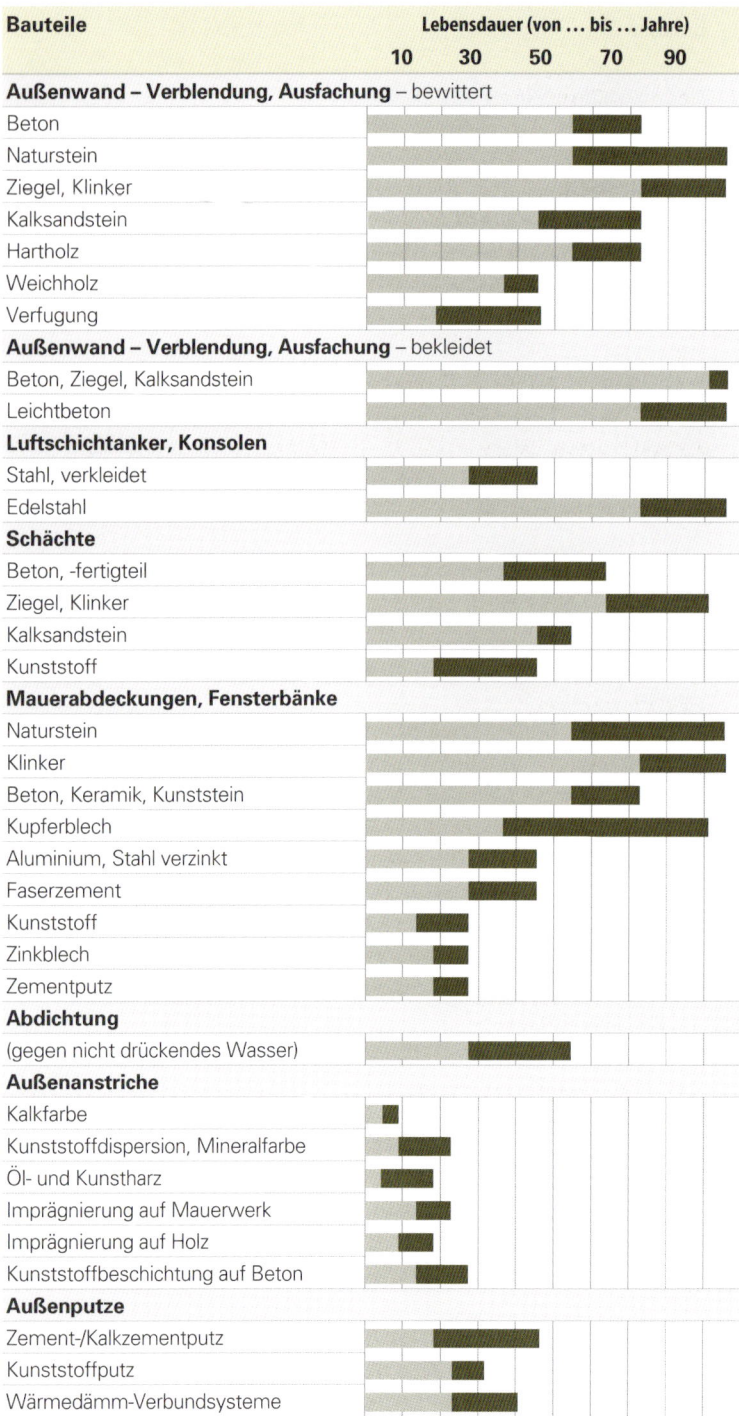

Tab. 190: Haltbarkeit von Bauteilen und Materialien (Lebensdauer in Jahren)

Tab. 191: Haltbarkeit von Bauteilen und Materialien (Lebensdauer in Jahren)

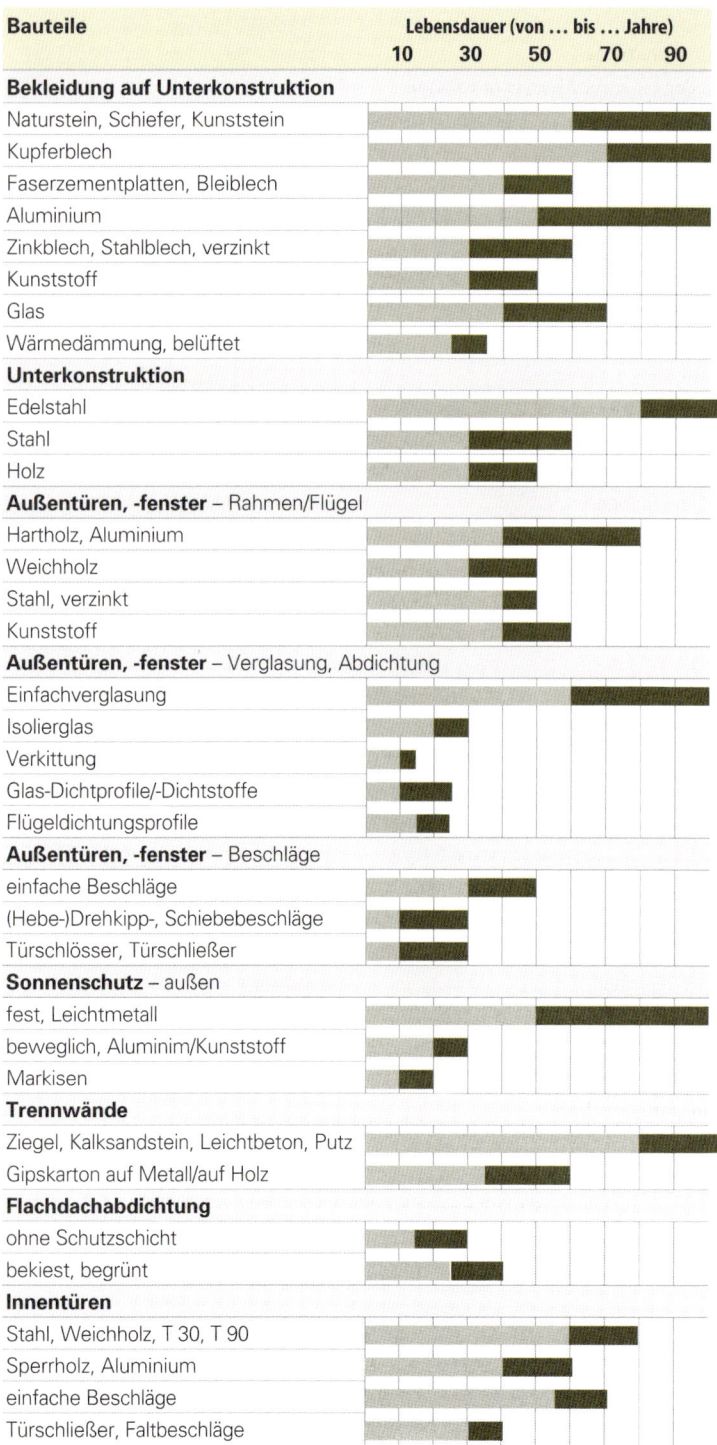

Tab. 192: Haltbarkeit von Bauteilen und Materialien (Lebensdauer in Jahren)

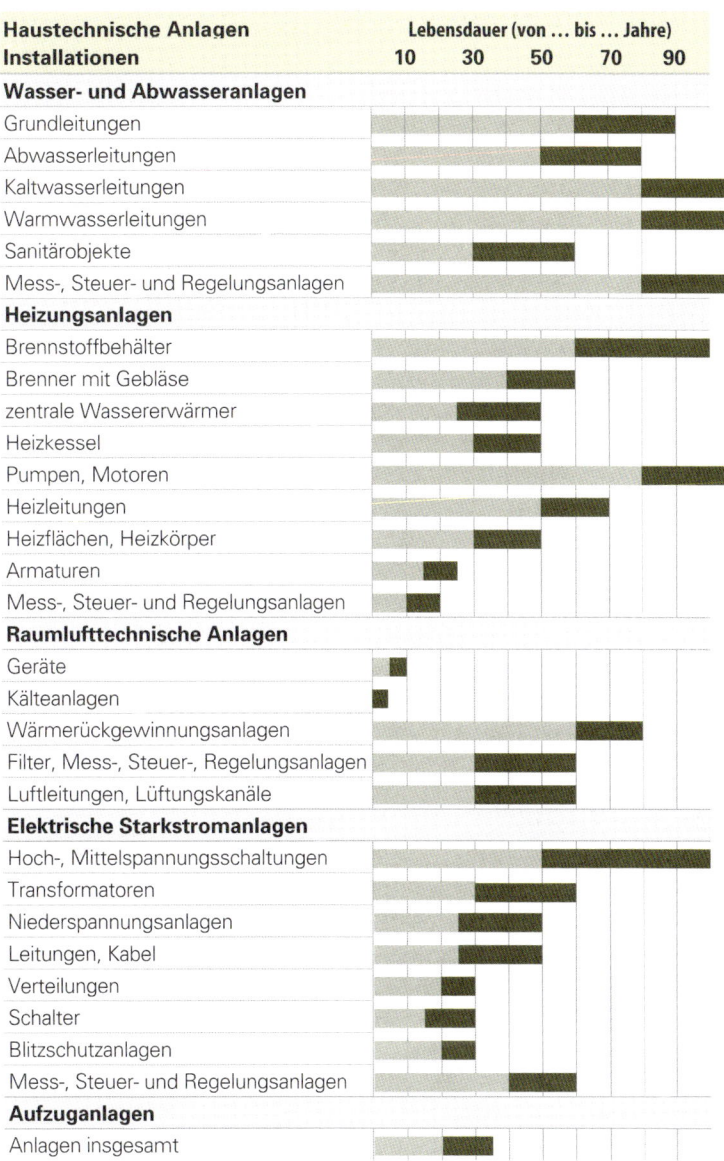

Tab. 193: Haltbarkeit von Bauteilen der Haustechnik (Lebensdauer in Jahren)

Bildnachweis

Autor und Verlag danken den hier genannten Architekten und Unternehmen für die Unterstützung mit Bildmaterial und Informationen.

Titelfoto rechts, 134, 135, 167: Matthias Mecklenburg, Architekt, Hamburg, www.architektmecklenburg.de

Abb. 1, 152: Umbaubüro Berlin mit Susanne Scharabi, Architekten, Berlin, www.scharabi.de

Abb. 6: Gauselmann und Richter, Architekten, Dortmund, www.gauselmann-architekten.de, matthias-richter-architekten.de

Abb. 12, 157 bis 160, 169, 171, 176, 178, 179: FHB Hanse-Bauservice GmbH, Robert Ciesielski, Hamburg, www.hansebauservice.de

Abb. 19: Holzbau Peter, Cleebronn, Tel. (07135) 9885-0, www.holzbau-peter.de

Abb. 26, 93: Schlude Architekten, Martina Schlude, Stuttgart, www.schlude-architekten.de

Abb. 29, 33, 58, 180: Rathscheck Schiefer und Dach-Systeme, ZN der Wilh.-Werhahn KG Neuss, Mayen-Katzenberg, Tel. (02651) 955-0, www.rathscheck.de

Abb. 36, 68, 69: RHEINZINK GmbH & Co. KG, Datteln, Tel. (02363) 605-0, www.rheinzink.de

Abb. 43: Karl Totzek Dachdeckerbetrieb, Velbert, Tel. (02051) 809090, www.totzek-dach.de

Abb. 61: SCHMIDT ALBERT OHG, I-Bozen, www.schmidt-as.com

Abb. 62: SBS Schornstein- und Abgastechnik aus Edelstahl, Jens Harder e.K., Leipzig, Tel. (0341) 4251500, www.schornstein-harder.de

Abb. 64: Detlef Geisler Dachdeckermeister, Bergkamen, Tel. (02307) 963034 www.dach-geisler.de

Abb. 66: KSZ Schornsteinzubehör Köln GmbH, Köln, Tel. (0221) 5101569, www.ksz-koeln.de

Abb. 70: Wetzel - Sanitärtechnik, Hannover, Tel. (0511) 5865546, www.wetzel-hannover.de

Abb. 96: James Hardie Europe B.V., NL-Amsterdam, Tel. +31 (20) 3012980, www.jameshardie.com

Abb. 99: Luka Kalkof Architektur, Leipzig, www.lukakalkof.de

Abb. 106: Steffens Meyer Franck, Architekten, Lübeck, www.smf-architekten.de, Fotograf: büro raum im bild, Stephan Baumann, Karlsruhe, www.bild-raum.com

Abb. 109, 111: Bodo Schanzenberger, Architekt, Hirrlingen, www.take2two.de

Abb. 127: BUG Rohrreinigung GmbH, Stuttgart, Tel. (0711) 902998, www.rohrreinigung

Abb. 149: PLEWA SchornsteinTechnik und Heizsysteme GmbH, Speicher, Tel. (06562) 63-0, www.plewa.de

Abb. 164, 165: Kermi GmbH, Plattling, Tel. (09931) 501-0, www.kermi.de

Abb. 174,175: BÖHDEN-Parkett, Hamburg, Tel. (040) 5579020, www.boehden.de